VMware vSphere 虚拟化与企业运维从基础到实战

主　编　阮晓龙

副主编　路景鑫　冯顺磊　刘明哲　董凯伦　张浩林

中国水利水电出版社
www.waterpub.com.cn

· 北京 ·

内 容 提 要

本书系统地讲述了使用 VMware vSphere 6.7 建设和管理数据中心的整个过程，采用任务驱动的方式，通过精心安排的实训项目与实训任务，使读者在实战过程中掌握 VMware vSphere 的基础知识及企业应用，不但是一本适合初学者快速上手的基础教程，还是一本全面的 VMware vSphere 学习指南和技术手册。

本书内容遵循数据中心的建设流程，从虚拟化基础认识，到虚拟化平台的部署，再到 vSphere 群集的部署、配置、管理、运维、分析等，是 VMware vSphere 虚拟化的整体落地实现，能够帮助读者从无到有掌握构建虚拟化数据中心的技术与操作。

本书适合计算机及相关专业学生学习，更适合数据中心运维管理从业者提升技术能力使用。本书配有网络学习及技术支持平台，提供操作视频、技术文档与虚拟化学习资源，读者可扫描二维码随时浏览查看。

图书在版编目（CIP）数据

VMware vSphere 虚拟化与企业运维从基础到实战 / 阮晓龙主编. -- 北京 : 中国水利水电出版社, 2020.3（2021.8 重印）
ISBN 978-7-5170-8457-0

Ⅰ. ①V… Ⅱ. ①阮… Ⅲ. ①虚拟处理机 Ⅳ. ①TP317

中国版本图书馆CIP数据核字(2020)第044401号

策划编辑：周春元　　　责任编辑：王开云　　　封面设计：李　佳

书　　名	VMware vSphere 虚拟化与企业运维从基础到实战 VMware vSphere XUNIHUA YU QIYE YUN-WEI CONG JICHU DAO SHIZHAN
作　　者	主　编　阮晓龙 副主编　路景鑫　冯顺磊　刘明哲　董凯伦　张浩林
出版发行	中国水利水电出版社 （北京市海淀区玉渊潭南路 1 号 D 座　100038） 网址：www.waterpub.com.cn E-mail：mchannel@263.net（万水） sales@waterpub.com.cn 电话：（010）68367658（营销中心）、82562819（万水）
经　　售	全国各地新华书店和相关出版物销售网点
排　　版	北京万水电子信息有限公司
印　　刷	三河市鑫金马印装有限公司
规　　格	184mm×240mm　16 开本　18 印张　412 千字
版　　次	2020 年 3 月第 1 版　2021 年 8 月第 2 次印刷
印　　数	3001—6000 册
定　　价	68.00 元

作者的话

1. 学习虚拟化的意义

在过去的半个多世纪里，信息技术的发展尤其是计算机和互联网技术的发展，极大地改变了人们的工作和生活方式。大量的政府机构、企业、高校开始采用以数据中心为业务运营平台的信息服务模式。数据中心变得空前重要和复杂，一系列问题接踵而来，这对管理工作提出了全新的挑战。如何通过数据中心快速地创建服务并高效地管理业务？怎样根据需求动态调整资源以降低运营成本？如何更加灵活、高效、安全地使用和管理各种资源？如何共享已有的计算平台而不是重复创建个人的数据中心？业内人士普遍认为，信息产业本身需要更加彻底的技术变革和商业模式转型。云计算在这样的背景下应运而生，而虚拟化正是云计算的核心技术支撑。

虚拟化技术实现了对资源的逻辑抽象和统一表示，在服务器、网络及存储管理等方面都有着突出的优势，大大降低了管理复杂度，提高了资源利用率，减少了运营成本，为运维工作人员提供了有力的技术支撑。

2. 选择本书的理由

（1）涵盖虚拟数据中心构建全体系内容。本书的内容安排遵循数据中心搭建的流程体系，包括了从对虚拟化的认识开始，到 VMware 虚拟化安装，再到 vSphere 部署、配置、管理、运维、分析等内容的全体系实现过程，可让读者在实战中掌握**从无到有构建完整的虚拟数据中心**的技术。

（2）任务驱动型的实训项目。本书的编写采用项目式教学，我们把 VMware vSphere 的相关**知识点精心地融入** 8 个应用项目之中。每个应用项目包含若干子任务，共计 31 个子任务。每个应用项目在具体实施前均介绍了项目的应用环境与设计规划，使读者在学习过程中更有针对性，更容易与实际应用相结合。本书中所有项目任务均通过精心设计，其任务操作的成熟度和工程应用的层次都达到了**企业级生产环境**的应用水平。

（3）项目讲堂教学模式。本书所有项目中均包含“项目讲堂”的小节内容，针对本项目中所涉及的理论知识进行讲解，使读者可以预先学习本项目的理论知识，理解项目中的知识体系，使理论和实训操作相结合，从而加深对项目应用的掌握程度。

（4）紧跟 VMware vSphere 发展。本书所有操作内容均基于 VMware vSphere 6.7 版本实

现，截至书稿撰写完成，此版本仍为 VMware vSphere 虚拟化体系的最新版本。另外，本书配备了专门的技术支持网站，可让读者免费获得关于本书的配套资源。

（5）多媒体辅助操作教程。本书除了项目一中的任务一，其他每个任务中均包含操作二维码。为更好地帮助读者学习，本书配有二维码，读者可通过扫描二维码查看本任务的操作视频教程，获取详细的操作讲解。

3．本书的读者对象

本书适用于以下三类读者：

一是从事数据中心的初级运维人员。本书可帮助他们进一步深入学习 VMware 虚拟化知识，从而更好地掌握虚拟数据中心的操作方法，提高工作绩效。

二是有兴趣学习 VMware 虚拟化的普通 IT 人员。本书可帮助他们从零开始掌握 VMware 虚拟化技术，为后续工作、学习打下基础。

三是开展云计算、虚拟化技术相关课程的高等院校。本书可帮助学生从零开始学习虚拟化技术，并且通过实训任务的方式提升学生的动手实践能力。

4．本书包含的内容

本书共 8 个项目，从内容组织上看，主要包含虚拟化的理论基础、部署安装、操作管理、运维分析与第三方工具五部分内容，每个部分的项目中详细内容如下。

项目一为理论基础部分。本部分主要介绍云计算与虚拟化技术的基础概念、使用公有云以及 VMware Workstation 桌面虚拟化的操作方法。

项目二和项目三为部署安装部分。本部分主要介绍 VMware ESXi 6.7 的安装、vSphere Host Client 与 VMRC 的使用、VCSA 的安装以及 vSphere Client 的操作管理等内容，带领读者搭建基础的、可运行的 vSphere 虚拟化平台，为后续操作提供基础的平台环境。

项目四至项目六为操作管理部分。本部分主要介绍 vSphere 的虚拟网络、共享存储、安全性、群集配置、HA、DRS 以及虚拟机的管理（包括虚拟机的导入、导出、VMware Tools、Spool、vApp、虚拟机克隆、模板管理、Replication 管理）等内容，带领读者学习对 vSphere 进行高级管理并实现高可用，提升读者虚拟化的操作水平。

项目七为运维分析部分。本部分主要介绍 vRealize Operations、vRealize Log Insight、vRealize Code Stream、VMware Convert 等模块的搭建与使用，带领读者学习虚拟化的运维管理、日志分析、智能交付与虚拟机迁移等操作技术，使读者能够有效掌握数据中心的运行动态。

项目八为第三方工具部分。本部分主要介绍使用 RVTools、Veeam Backup & Replication 实现 vSphere 的管理操作、使用 QS-WSM 实现 vSphere 监控等内容，使读者能够了解常用第三方工具的使用方法，并能基于第三方工具更好地实现虚拟化数据中心的管理。

5. 感谢

本书能顺利撰写完毕，离不开家人们的默默支持，正是家人们的支持使我们能全身心投入本书的编写中，对于他们，内心充满了感谢和愧疚。同时，感谢王雨航、胡喜来、孙晓鹏对本书中任务讲解的部分视频进行录制，并对整书文字进行校核。

本书编写完成后，中国水利水电出版社有限公司万水分社的周春元副总经理对于本书的出版给予了中肯的指导和积极的帮助，在此表示深深的谢意！

由于我们的水平有限，疏漏及不足之处在所难免，敬请广大读者朋友批评指正。

目　录

项目五 构建高可用的虚拟化

项目六 虚拟机管理

项目七　虚拟化运维

项目一

虚拟化基础

项目介绍

Gartner（高德纳，NYSE: IT and ITB）在 2018 年发布的 *Market Guide for Virtualization of x86 Server Infrastructure, China* 报告中指出，中国企业 x86 服务器基础设施虚拟化率约为 40%，低于成熟的全球市场 80%的虚拟化率，因此中国的 IT 基础架构决策者必须了解市场趋势，提高服务器虚拟化水平，以支持业务敏捷性、促进成本优化以及数字业务的发展需要，报告同时指出 VMware 仍是中国最大的虚拟化提供商。

随着虚拟化技术的不断推广，其应用范围在政府、金融、教育、电力、医疗、交通等行业中不断扩大，了解并掌握 VMware 虚拟化技术已成为系统集成工程师、运维工程师等相关从业人员必备的知识技能。

本项目从了解云计算与虚拟化技术、使用公有云、使用 VMware Workstation 三个方面进行介绍，帮助读者了解虚拟化技术。

项目目的

- 了解云计算与虚拟化技术。
- 掌握公有云服务器的使用方法。
- 掌握 VMware Workstation Pro 软件的使用方法。

项目需求

类型	详细描述
硬件	两台配置不低于双核 CPU、4G 内存、500GB 硬盘，开启硬件虚拟化支持的计算机
软件	Windows 10 Pro、VMware Workstation Pro 15、PuTTY、CentOS 7
网络	计算机使用固定 IP 地址接入局域网，并支持对互联网的访问

项目设计

本项目使用两台计算机，计算机安装 Windows 10 Pro 操作系统，并安装 VMware Workstation Pro 虚拟化软件，计算机的命名和 IP 地址分配见配置清单。

配置清单

	名称	IP 地址
使用 VMware Workstation Pro	计算机 A	192.168.1.50
	计算机 B	192.168.1.60
	虚拟机 A	192.168.1.150
	虚拟机 B	192.168.1.160

项目记录

	名称	IP 地址
使用 VMware Workstation Pro		
问题记录		

项目讲堂

1. Gartner

Gartner 是全球最具权威的 IT 研究与顾问咨询公司，成立于 1979 年，总部设在美国康涅狄格州斯坦福。其研究范围覆盖全部 IT 产业，就 IT 的研究、发展、评估、应用、市场等领域，为客户提供客观、公正的论证报告及市场调研报告，协助客户进行市场分析、技术选择、项目论证、投资决策。为决策者在投资风险和管理、营销策略、发展方向等重大问题上提供重要咨询建议，帮助决策者做出正确抉择。

Gartner 旨在向客户提供在促进高效使用 IT 方面所需的全面的研究与咨询服务，共由四大部分组成，分别为 Gartner 研究与咨询服务（Gartner Research & Advisory Services）、Gartner 顾问（Gartner Consulting）、Gartner 评测（Gartner Measurement）、Gartner 社区（Gartner Community）。

2. WordPress

WordPress 是全球使用最广泛的开源网站博客系统，使用 PHP 语言和 MySQL 数据库开发，在 GNU 通用公共许可证下授权发布。用户可以在支持 PHP 和 MySQL 数据库的服务器上基于 WordPress 构建自己的博客系统或者将 WordPress 作为一个内容管理系统（CMS）使用。

丰富的插件和模板是 WordPress 重要的基础特性。WordPress 中有超过 18000 个插件，包括 SEO、控件等；同时，用户可以根据它的模板开发规则开发自己的模板和插件。丰富的插件可将 WordPress 快速转变成 CMS、Forums、门户等各种类型的站点。

3. AUCP 大学普惠计划

AUCP 普惠计划是阿里巴巴的全球性教育计划，旨在为全球大学和教育机构的学生与教师提供云计算、大数据领域丰富的课程、实践、认证等教育生态资源，培养云计算与大数据产业未来的技术专才、企业家和领导者。

4. 云翼计划

阿里云云翼计划是针对在校学生推出的一项助力学生学习、创业等接触互联网的优惠政策，又称作阿里云校园扶持计划。24 岁以下或者拥有学信网认证信息的人士都可以享受阿里云的专属云服务器产品优惠，校园产品使用攻略等多项权益。

任务一　了解云计算与虚拟化技术

【任务介绍】

了解一项技术最好从它的历史开始。

本任务将深入了解云计算的发展历程、掌握云计算的特点、熟悉云计算的应用、理解云计算的关键技术，最终通过阿里云与 AWS 云了解国内外云计算服务的发展现状。在了解云计算后，本任务还将介绍支撑云计算的虚拟化技术，掌握虚拟化的分类和主流虚拟化产品。

【任务目标】

（1）了解什么是云计算以及云计算的关键技术。
（2）了解阿里云与 AWS 云。
（3）了解什么是虚拟化以及主流虚拟化软件。

【任务内容】

1. 云计算

（1）云计算的定义。美国国家标准与技术研究院（National Institute of Standards and Technology，NIST）将云计算定义为一种按使用量付费的模式，这种模式提供可用的、便捷的、按需的网络访问，进入可配置的计算资源共享池（资源包括网络、服务器、存储、应用软件、服务等），这些资源能够被快速提供，只需投入较少的管理工作，或与服务供应商进行较少的交互。

狭义的云计算是指 IT 基础设施的交付和使用模式，通过网络以按需、易扩展的方式获得所需的资源（硬件、平台、软件等），所提供的资源网络被称为“云”。“云”中的资源在使用者看来是可以无限扩展的，并且可以随时获取、按需使用、随时扩展、按使用付费。

广义的云计算是指服务的交付和使用模式，通过网络以按需、易扩展的方式获得所需的服务。这种服务可以是 IT、软件或与互联网相关的，也可以是任意其他的服务。

（2）云计算的发展历程。云计算的基础思想可以追溯到半个世纪以前。1961 年，MIT（美国麻省理工学院）的教授 John McCarthy 提出“计算力”的概念，认为可以将计算资源作为像电力一样的基础设施按需付费使用；1966 年，Douglas Parkhill 在《计算机工具的挑战》（*The Challenge of the Computer Utility*）一书中对现今云计算的特点（如作为公共设施供应、弹性供应、实时供应以及具备“无限”供应能力等）以及服务模式（如公共模式、私有模式、政府以及社团等模式）都进行了详尽的讨论。

几十年来，计算模式的发展经历了早期的单主机计算模式、个人计算机普及后的 C/S（客户机/服务器）模式、网络时代的 B/S（浏览器/服务器）模式的变迁，到如今大量的软件以服务的形式通过互联网提供给用户，传统的互联网数据中心（Internet Data Center，IDC）逐渐不能满足新环境下业务的需求，云计算应运而生。

1996 年，在康柏公司的一份内部文件中首次提到了现代意义上的“云计算”概念，但是云计算概念的流行却是在 10 年之后。谷歌在 2006 年推出了“Google 101 计划”，并正式提出“云”的概念和理论。该计划基于谷歌员工比希利亚的设想，初衷是设置一门课程，着重引导学生们进行“云”

系统的程序开发。随着计划的不断发展，2007 年 10 月，谷歌、IBM 联合了美国 6 所知名大学帮助学生在大型分布式计算系统上进行开发，当时的 IBM 发言人就指出这种所谓的“大型分布式计算系统”就是云计算，明确将云计算作为一个新概念提出。由于当年谷歌和 IBM 在信息技术领域处于领军地位，使得云计算的概念刚被提出就立刻有大量的公司、传统 IT 技术人员和媒体追逐，甚至在云计算的概念中提出一系列的 IT 创新。

相比于谷歌和 IBM，亚马逊在当年的影响力有限，虽然它在 2006 年就发布了云计算产品 Elastic Compute Cloud（EC2），但在业界并未引发太大的关注，因为 EC2 产品作为商业项目对云计算概念的普及并不像 IBM 和谷歌的项目那么明显。随着 2007 年 10 月 IBM-Google 并行计算项目的提出让云计算概念迅速普及，客户渴望得到商用云计算服务，此时 EC2 已是一个相当商业化的云计算产品，并且拥有完善的云计算服务，于是短时间内亚马逊在云计算乃至信息技术领域声名鹊起，由此奠定了亚马逊在云计算领域的领军位置。

随后进入云计算的飞速发展时期，一大批优秀的 IT 企业积极投入云计算行业中，带来了一大批优秀的云计算产品和解决方案，如 IBM 的蓝云计划、亚马逊的 AWS、微软的 Azure 等，与此同时也有一批开源项目（如 OpenStack、CloudStack 等）加入云计算的“大家庭”，为云计算行业开启了一个百花齐放的新时代。

近几年，中国在云计算领域也有了长足的进步，涌现了如阿里云、青云、华为云、天翼云等优秀的公有云解决方案。由中国信息通信研究院发布的《中国公共云服务发展调查报告》显示，公有云服务市场规模正在以每年 40%左右的幅度增长，企业的“云”化趋势愈加显著，云计算的大潮正以不可阻挡之势向前推进。云计算相关技术的发展历程及重大标志性事件如下所述。

1959 年 6 月，Christopher Strachey 发表了有关虚拟化的论文，而虚拟化是云计算架构的基石。

1961 年，John McCarthy 提出“计算力”的概念，以及通过公用事业销售计算机应用的思想。

1984 年，Sun 公司的联合创始人 John Gage 将分布式计算技术带来的改变描述为“网络就是计算机”，而现在云计算正在将该理念变成现实。2006 年，该公司推出了基于云计算理论的“BlackBox”计划，旨在以创新的系统改变整个数据中心环境。2008 年 5 月，Sun 公司又宣布推出“Hydrazine”计划。

1998 年，威睿（VMware）公司成立并首次引入 x86 虚拟化技术。x86 虚拟化技术是指在 x86 的体系中一个或几个客户操作系统在一个主操作系统下运行的技术。2009 年 4 月，该公司推出 VMware vSphere 4；2009 年 9 月，VMware 又推出 vCloud 计划用于构建全新云服务。

1999 年，Marc Andreessen 创建了第一个商业化的 IaaS 平台——LoudCloud。同年，Salesforce.com 公司成立，它提出云计算和 SaaS 的理念，开创了新的里程碑，宣布“软件终结”革命的开始。2008 年 1 月，Salesforce 推出 DevForce 平台，旨在帮助开发人员创建各种商业应用，例如根据需要创建数据库应用、管理用户之间的协作等，Salesforce 推出的 DevForce 平台是世界上第一个 PaaS 的应用。

2004 年，谷歌发布 MapReduce 论文，MapReduce 是 Hadoop 的主要组成部分。2006 年 8 月，“云计算”的概念由谷歌行政总裁 Eric Schmidt 在搜索引擎大会（SES San Jose 2006）上首次提出。2008 年，Doug Cutting 和 Mike Cafarella 实现了 MapReduce 和 HDFS（Hadoop 分布式文件系统），在此基础上，Hadoop 成为优秀的分布式系统的基础架构。

2005 年，亚马逊公司宣布推出 AWS（Amazon Web Services）云计算平台。AWS 是一组允许通过程序访问亚马逊的计算基础设施的服务。次年，推出了在线存储服务 S3（Simple Storage Service）和弹性计算云 EC2（Elastic Compute Cloud）等云服务。2007 年 7 月，该公司推出简单队列服务（Simple Queue Service，SQS），SQS 是所有基于亚马逊网格计算的基础。2008 年 9 月，亚马逊公司与甲骨文公司合作，使得用户可以在云中部署甲骨文软件和备份甲骨文数据库。

2007 年 3 月，戴尔公司成立数据中心解决方案部门，为 Windows Azure、Facebook 和 Ask.com 三家公司提供云基础架构。2008 年 8 月，戴尔公司在美国专利商标局申请“云计算”商标，旨在加强对该术语的控制权。2010 年 4 月，戴尔又推出 Power Edge C 系列云计算服务器和相关服务。

2007 年 11 月，IBM 公司推出“蓝云”（Blue Cloud）计划，旨在为客户带来即刻使用的云计算。2008 年 2 月，IBM 公司宣布在中国无锡产业园建立第一个云计算中心，该中心将为中国新兴软件公司提供接入虚拟计算环境的能力。同年 6 月，IBM 公司宣布成立 IBM 大中华区云计算中心。2010 年 1 月，又与松下公司合作达成了当时全球最大的云计算交易。

2008 年 2 月，EMC 中国研发集团正式成立云架构和服务部，该部门联合云基础架构部和 Mozy、Pi 两家公司，共同形成 EMC 云战略体系。同年 6 月，EMC 中国研发中心加入道里可信基础架构项目，该项目主要研究云计算环境下信任和可靠度保证的全球研究协作，主要成员有复旦大学、华中科技大学、清华大学和武汉大学四所高校。

2008 年 7 月，云计算试验台 Open Cirrus 推出，它由惠普、因特尔和雅虎三家公司联合创建。

2008 年 9 月，思杰公司公布云计算战略并发布新的思杰云中心产品系列（Citrix Cloud Center，C3），它整合了经云验证的虚拟化产品和网络产品，可支持当时大多数大型互联网和 Web 服务提供商的业务运作。

2008 年 10 月，微软公司的 Windows Azure Platform 公共云计算平台发布，开始了微软公司的云计算之路。2010 年 1 月，与惠普公司合作一起发布了完整的云计算解决方案。同月，微软公司又发布 Microsoft Azure 云平台服务，通过该平台，用户可以在微软公司管理的数据中心的全球网络中快速生成、部署和管理应用程序。

2008 年，亚马逊、谷歌和 Flexiscale 等公司的云服务相继发生宕机故障，引发业界对云计算安全的讨论。

2009 年 1 月，阿里巴巴集团旗下子公司阿里软件在江苏南京建立首个“电子商务云计算中心”，该中心与杭州总部的数据中心一起协同工作，形成了在规模上能够与谷歌匹敌的服务器群集“商业云”体系。

2009 年 3 月，思科公司发布集存储、网络和计算功能于一体的统一计算系统（Unified Computing System，UCS），又在 5 月推出了云计算服务平台，正式迈入云计算领域。同年 11 月，思科与 EMC、VMware 建立虚拟计算环境联盟，旨在让用户能够快速地提高业务敏捷性。2011 年 2 月，思科系统正式加入 OpenStack，该平台由美国航空航天局（National Aeronautics and Space Administration，NASA）和托管服务提供商 Rackspace Hosting 共同研发，使用该平台的公司还有微软、Ubuntu、戴尔和超微半导体公司（Advanced Micro Devices，AMD）等。

2009 年 11 月，中国移动启动云计算平台“大云”（Big Cloud）计划，并于次年 5 月发布了“大云平台”1.0 版本。“大云”产品包括五部分，分别为分布式海量数据仓库、弹性计算系统、云存储系统、并行数据挖掘工具和 MapReduce 并行计算执行环境。

2010 年 4 月，Intel 公司在 Intel 信息技术峰会（Intel Developer Forum，IDF）上提出互联计算，目的是让用户从 PC（客户端）、服务器（云计算）到移动、车载、便携等所有个性化互联设备获得熟悉且连贯一致的个性化应用体验，Intel 公司此举的目的是试图用 x86 架构统一嵌入式、物联网和云计算领域。

2010 年 7 月，美国太空总署联合 Rackspace、AMD、Intel、戴尔等厂商共同宣布 OpenStack 开源计划。

2011 年 6 月，美国电信工业协会制定了云计算白皮书，分析了一体化的挑战和云服务与传统的美国电信标准之间的机会。

2014 年，英国政府于 2014 年宣布正式采用“政府云服务 G-Cloud”。

2014 年，中华人民共和国国家质量监督检验检疫总局、中国国家标准化管理委员会联合发布了《信息安全技术 云计算服务安全指南》（GB/T 31167－2014）、《信息安全技术 云计算服务安全能力要求》（GB/T 31168－2014）。

2014 年，美国 NIST 发布了 *Security Recommendations for Hypervisor Deployment*、*Secure Virtual Network Configuration for Virtual Machine (VM) Protection* 云安全指导手册。

2015 年 12 月，在中国国家标准化管理委员会下达的 2015 年第三批国家标准修订计划中，正式下达 17 项云计算国家标准制（修）订计划。

2015 年，中华人民共和国国家质量监督检验检疫总局、中国国家标准化管理委员会联合发布了《信息技术 云计算 参考架构》（GB/T 32399－2015）与《信息技术 云计算 概览与词汇》（GB/T 32400－2015）标准。

2017 年 4 月，中华人民共和国工业和信息化部发布了《云计算发展三年行动计划（2017－2019 年）》，旨在促进云计算在各行业的快速应用，推动各领域信息化水平大幅提高。

2017 年 5－7 月，中华人民共和国国家质量监督检验检疫总局、中国国家标准化管理委员会联合发布了《基于云计算的电子政务公共平台技术规范》（GB/T 33780－2017）、《基于云计算的电子政务公共平台安全规范》（GB/T 34080－2017）、《基于云计算的电子政务公共平台总体规范》（GB/T

34078－2017）、《基于云计算的电子政务公共平台管理规范》（GB/T 34077－2017）。

2017 年 10 月，中国信息安全标准化技术委员会对《信息安全技术 网络安全等级保护基本要求》（GB/T 22239－XXXX 替代 GB/T 22239－2008）进行了讨论和解读。将等级保护在编的 5 个基本要求分册标准进行了合并形成《网络安全等级保护基本要求》一个标准。基本要求的内容由一个基本要求变更为安全通用要求和安全扩展要求（含云计算、移动互联、物联网、工业控制）。

2017 年 11－12 月，中华人民共和国国家质量监督检验检疫总局、中国国家标准化管理委员会联合发布了《云计算数据中心基本要求》（GB/T 34982－2017）、《信息安全技术 云计算服务安全能力评估方法》（GB/T 34942－2017）、《信息技术 云计算 平台即服务（PaaS）参考架构》（GB/T 35301－2017）、《信息技术 云计算 虚拟机管理通用要求》（GB/T 35293－2017）、《信息安全技术 云计算安全参考架构》（GB/T 35279－2017）。

（3）云计算的特点。关于云计算特点的描述比较多，被普遍接受的云计算特点有以下几个方面。

1）超大规模。“云”具有相当的规模，Google 云计算已经拥有 100 多万台服务器，亚马逊、IBM、微软和 Yahoo 等公司的“云”均拥有几十万台服务器，“云”能赋予用户前所未有的计算能力。

2）虚拟化。云计算支持用户在任意位置使用各种终端获取服务。所请求的资源来自“云”，而不是固定的有形的实体。应用在“云”中某处运行，但实际上用户无需了解应用运行的具体位置，只需要一台笔记本或一部智能手机，就可以通过网络服务来获取应用所提供的服务。

3）高可靠性。“云”使用了数据多副本容错、计算节点同构可互换等措施来保障云计算服务的高可靠性，使用云计算比使用本地计算机更加可靠。

4）通用性。云计算不针对特定的应用，在“云”的支撑下可以构造出千变万化的应用，同一片“云”可以同时支撑不同的应用运行。

5）高可伸缩性。“云”的规模可以动态伸缩，满足应用和用户规模增长的需要。

6）按需服务。“云”是一个庞大的资源池，用户按需购买并按使用计费。

7）极其廉价。“云”的特殊容错措施使得可以采用极其廉价的节点来构成云，“云”的自动化管理使数据中心管理成本大幅降低，“云”的公用性和通用性使资源的利用率大幅提升，“云”设施可以建在电力资源丰富的地区，从而大幅降低能源成本，具有较好的性能价格比。

（4）云计算的应用。

1）云计算的业务模式。云服务按部署模式可分为公有云、私有云、社区云和混合云。公有云对一般公众开放，由公有云服务商提供服务；私有云是为一个用户或机构单独使用而构建，可以由该用户或机构或第三方管理；社区云通常是由共同利益并打算共享基础设施的组织共同创立的云；混合云则是同时接入以上两种或两种以上的云服务，且实现统一化管理。

a．公有云。公有云也称之为公共云，是由像亚马逊、谷歌、IBM 或微软这样的云计算服务提供商托管的，它使客户能够访问和共享基本的计算机基础设施，其中包括硬件、存储和带宽等资源。

公有云通过网络提供服务，客户只需为使用的资源支付费用即可。用户可以访问服务提供商的云计算基础设施，无需担心安装和维护的问题。公有云的服务器部署在多个国家或地区，并具有不同的安全法规，通常不能满足许多安全法规遵从性要求。

b．私有云。私有云是企业唯一拥有基础设施资源的渠道，可以选择让私有云位于现场数据中心或由第三方服务提供商托管。与公有云相比，私有云模型的好处是提供了更高的安全性，因为企业是唯一可以访问的指定实体，这也使企业更容易定制其资源以满足特定的 IT 要求。

c．社区云。社区云是指在一定的地域范围内，由云计算服务提供商统一提供计算资源、网络资源、软件和服务能力所形成的云计算形式。基于社区内的网络互连优势和技术易于整合等特点，通过对区域内各种计算能力进行统一服务形式的整合，结合社区内的用户需求共性，实现面向区域用户需求的云计算服务模式。

社区云是由一些有着类似需求并打算共享基础设施的组织共同创立的云，社区云的目的是实现云计算的一些优势。由于均摊基础设施费用的用户数比公有云少，选择使用社区云往往比公有云贵，但其隐私度、安全性和政策遵从都比公有云高。

d．混合云。混合云是一种集成云服务，它将公有云和私有云结合在一起，在企业内部实现各种不同的功能。实施混合云基础设施可确保组织中的所有平台均无缝集成。建立混合云需要有一个公有云服务（比如 Amazon Web Services、Microsoft Azure 或 Google Cloud Platform），以及一个私有云设置（比如内部安装或者是通过托管的私有云解决方案）。

2）云计算的服务模式。根据资源和服务的特征来区分，云计算包括以下几个层次的服务：基础设施即服务（IaaS）、平台即服务（PaaS）、软件即服务（SaaS），统一简称为 XaaS。

a．基础设施即服务（Infrastructure-as-a-Service，IaaS）主要用于 Internet 访问存储和计算能力。作为最基本的云计算类型，IaaS 可让用户按即用即付的方式从云提供商处租用 IT 基础结构，例如服务器和虚拟机、存储空间、网络以及操作系统。主要代表产品有 Amazon EC2、IBM Blue Cloud、Cisco UCS、阿里云、腾讯云等。

b．平台即服务（Platform-as-a-Service，PaaS）为开发人员提供构建和托管 Web 应用程序的工具。PaaS 旨在让用户能够访问通过 Internet 快速开发和操作 Web 移动应用程序时所需的组件，无需担心设置或管理服务器、存储、网络和数据库的基础结构。PaaS 实际上是指将软件研发的平台作为一种服务，以 SaaS 的模式提交给用户。因此 PaaS 也是 SaaS 模式的一种应用。主要代表产品有 Force.com、Google App Engine、Windows Azure Platform 等。

c．软件即服务（Software-as-a-Service，SaaS）主要用于 Web 的应用程序。SaaS 是一种通过 Internet 交付软件应用程序的方法，其中云提供商托管和管理软件应用程序，通过云端访问可更轻松地在所有设备上同时使用相同的应用程序。SaaS 是一种通过 Internet 提供软件的模式，用户无需购买软件，而是向提供商租用基于 Web 的软件进行使用。

3）公有云服务提供商。2017 年工信部印发的《云计算发展三年行动计划（2017－2019 年）》中提出云计算未来三年短期发展目标：到 2019 年，我国云计算产业规模达到 4300 亿元。从这一政策来看，云计算已成为接下来国家信息产业发展的重要方向。如今，从基础设施到行业应用，云计算正在重构整个互联网行业。

2019 年 5 月，互联网数据中心（IDC）公布的 2018 年下半年《中国公有云服务市场半年度跟踪报告》显示，中国公有云 IaaS 厂商市场份额占比前五名分别为阿里巴巴（阿里云）、腾讯（腾讯云）、中国电信（天翼云）、亚马逊（AWS）、金山（金山云），各厂商市场占比见表 1-1。

表 1-1　2018 年下半年中国公有云 IaaS 厂商市场份额占比

排名	提供商	产品	占比/%
1	阿里巴巴	阿里云	42.9
2	腾讯	腾讯云	11.8
3	中国电信	天翼云	8.7
4	亚马逊	AWS	6.4
5	金山	金山云	4.8
6	其他	—	25.4

各个 IaaS 厂商公有云主要介绍如下所述。

a．阿里云。阿里云创立于 2009 年，是中国最大的云计算平台，服务范围覆盖全球 200 多个国家和地区。阿里云致力于为企业、政府等组织机构，提供最安全、可靠的计算和数据处理能力，让计算成为普惠科技和公共服务，为万物互联的数据处理技术世界，提供源源不断的新能源。

阿里云在全球各地部署高效节能的绿色数据中心，利用清洁计算支持不同的互联网应用。目前，阿里云在国内如杭州、北京、青岛、深圳、上海、千岛湖、内蒙古、香港以及国外如新加坡、美国硅谷、俄罗斯、日本等地域均设有数据中心。

b．腾讯云。腾讯云是腾讯倾力打造的云计算品牌，旨在以卓越科技能力助力各行各业数字化转型，为全球客户提供领先的云计算、大数据、人工智能服务，以及定制化行业解决方案。

腾讯云基于 QQ、微信、腾讯游戏等业务的技术锤炼，从基础架构、精细化运营、生态能力建设等进行全方位整合并面向市场，使之能够为企业和创业者提供集云计算、云数据、云运营于一体的云端服务体验。

c．天翼云。天翼云是中国电信旗下直属专业公司，致力于提供优质的云计算服务。

天翼云为用户提供云主机、云存储、云备份、桌面云、专享云、混合云、CDN、大数据等全线产品，同时为政府、教育、金融等行业打造定制化云解决方案。

d．AWS。AWS（Amazon Web Services）是亚马逊公司旗下云计算服务平台，为全世界范围内的客户提供云解决方案。AWS 面向用户提供包括弹性计算、存储、数据库、应用程序在内的一整套云计算服务，帮助企业降低 IT 投入成本和维护成本。

e. 金山云。金山云创立于 2012 年，业务范围遍及全球 100 多个国家和地区。成立至今，金山云始终坚持以客户为中心的服务理念，提供安全、可靠、稳定、高品质的云计算服务。

金山云已经构建了完备的云计算基础架构和运营体系，并通过与人工智能、大数据、物联网、区块链、边缘计算、AIoT、AR/VR 等优势技术的有机结合，提供适用于政务、金融、医疗、工业、传媒、视频、游戏、教育、互联网、地产园区、内容安全、内容理解等行业的解决方案。

（5）云计算的关键技术。云计算是一种以数据和处理能力为中心的密集型计算模式，它融合了多项 ICT 技术，是传统技术“平滑演进”的产物。其中以虚拟化技术、分布式数据存储技术、资源管理、编程模型、大规模数据管理技术、信息安全、云计算平台管理技术、绿色节能技术最为关键。

1）虚拟化技术。虚拟化是云计算最重要的核心技术之一，它为云计算服务提供基础架构层面的支撑。

从技术上讲，虚拟化是一种在软件中仿真计算机硬件，以虚拟资源为用户提供服务的计算形式，旨在合理调配计算机资源，使其更高效地提供服务。它把应用系统各硬件间的物理区分打破，从而实现架构的动态化以及物理资源的集中管理和使用。虚拟化的最大好处是增强系统的弹性和灵活性、降低成本、改进服务、提高资源利用效率。

从表现形式上看，虚拟化又分两种应用模式：一是将一台性能强大的服务器虚拟成多个独立的小服务器，服务不同的用户；二是将多个服务器虚拟成一个强大的服务器，完成特定的功能。这两种模式的核心都是统一管理和动态分配资源，提高资源利用率。

2）分布式数据存储技术。为了保证数据的高可靠性，云计算通常会采用分布式存储技术，将数据存储在不同的物理设备中。该技术不仅摆脱了硬件设备的限制，同时扩展性好，能够快速响应用户需求的变化。

分布式存储与传统的网络存储并不完全一样，传统的网络存储系统采用集中的存储服务器存放所有数据，存储服务器成为系统性能的瓶颈，不能满足大规模存储应用的需要。分布式网络存储系统采用可扩展的系统结构，使用多台存储服务器分担存储负荷，同时基于位置服务器定位存储信息，从而提高系统的可靠性、可用性和存取效率，且易于扩展。

3）分布式资源管理技术。云计算采用了分布式存储技术存储数据，那么自然要引入分布式资源管理技术。在多节点的并发执行环境中，各个节点的状态需要同步，并且在单个节点出现故障时，系统需要有效的机制保证其他节点不受影响，因此分布式资源管理技术是保证系统状态的关键。

4）大规模数据管理技术。对于云计算来说，数据管理面临巨大的挑战。云计算不仅要保证数据的存储和访问，还要能够对海量数据进行特定的检索和分析。因此，数据管理技术必须能够高效地管理大量的数据，并对海量的分布式数据进行处理、分析。

Google 的 BigTable 数据管理技术和 Hadoop 团队开发的开源数据管理模块 HBase 是业界比较

典型的大规模数据管理技术。

5）云计算平台管理技术。云计算系统的平台管理技术，需要具有高效调配大量服务器资源，使其具有更好的协同工作的能力。方便地部署和开通新业务、快速发现并且恢复系统故障、通过自动化和智能化手段实现大规模系统可靠地运营是云计算平台管理技术的关键。

包括 Google、IBM、微软、Oracle/Sun 等在内的许多厂商都有云计算平台管理方案推出。这些方案能够帮助企业实现基础架构整合，实现企业硬件资源和软件资源的统一管理、统一分配、统一部署、统一监控和统一备份，打破应用对资源的独占，让云计算平台价值得以充分发挥。

（6）云计算的编程模式。从本质上讲，云计算是一个多用户、多任务、支持并发处理的系统。高效、简捷、快速是其核心理念，它旨在通过网络把强大的服务器计算资源方便地分发到终端用户手中，同时保证低成本和良好的用户体验。在这个过程中，编程模式的选择至关重要。

分布式并行编程模式目前被广泛采用，其创立的初衷是更高效地利用软、硬件资源，让用户更快速、更简单地使用应用或服务。在分布式并行编程模式中，后台复杂的任务处理和资源调度对于用户来说是透明的，这样能够极大地提升用户体验。MapReduce 是当前云计算主流并行编程模式之一。

（7）云计算的信息安全。安全已经成为阻碍云计算发展的最主要原因之一，数据显示，32%已经使用云计算的组织和 45%尚未使用云计算的组织的 ICT 管理将云安全作为进一步部署云的最大障碍。要想保证云计算能够长期稳定、快速发展，安全是首先需要解决的问题。

事实上，云计算安全也不是新问题，传统互联网存在同样的问题，只是云计算出现以后，安全问题变得更加突出。在云计算体系中，安全涉及很多层面，包括网络安全、服务器安全、软件安全、系统安全等。

不管是软件还是硬件安全厂商，都在积极研发云计算安全产品和方案。包括传统杀毒软件厂商、软/硬件防火墙厂商、IDS/IPS 厂商在内的各个层面的安全供应商都已加入云安全领域。

（8）云计算的绿色节能。节能环保是全球关注的热门主题。云计算也以低成本、高效率著称。云计算具有巨大的规模经济效益，在提高资源利用效率的同时，节省了大量能源。绿色节能技术已经成为云计算必不可少的技术，未来越来越多的节能技术还会被引入云计算中来。

碳排放披露项目（Carbon Disclosure Project，CDP）发布过一项有关云计算有助于减少碳排放的报告，报告指出迁移至云计算平台的美国公司每年可以减少碳排放 8570 万吨，相当于 2 亿桶石油所排放出的碳总量。

2. 虚拟化

（1）虚拟化的定义。虚拟化是指通过虚拟化技术将一台计算机虚拟为多台逻辑计算机，每台逻辑计算机可运行不同的操作系统，并且应用程序都可以在相互独立的空间内运行而互不影响，从而显著地提高计算机的工作效率。

虚拟化是使用软件的方法重新定义划分 IT 资源，可以实现 IT 资源的动态分配、灵活调度、跨域共享，从而提高 IT 资源利用率，使 IT 资源能够真正成为社会基础设施，服务于各行各业中灵活多变的应用需求。

虚拟化技术主要用来解决高性能的物理硬件产能过剩和老旧硬件产能过低的重组重用，透明化底层物理硬件，从而最大化地利用物理硬件，简单来说就是将底层资源进行分区，并向上层提供特定的和多样化的执行环境。虚拟化技术逻辑结构如图 1-1 所示。

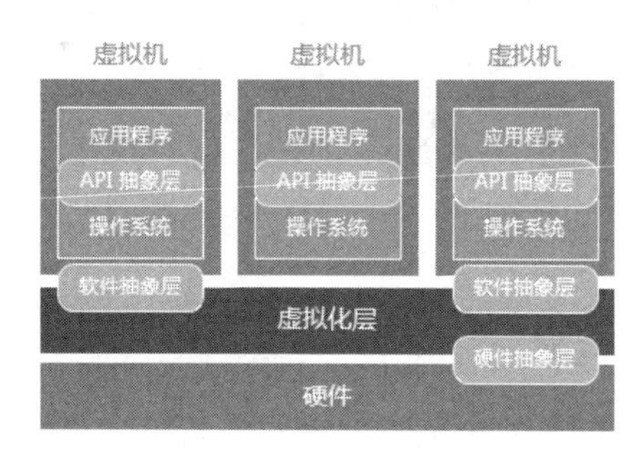

图 1-1　虚拟化技术逻辑结构

（2）虚拟化的分类。根据虚拟化实现的方式不同，虚拟化技术可以分为完全虚拟化、准虚拟化、操作系统层虚拟化、桌面虚拟化和硬件虚拟化等。

1）完全虚拟化。使用 Hypervisor 这种中间层软件，在虚拟服务器和底层硬件之间建立一个抽象层。Hypervisor 可以捕获 CPU 指令，为指令访问硬件控制器和外设充当中介。

完全虚拟化技术几乎能让任何一款操作系统不用改动就能安装到虚拟服务器上，且它们不知道自己运行在虚拟化环境下。但是性能方面不如裸机，毕竟 Hypervisor 需要占用一些资源，给处理器带来额外开销。

在完全虚拟化的环境下，Hypervisor 运行在裸硬件上，充当主机操作系统，而由 Hypervisor 管理的虚拟服务器运行客户端操作系统（Guest OS）。完全虚拟化技术架构如图 1-2 所示。

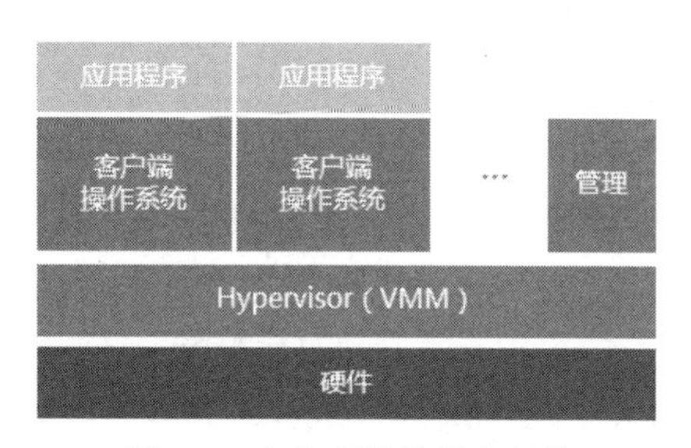

图 1-2　完全虚拟化技术架构

2）准虚拟化。准虚拟化是处理器密集型技术，它要求 Hypervisor 管理各个虚拟机，让它们彼此独立。该技术改动客户操作系统，让虚拟机以为自己运行在虚拟环境下，能够与 Hypervisor 协同工作，其响应能力基本上等同于未经过虚拟化处理的服务器。客户操作系统集成了虚拟化方面的代码，操作系统自身能够与虚拟进程进行很好地协作。准虚拟化技术架构如图 1-3 所示。

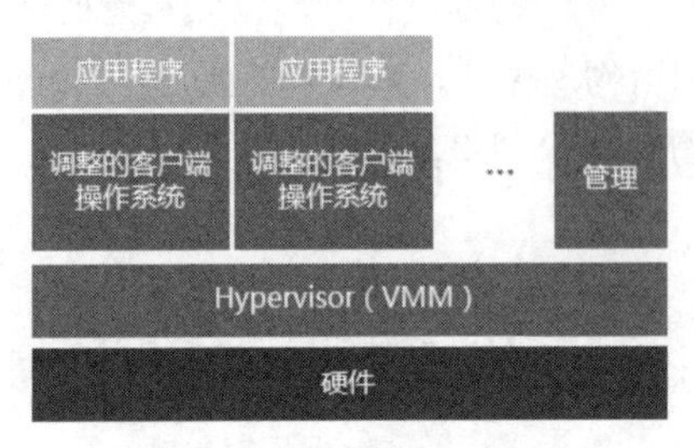

图 1-3　准虚拟化技术架构

3）操作系统层虚拟化。操作系统层虚拟化没有独立的 Hypervisor 层，硬件主机操作系统负责在多个虚拟服务器之间分配硬件资源，并且让这些服务器彼此独立。

如果使用操作系统层虚拟化，所有虚拟服务器必须运行同一操作系统。虽然操作系统层虚拟化的灵活性较差，但虚拟服务器速度性能比较高。由于架构在所有虚拟服务器上使用单一、标准的操作系统，管理起来比异构环境要容易。

4）桌面虚拟化。桌面虚拟化主要功能是将分散的桌面环境集中保存并管理起来，包括桌面环境的集中下发、集中更新、集中管理。桌面虚拟化使得桌面管理变得简单，不用每台终端单独进行维护和更新。终端数据可以集中存储在数据中心里，相对传统桌面应用安全性较高。

桌面虚拟化可以使得一个人拥有多个桌面环境，也可以把一个桌面环境供多人使用。桌面虚拟化依托于服务器虚拟化，没有服务器虚拟化，桌面虚拟化的优势将荡然无存。

5）硬件虚拟化。硬件虚拟化就是在 CPU 层面上支持虚拟化技术。

英特尔虚拟化技术（Intel Virtualization Technology，IVT）是由英特尔开发的一种虚拟化技术，利用 IVT 可以在系统上再安装虚拟操作系统，实现一个硬件系统同时运行多个操作系统，即通过虚拟机查看器（Virtual Machine Monitor，VMM）来虚拟一套或多套硬件设备，以供虚拟操作系统使用。该技术在 VMware 与 Virtual PC 上通过软件实现，而通过 IVT 的硬件支持可以加速此类软件的进行。

AMD 虚拟化（AMD Virtualization，AMD-V）是 AMD 公司为 64 位 x86 架构服务器提供的虚拟化扩展的名称。

（3）主流虚拟化产品。虚拟化产品整体上分为开源虚拟化软件和商业虚拟化软件两大阵营。典型的代表有 Xen、KVM、VMware、Hyper-V、Docker 容器等。Xen、KVM 是开源免费的虚拟化软件；VMware 是付费的虚拟化软件；Hyper-V 是微软的付费虚拟化技术；Docker 是一种容器技术，属于一种轻量级虚拟化技术。

虚拟化软件产品有很多，无论是开源还是商业的，每款软件产品有其优缺点以及应用场景，需要根据业务场景选择。最常见的虚拟化软件提供商有 Citrix、IBM、VMware、Microsoft 等，国产虚拟化平台有云宏 CNware 等。

1）Citrix。Citrix 公司主要有三大产品，服务器虚拟化产品 Citrix Hypervisor，应用和桌面虚拟化产品 Citrix Virtual Apps 和 Desktops，后两者是目前最成熟的桌面虚拟化与应用虚拟化产品。企业级虚拟桌面基础架构解决方案大部分都是使用 Citrix 公司的 Citrix Virtual Apps 和 Desktops 的结合。

2）VMware。VMware 是业内虚拟化最为领先的厂商。VMware 的虚拟化产品一直以其易用性和管理性得到广泛认同。但受其架构的影响限制，VMware 主要是在 x86 架构服务器上有较大优势，而非真正的 IT 虚拟化。

3）CNware。CNware 是国产拥有自主知识产权的虚拟化平台，用于构建兼容各种虚拟化技术的资源池，包括资源统一管理软件（Wincenter）、云中间件（WCE）、虚拟化技术（Winserver）。Wincenter 针对数据中心各种资源池进行统一管理，实现资源弹性伸缩、安全高可靠、自动化运维等功能；WCE 云中间件实现对 x86 和小型机等设备的自动发现与管理，兼容跨厂商的虚拟化技术；Winserver 是 CNware 自有的虚拟化技术，为云计算数据中心实现底层虚拟化。通过对物理资源、虚拟资源、业务资源统一管理，为应用系统提供高性能、高安全、高可靠的计算、存储、网络服务，构建高度可用、按需服务的虚拟数据中心。

（4）桌面虚拟化软件。

1）VirtualBox。VirtualBox 是一款开源虚拟化软件，是由德国 Innotek 公司开发，由 Sun Microsystems 公司出品的软件，基于 Qt 语言编写，在 Sun 被 Oracle 收购后正式更名成 Oracle VM VirtualBox，是 Oracle 公司 xVM 虚拟化平台技术的一部分。

可在 VirtualBox 上安装并且运行的客户端操作系统主要有 Solaris、Windows、DOS、Linux、OS/2 Warp、BSD 等。

2）VMware Workstation。VMware Workstation 是将多个操作系统作为虚拟机（VM）在单台 Linux 或 Windows PC 上运行。VMware Workstation 创建真实的 Linux 和 Windows 虚拟机以及其他桌面、服务器和平板电脑环境，用于代码开发、解决方案构建、应用测试、产品演示等。

任务二　使用公有云

扫码看视频

【任务介绍】

在了解云计算与虚拟化的基本概念后，本任务将以国内第一大公有云服务提供商阿里云为例，从账号注册、云服务器选型等方面介绍如何购买阿里云服务器，同时基于阿里云服务器搭建 WordPress 个人博客系统，并详细介绍阿里云服务器的管理以及运维监控与性能分析。

【任务目标】

（1）掌握阿里云服务器的购买与使用方法。

（2）基于阿里云服务器，实现互联网业务（个人博客系统为例）部署与发布。

（3）通过阿里云管理平台，实现阿里云服务器的运维监控与性能分析。

【操作步骤】

1. 阿里云服务器的选型与购买

（1）账号注册。

1）访问阿里云官网（https://www.aliyun.com），如图 1-4 所示。

图 1-4　阿里云官网

2）单击“免费注册”按钮，填写账号信息，如图 1-5 所示，完成账号注册。

图 1-5　阿里云账号注册

3）注册成功后页面如图 1-6 所示。依据提示单击“快速实名认证”按钮进入实名认证操作页面，如图 1-7 所示，亦可通过依次单击“阿里云首页控制台”“个人头像”“实名认证”进入实名认证页面。

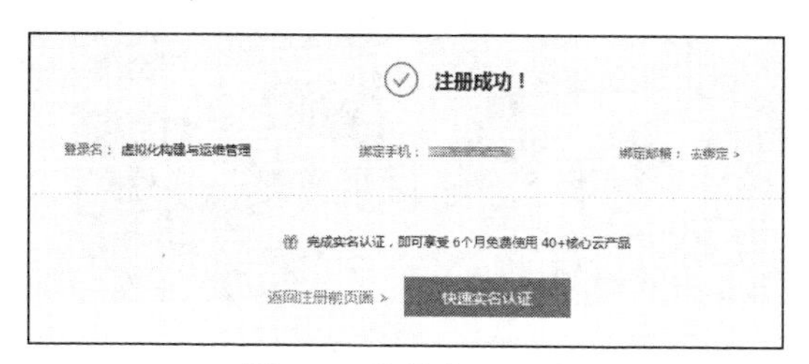

图 1-6　账号注册成功

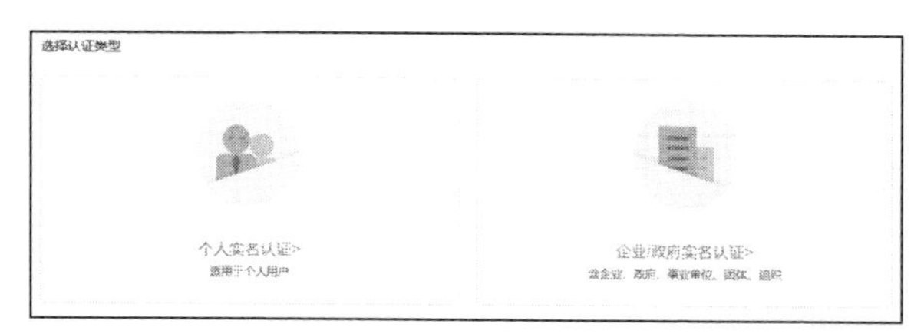

图 1-7　实名认证

4）单击“个人实名认证”按钮，进入个人实名认证操作页面。个人实名认证支持“个人支付宝授权认证”与“个人扫脸认证”两种认证方式，如图 1-8 所示。

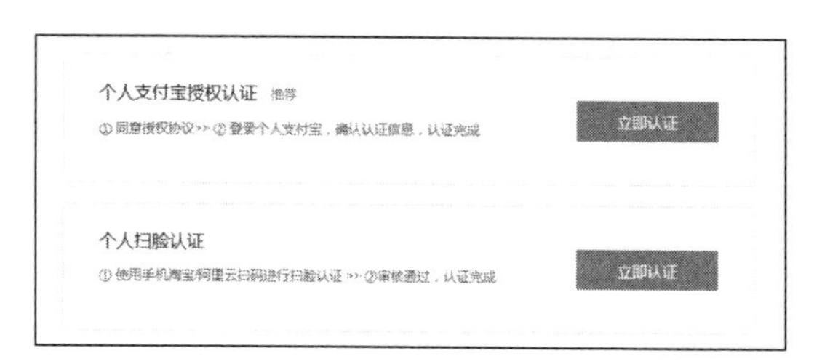

图 1-8　个人实名认证方式

5）本任务选择使用“个人支付宝授权认证”方式进行个人实名认证。单击“立即认证”按钮，进入支付宝授权操作页面，如图 1-9 所示。

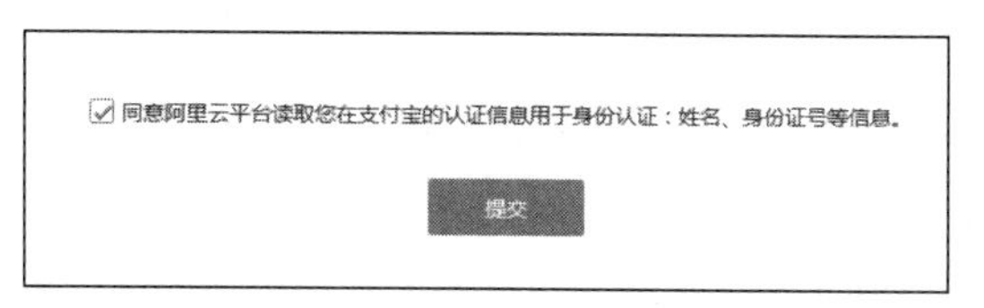

图 1-9　支付宝认证信息

6）使用个人支付宝 App 扫描二维码或输入个人支付宝账号、密码，进入支付宝实名认证信息填写页面，如图 1-10 所示。

图 1-10　支付宝账号授权

7）填写个人所在地区、详细地址信息，如图 1-11 所示。单击“确认”按钮，完成个人实名认证，如图 1-12 所示。

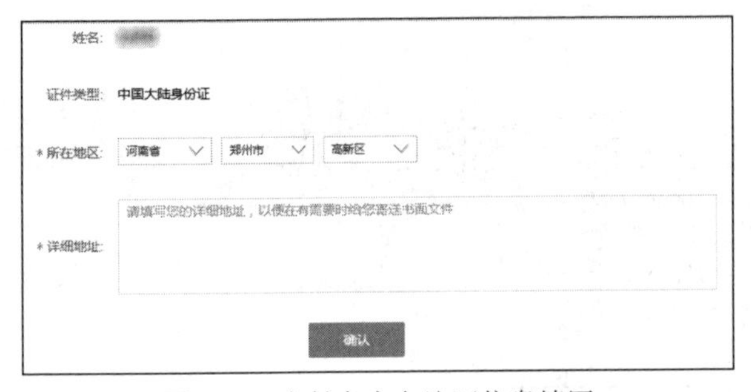

图 1-11　支付宝实名认证信息填写

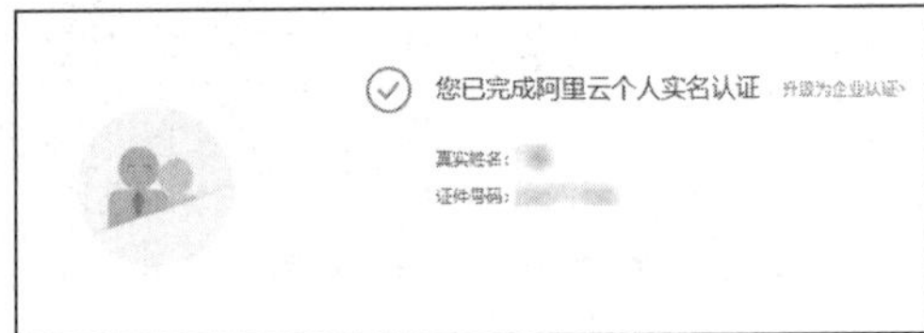

图 1-12　个人实名认证成功

（2）服务器选型。阿里云服务器的配置选择与该服务器所要支撑的应用类型、访问量、数据量大小、程序质量等因素有关，在做配置选型前建议与应用开发的技术人员沟通，选择最适合的服务器配置。如果没有技术人员提供配置建议，可以参考表 1-2 配置选择。

表 1-2　云服务器配置建议

序号	应用类型	CPU	内存	硬盘	网络
1	普通的个人小型网站，个人博客等小流量网站	1 核	1G/2G	40G	1M/2M
2	论坛、门户类网站，用户活跃性与访问量较高的	2 核	4G	120G	3M
3	品牌官网类网站，对官网、品牌较为重视的	4 核	8G	150G	4M
4	视频、购物类网站，包含庞大的数据信息	8 核	8G	300G+	10M+

阿里云服务器具有强大的弹性扩展和快速开通能力。随着业务的增长，用户可以随时在线增加服务器的 CPU、内存、硬盘以及带宽等配置，或者增加服务器数量，无需担心低配服务器在业务突增时带来的资源不足问题。建议首次选择时，按照满足要求的最低标准配置。

（3）云服务器购买。本任务搭建的 WordPress 个人博客系统为测试系统，初始阶段访问量小，云服务器初始配置见表 1-3。应用程序、数据库、文件等所有资源均在一台服务器上。

表 1-3　云服务器应用建议配置

类型	配置描述
CPU	1 核
内存	1GB
硬盘	40GB
网络	1Mb/s

1）访问阿里云官网，使用已注册的账号登录，依次选择“功能导航产品分类”“云计算基础”“云服务器 ECS”进入云服务器 ECS 操作页面，如图 1-13 所示。

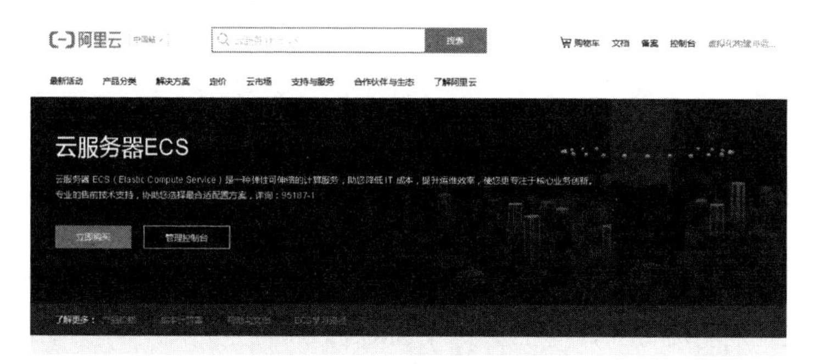

图 1-13　云服务器 ECS

2）单击“立即购买”按钮，进入云服务器 ECS 配置选择操作页面。根据业务需求，完成计费方式、所在地域、实例配置、镜像类型、存储大小等服务器配置选择，如图 1-14 所示。

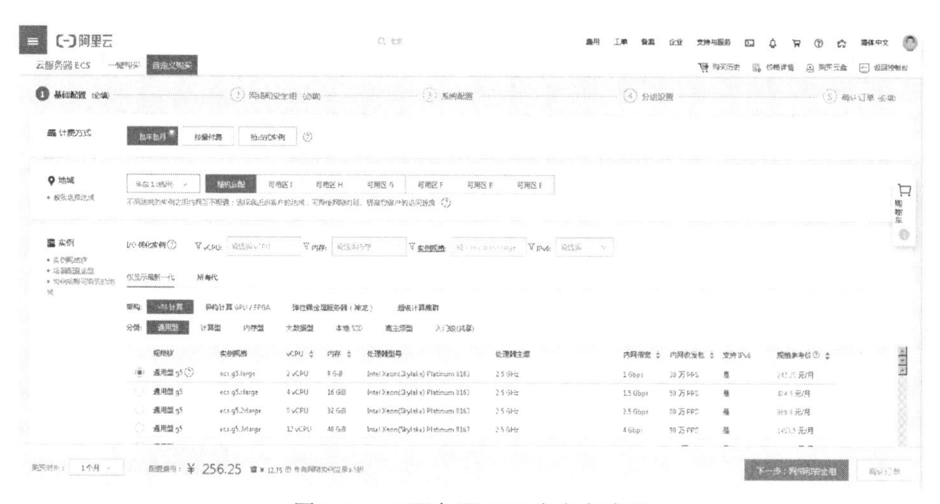

图 1-14　云服务器 ECS 自定义购买

为了方便购买者快速购买，阿里云提供了云服务器 ECS 的一键购买方式，单击操作页面左上角“一键购买”按钮，进入一键购买操作页面。购买者可根据应用规模与应用特点，快速完成云服务器的购买，如图 1-15 所示。

图 1-15　云服务器 ECS 一键购买

3）根据 WordPress 部署及预览需求，本任务选择地域为“华北 3（张家口）”，实例规格为“1 vCPU 1 GiB（突发性能实例 t5）”，镜像选择“CentOS 7.6 64 位”，网络类型选择“专有网络”，公网带宽选择“1M”，购买数量“1 台”，购买时长“1 周”，单击“确认订单”按钮查看提示信息，单击“确认产品特性并购买”按钮，如图 1-16 所示，进入订单详情操作页面，如图 1-17 所示。

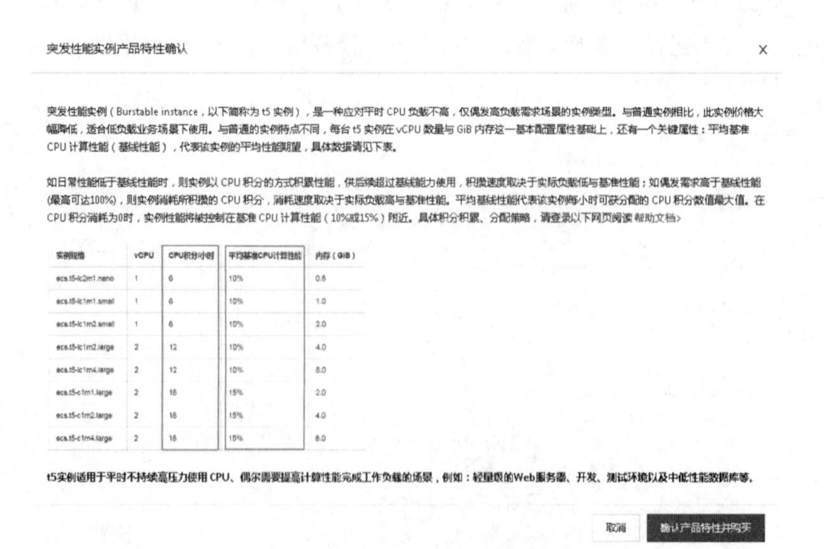

突发性能实例产品特性确认

突发性能实例（Burstable instance，以下简称为 t5 实例），是一种应对平时 CPU 负载不高，仅偶发高负载需求场景的实例类型。与普通实例相比，此实例价格大幅降低，适合低负载业务场景下使用。与普通的实例特点不同，每台 t5 实例在 vCPU 数量与 GiB 内存这一基本配置属性基础上，还有一个关键属性：平均基准 CPU 计算性能（基线性能），代表该实例的平均性能期望，具体数据请见下表。

如日常性能低于基线性能时，则实例以 CPU 积分的方式积累性能，供后续超过基线能力使用，积攒速度取决于实际负载低与基准性能；如偶发需求高于基线性能(最高可达100%)，则实例消耗所积攒的 CPU 积分，消耗速度取决于实际负载高与基准性能。平均基线性能代表该实例每小时可获分配的 CPU 积分数值最大值。在 CPU 积分消耗为0时，实例性能将被控制在基准 CPU 计算性能（10%或15%）附近。具体积分积累、分配策略，请登录以下网页阅读 帮助文档>

实例规格	vCPU	CPU积分/小时	平均基准CPU计算性能	内存（GiB）
ecs.t5-lc2m1.nano	1	6	10%	0.5
ecs.t5-lc1m1.small	1	6	10%	1.0
ecs.t5-lc1m2.small	1	6	10%	2.0
ecs.t5-lc1m2.large	2	12	10%	4.0
ecs.t5-lc1m4.large	2	12	10%	8.0
ecs.t5-c1m1.large	2	18	15%	2.0
ecs.t5-c1m2.large	2	18	15%	4.0
ecs.t5-c1m4.large	2	18	15%	8.0

t5实例适用于平时不持续高压力使用 CPU、偶尔需要提高计算性能完成工作负载的场景，例如：轻量级的Web服务器、开发、测试环境以及中低性能数据库等。

取消　确认产品特性并购买

图 1-16　确认产品特性并购买

图 1-17　确认订单

4）同意《云服务器 ECS 服务条款》，单击“确认下单”按钮，进入订单支付操作页面，如图 1-18 所示。

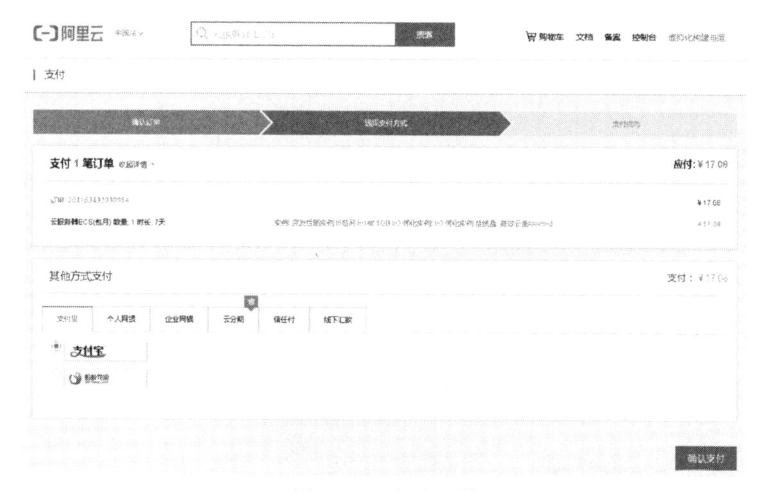

图 1-18　确认下单

5）单击“确认支付”按钮，完成订单支付，如图 1-19 所示。

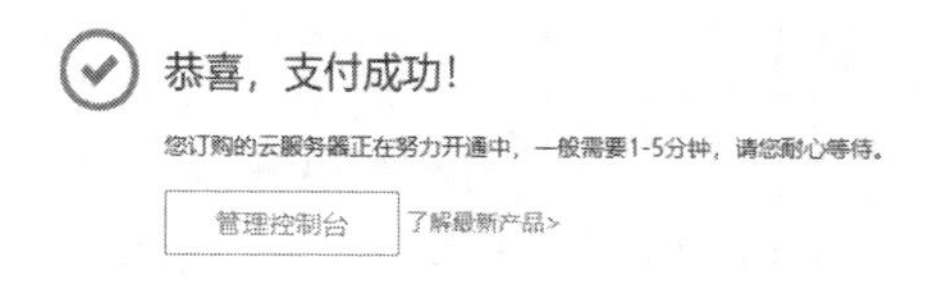

图 1-19　支付成功

提醒

（1）在学习过程中，可根据自己的实际情况选择是否付费，付费内容不为本任务必须。学习过程也可选择按量付费进行体验，按量付费约为 0.1 元/小时。具体付费标准以阿里云官方说明为准。

（2）如个人年龄在 24 岁以下或者拥有学信网认证信息，可通过阿里云云翼计划购买云服务器 ECS，1 核 CPU（100%CPU 性能）、2G 内存、1M 带宽、40G 硬盘可享受 9.5 元/月的优惠价格。

6）单击“管理控制台”按钮，进入实例列表操作界面，如图 1-20 所示，通过实例列表可查看实例名称、IP 地址、配置、状态等信息，依次单击“更多”“密码/密钥”“重置实例密码”，输入实例登录密码，确认密码，完成密码重置，如图 1-21 所示。

图 1-20　实例列表

7）单击“更多”“实例状态”“重启”，如图 1-22 所示，进行实例重启，完成密码重置。

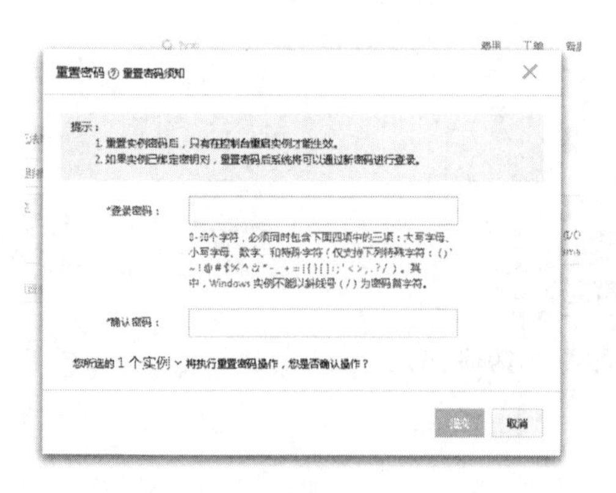

图 1-21　重置实例密码

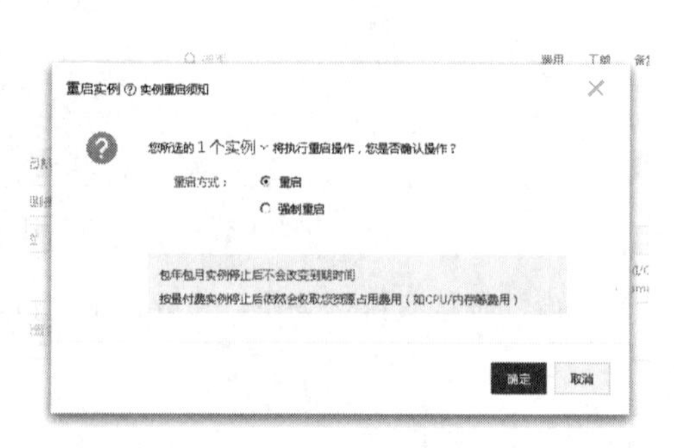

图 1-22　重启服务器

8）使用 SSH 远程管理终端 PuTTY 测试云服务器 ECS 的连通性，输入云服务器 ECS 公网 IP 地址，如图 1-23 所示。输入账号 root、密码，测试云服务器连通性，如图 1-24 所示，则表示连接成功。

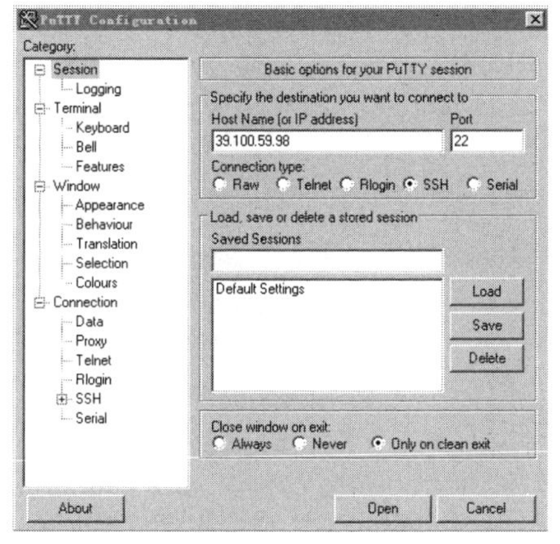

图 1-23　使用 PuTTY 远程连接云服务器

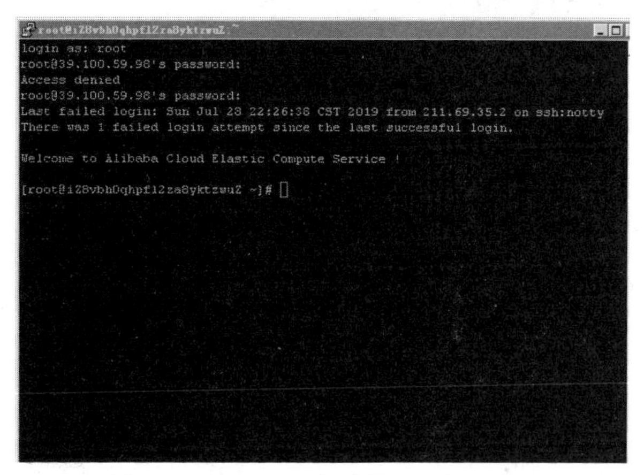

图 1-24　PuTTY 远程连接云服务器成功

2. WordPress 系统部署

WordPress 基于 PHP 语言与 MySQL 数据库开发，因此服务器需完成 PHP 与 MySQL 环境搭建，部署过程如下所述。

（1）安全规则配置。由于阿里云的安全组默认没有规则，云服务器所有端口都无法通过互联网访问，WordPress 系统需要通过 HTTP 进行访问，可通过如下步骤操作完成安全规则配置。

1）依次单击“阿里云控制台”“实例”，进入云服务器实例列表操作页面，如图 1-25 所示，单击“管理”按钮，进入云服务器管理操作页面，如图 1-26 所示。

图 1-25　实例列表

图 1-26　云服务器管理

2）选择单击“本实例安全组”进入本实例安全组操作页面，如图 1-27 所示。

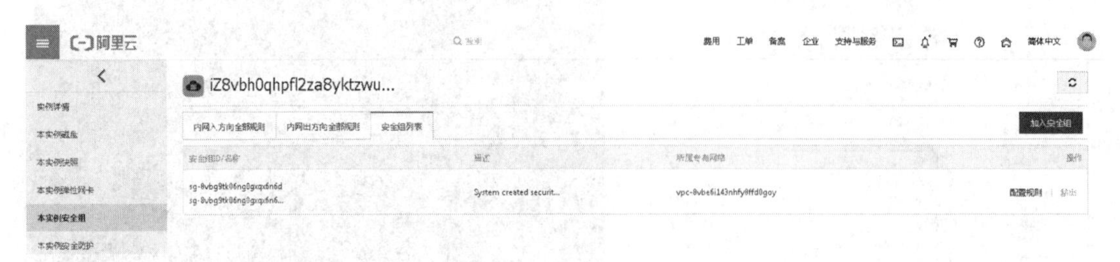

图 1-27　本实例安全组

3）单击“配置规则”进入配置规则操作页面，如图 1-28 所示。在“入方向”添加 80 端口安全规则，如图 1-29 所示，单击“确定”按钮保存。

图 1-28　配置规则

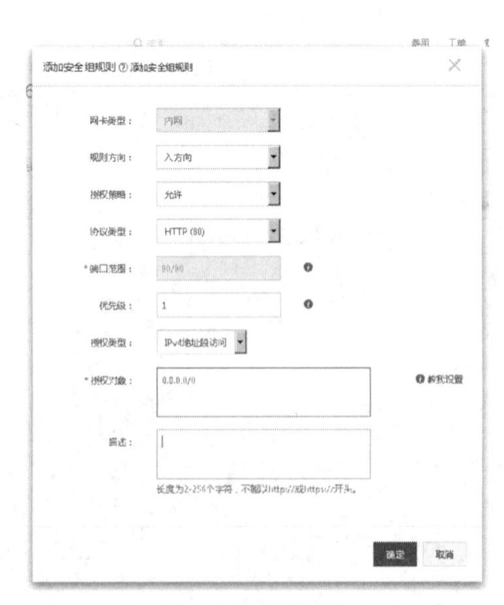

图 1-29　规则添加

4）配置完成后，重启服务器使安全组规则生效，具体命令如下。

```
# reboot
```

（2）安装配置基础环境。

1）使用 PuTTY 远程连接云服务器。

2）安装 httpd、PHP、MariaDB 环境，安装命令如下。

```
#yum install httpd mariadb mariadb-server php php-mysql -y
```

3）创建 PHP 测试页，测试 PHP 是否安装成功，相关命令如下。

```
#echo "<?php phpinfo(); ?>" > /var/www/html/phpinfo.php
```

4）启动 httpd，并设置开机自启动，相关命令如下。

```
# systemctl start httpd
# systemctl enable httpd
```

5）启动数据库并设置数据库开机自启动，相关命令如下。

```
# systemctl start mariadb
# systemctl enable mariadb
```

6）通过浏览器访问“http://云服务器公网 IP/phpinfo.php”，出现如图 1-30 所示界面则表示服务器能够被访问且 PHP 环境运行正常。

PHP Version 5.4.16

System	Linux iZ8vbh0qhpfl2za8yktzwuZ 3.10.0-957.21.3.el7.x86_64 #1 SMP Tue Jun 18 16:35:19 UTC 2019 x86_64
Build Date	Oct 30 2018 19:31:42
Server API	Apache 2.0 Handler
Virtual Directory Support	disabled
Configuration File (php.ini) Path	/etc
Loaded Configuration File	/etc/php.ini
Scan this dir for additional .ini files	/etc/php.d
Additional .ini files parsed	/etc/php.d/curl.ini, /etc/php.d/fileinfo.ini, /etc/php.d/json.ini, /etc/php.d/mysql.ini, /etc/php.d/mysqli.ini, /etc/php.d/pdo.ini, /etc/php.d/pdo_mysql.ini, /etc/php.d/pdo_sqlite.ini, /etc/php.d/phar.ini, /etc/php.d/sqlite3.ini, /etc/php.d/zip.ini
PHP API	20100412
PHP Extension	20100525
Zend Extension	220100525
Zend Extension Build	API220100525,NTS
PHP Extension Build	API20100525,NTS

图 1-30　phpinfo 信息

（3）配置数据库。在云服务器中配置数据库权限，并创建一个数据库供 WordPress 软件部署使用，操作步骤如下所述。

1）数据库安装完成后，默认无密码，首次登录数据库，可通过“Enter”进入。登录数据库后，设置数据库 root 账号的密码，相关命令如下。

```
MariaDB[(none)]> set password = password('q1w2e3r4');  //设置密码
```

2）使用用户名、密码测试数据库连通性，相关命令如下。

```
# mysql -uroot -pq1w2e3r4
```

3）创建一个数据库，供 WordPress 软件安装使用，相关命令如下。

```
MariaDB[(none)]>create database wordpress;
```

（4）安装 WordPress 软件。本任务安装 WordPress 中文版，版本号 5.0.3，安装步骤如下所述。

1）获取软件包。通过 WordPress 官方网站 https://cn.wordpress.org 获取 WordPress 安装包，相关命令如下。

```
# cd /var/www/html
#wget https://cn.wordpress.org/wordpress-5.0.3-zh_CN.tar.gz
```

2）解压已下载的 WordPress 5.0.3 软件压缩包，相关命令如下。

```
# tar -zxvf wordpress-5.0.3-zh_CN.tar.gz
```

3）将解压目录“wordpress”下所有内容移动到“var/www/html/”下，并赋予“var/www/html”目录写权限，相关命令如下。

```
#mv /var/www/html/wordpress/* /var/www/html
#chmod –R 755 /var/www/html
```

（5）配置 WordPress。通过浏览器访问“http://云服务器公网 IP”，进入 WordPress 配置界面，如图 1-31 所示，配置过程如下所述。

1）单击“现在就开始”按钮，进入数据库配置界面，输入数据库配置信息，如图 1-32 所示。单击“提交”按钮，验证数据库配置信息，验证成功如图 1-33 所示。

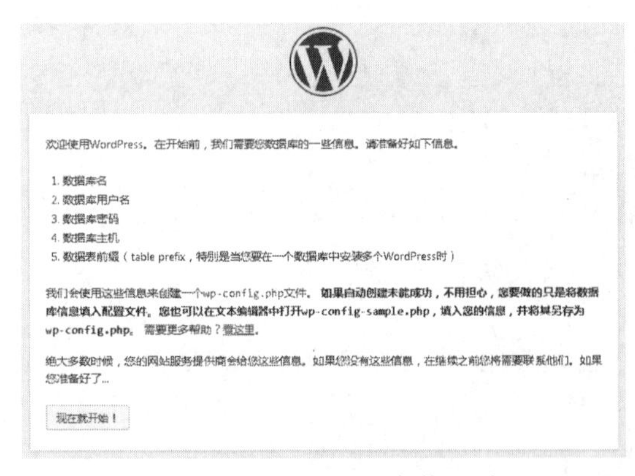

图 1-31　WordPress 安装界面

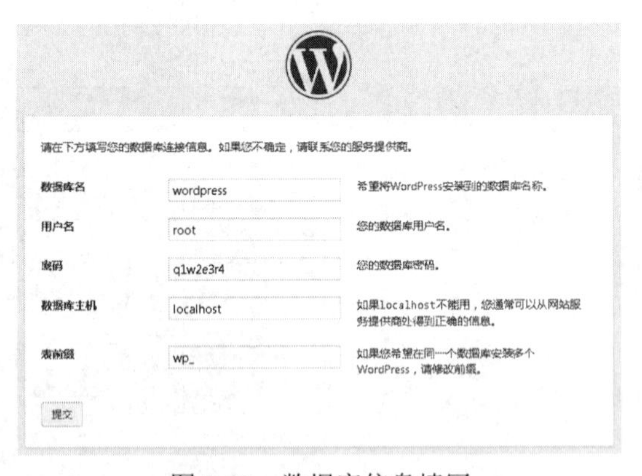

图 1-32　数据库信息填写

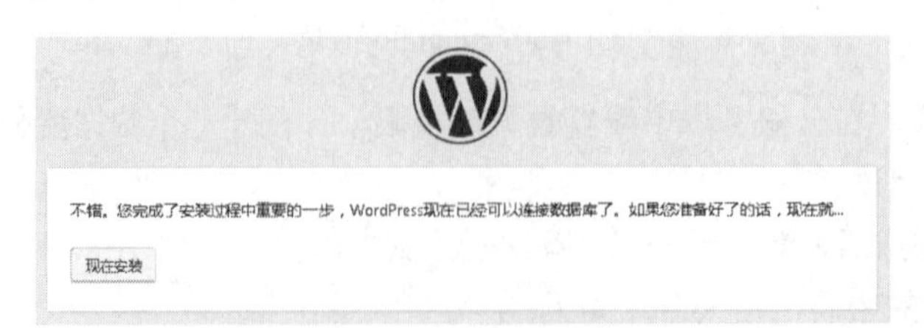

图 1-33　开始安装

2）单击“现在安装”按钮，进入 WordPress 配置界面，填写站点标题、设置用户名、密码、电子邮件等信息，如图 1-34 所示。填写完成后，单击“安装 WordPress”，软件安装完成后如图 1-35 所示。

图 1-34 站点信息填写

图 1-35 完成安装

（6）访问 WordPress。安装完成后，单击“登录”按钮访问 WordPress 系统，也可以通过在浏览器中输入“http://WordPressIP 地址”进行访问，如图 1-36 所示，输入用户名、密码后登录系统，WordPress 的后台管理系统如图 1-37 所示。

图 1-36 登录访问

图 1-37 WordPress 后台管理系统

3. 云服务器的运维监控与性能分析

阿里云管理控制台可以对所购买的云服务进行监控并进行性能分析，监控指标含 CPU、网络、内容、磁盘 IO 等信息，查看云服务器性能如下所述。

（1）通过“管理控制台”“云服务器 ECS”“实例”“管理”，进入实例详情，如图 1-38 所示。

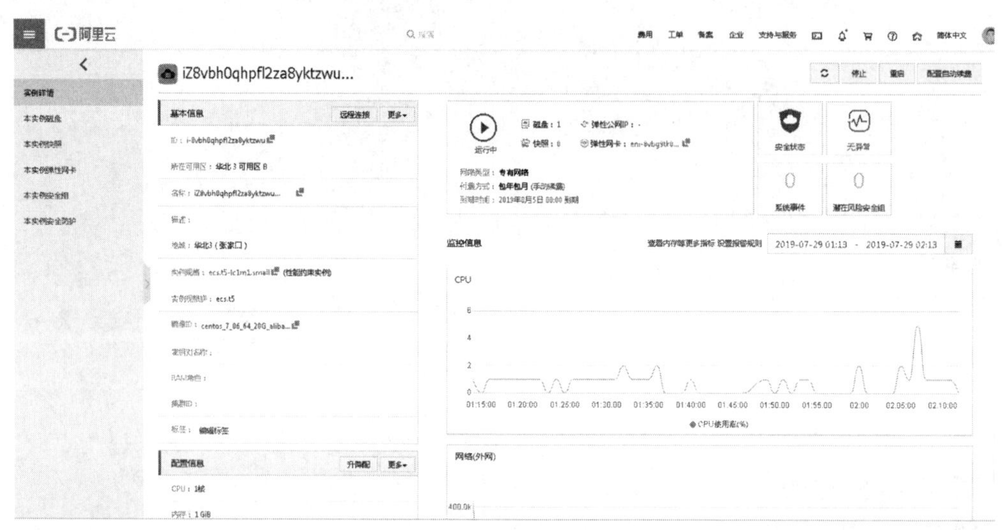

图 1-38　实例详情

（2）单击监控信息下方的“查看内存更多指标”按钮可以查看更多内容的监控，如图 1-39 所示。

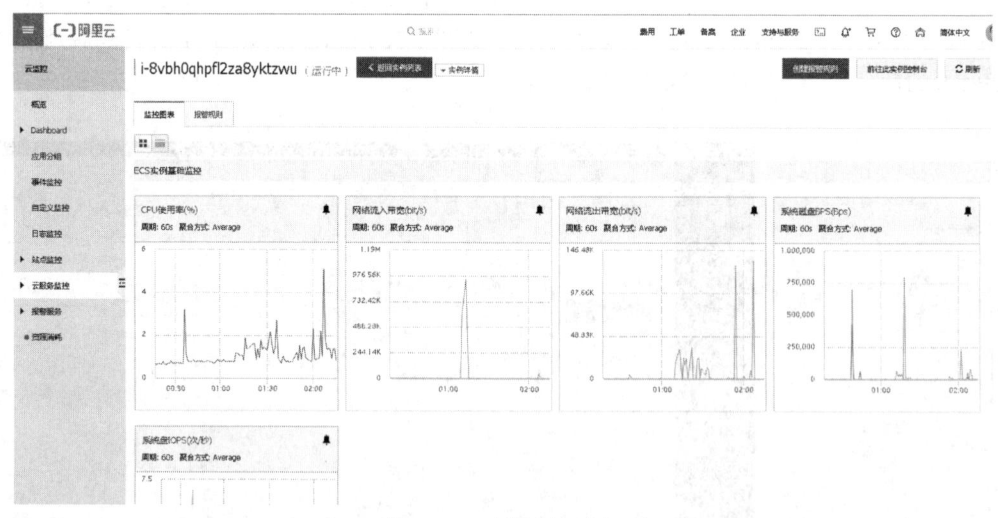

图 1-39　云监控控制台

通过监控数据可以看到，主机的 CPU 近一小时的平均使用率为 5%，内存平均使用率为 40%，磁盘平均使用率为 6%，网络平均流入速率为 5kbps，网络平均流出速率为 120kbps，监控指标数据说明云服务器运行状态良好。

任务三 使用 VMware Workstation

【任务介绍】

本任务以 VMware Workstation Pro 为例，介绍 VMware Workstation Pro 的安装、网络配置等，同时基于计算机 A 的 VMware Workstation Pro 完成 CentOS 7 虚拟主机的创建与系统安装，并导出为 CentOS 7 模板。在计算机 B 的 VMware Workstation Pro 上使用模板部署虚拟主机，完成计算机 B 上的虚拟主机网络配置。

【任务目标】

（1）了解 VMware Workstation Pro 的工作原理。

（2）掌握 VMware Workstation Pro 网络配置的方法。

（3）掌握 VMware Workstation Pro 中虚拟主机的管理方法。

（4）掌握 VMware Workstation Pro 中虚拟主机导出、导入方法。

【操作步骤】

1. 安装前准备

（1）网络规划。本任务使用两台计算机并安装 VMware Workstation Pro 虚拟化软件，在 VMware Workstation Pro 上分别创建一台虚拟主机。计算机与虚拟主机 IP 地址规划详见“配置清单”。

（2）虚拟机配置规划。本任务通过 VMware Workstation Pro 软件安装 CentOS 7 虚拟主机，虚拟主机具体配置见表 1-4 所示。

表 1-4 虚拟主机配置

序号	配置项	配置值
1	操作系统版本	CentOS-7-x86_64-Minimal-1804
2	虚拟主机 A 名称	VM-CentOS 7-A
3	虚拟主机 B 名称	VM-CentOS 7-B
4	CPU	1 路 1 核
5	内存	1G
6	硬盘	10G，类型为 SCSI，介质为虚拟磁盘
7	网络模式	桥接
8	分区格式	默认（swap，ext4）
9	用户名	root
10	密码	q1w2e3r4

2. 安装 VMware Workstation Pro

（1）获取 VMware Workstation Pro。VMware Workstation Pro 软件可通过官方网站获取（https://www.vmware.com/cn/products/ workstation-pro/workstation-pro-evaluation.html），本任务所使用的版本为 15.1.0-13591040。

（2）安装 VMware Workstation Pro。分别在计算机 A、计算机 B 上安装 VMware Workstation Pro15，安装步骤如下所述。

1）打开 VMware-workstation-full-15.1.0-13591040.exe 安装包，如图 1-40 所示，进行环境检测。

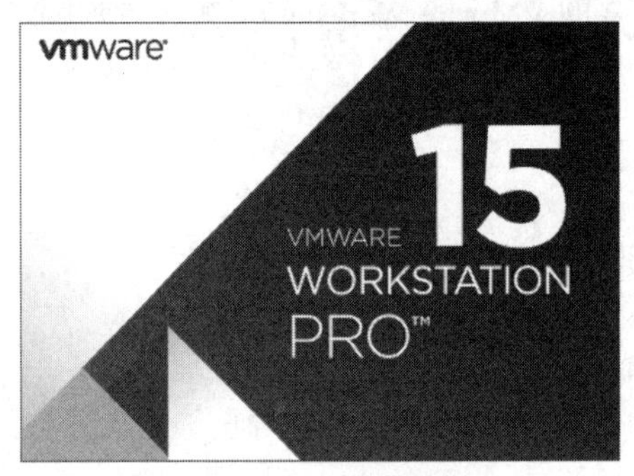

图 1-40　检测界面

2）检测完毕后，进入安装向导，如图 1-41 所示；单击“下一步”进入“最终用户许可协议”，阅读“VMWARE 最终用户许可协议”，选择“我接受许可协议中的条款（A）”，单击“下一步”按钮，如图 1-42 所示。

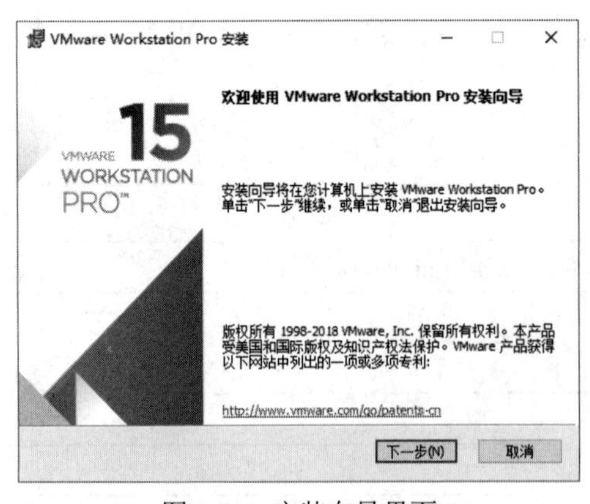

图 1-41　安装向导界面

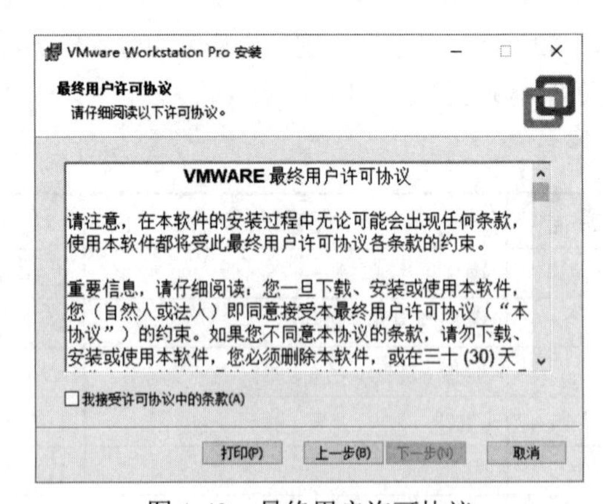

图 1-42　最终用户许可协议

3）进入“自定义安装”，设置安装位置，如图 1-43 所示；单击“下一步”进入“用户体验设置”，该步骤可根据个人需求进行设置，可全部不选，如图 1-44 所示。

4）等待安装完成，如图 1-45 所示；安装向导完成后，其操作界面如图 1-46 所示；由于 VMware Workstation Pro 是收费软件，需要输入许可证，单击“许可证”进入许可证输入界面，如有许可证可输入许可证密钥，如没有可“跳过”，如图 1-47 所示；单击“完成”即可，VMware 公司赠予用户 30 天的评估期，安装完成如图 1-48 所示。

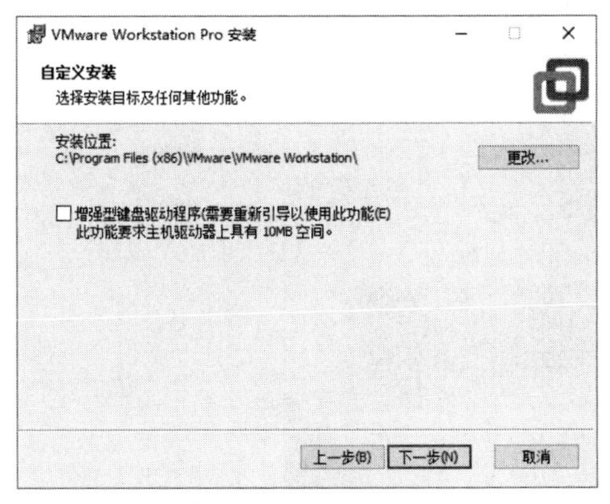

图 1-43　自定义安装

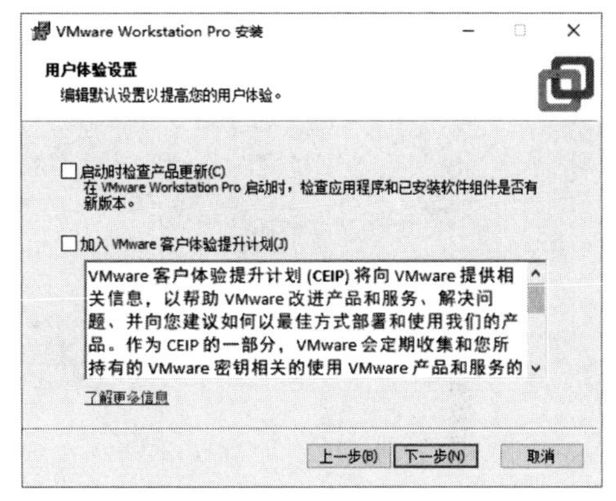

图 1-44　用户体验设置

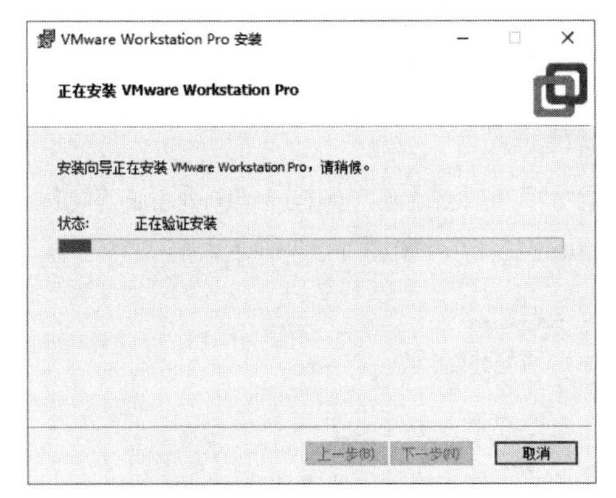

图 1-45　验证安装

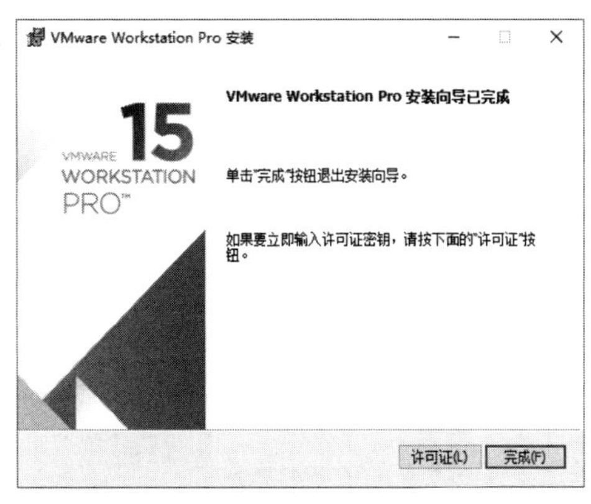

图 1-46　完成安装（未许可）

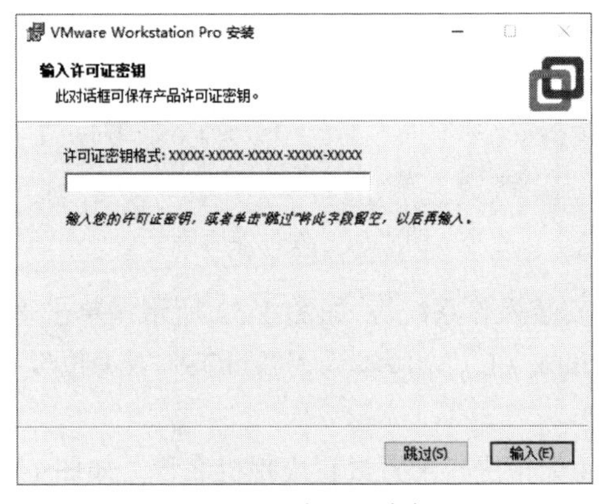

图 1-47　许可证密钥

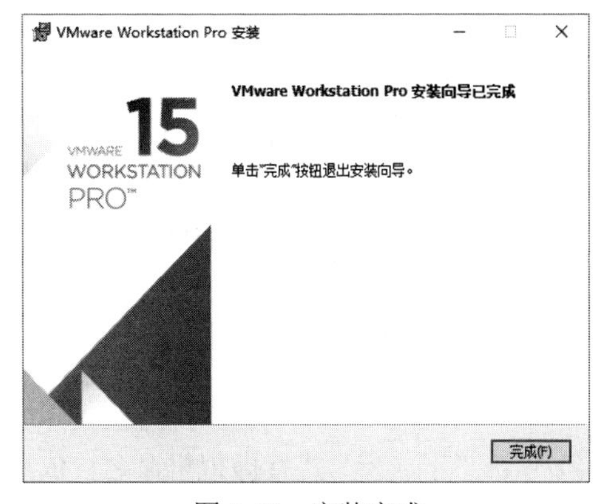

图 1-48　安装完成

3. 虚拟机创建与网络配置

（1）虚拟机创建。

1）打开 VMware Workstation Pro 软件，进入其主界面，单击“创建新的虚拟机”，如图 1-49 所示。

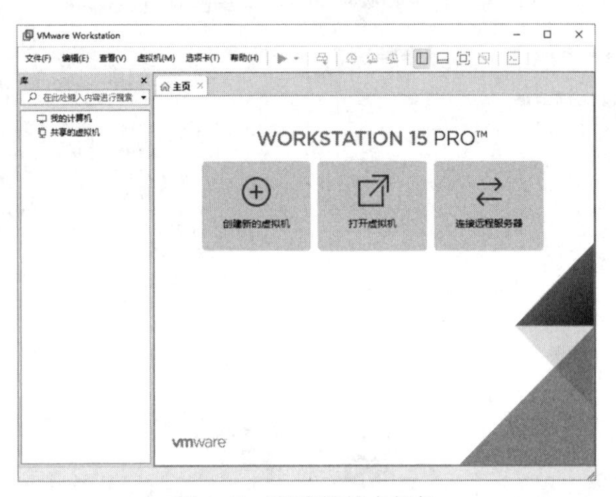

图 1-49　创建新的虚拟机

2）进入“新建虚拟机向导”，选择“自定义（高级）”进行配置，如图 1-50 所示；单击“下一步”进入“虚拟机硬件兼容性”，设置其为“Workstation 15.x”，如图 1-51 所示。

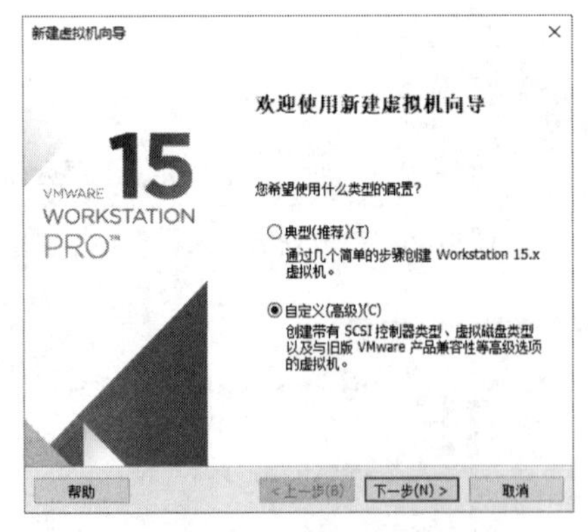

图 1-50　新建虚拟机安装向导

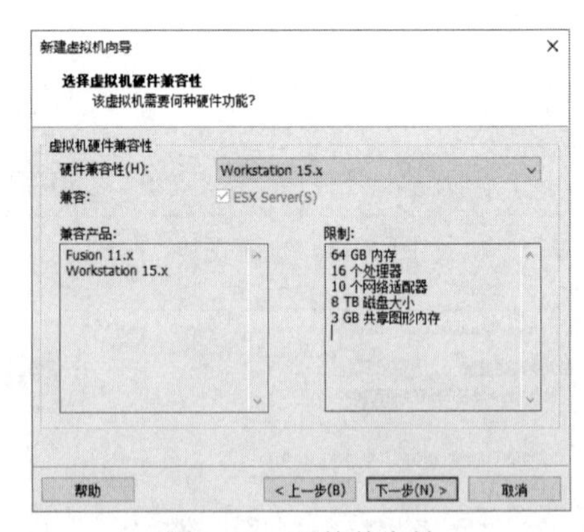

图 1-51　硬件兼容性

3）单击“下一步”设置安装来源，选择“稍后安装操作系统”，如图 1-52 所示；单击“下一步”设置操作系统版本，选择客户机操作系统为“Linux（L）”，版本为“CentOS 7 64 位”，如图 1-53 所示。

4）单击“下一步”进行虚拟机命名，依据表 1-4 虚拟主机配置设置虚拟机名称，如图 1-54 所示；单击“下一步”配置处理器，设置 1 个处理器 *1 个核心，如图 1-55 所示。

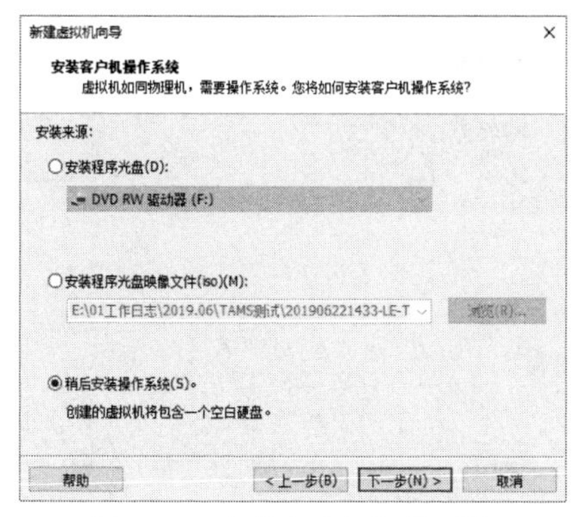

图 1-52　安装客户机操作系统

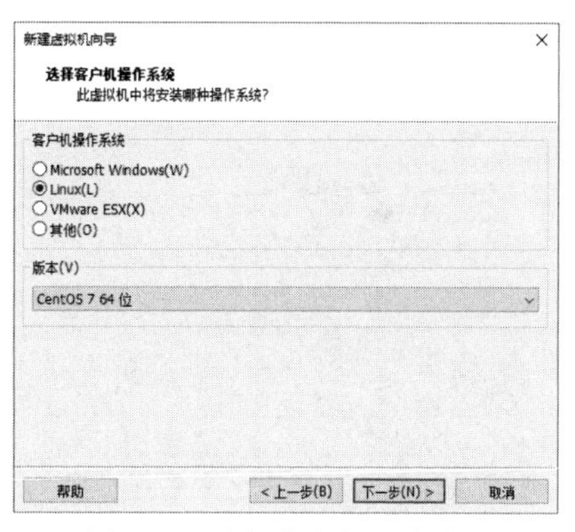

图 1-53　选择客户机操作系统

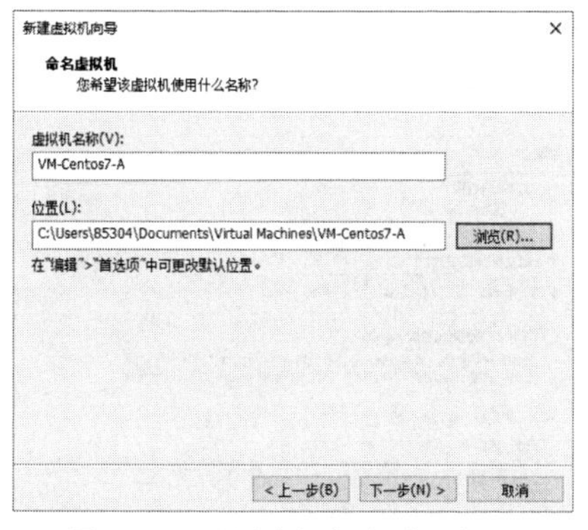

图 1-54　设置虚拟机名称和位置

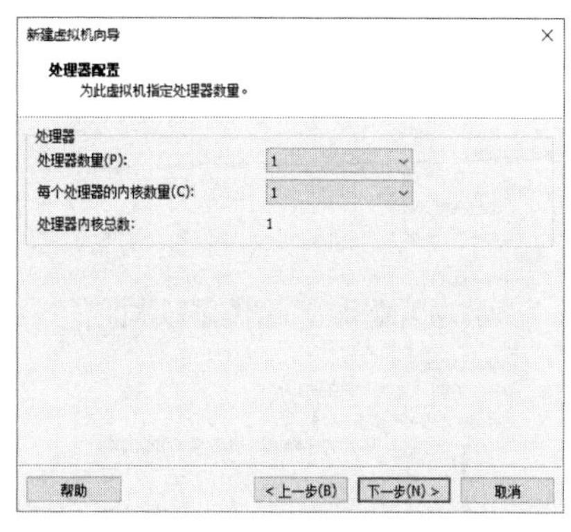

图 1-55　处理器配置

5）单击“下一步”设置内存，虚拟机内存设置为 1024MB，如图 1-56 所示；单击“下一步”进行网络连接设置，设置为“使用桥接网络（R）”，如图 1-57 所示。

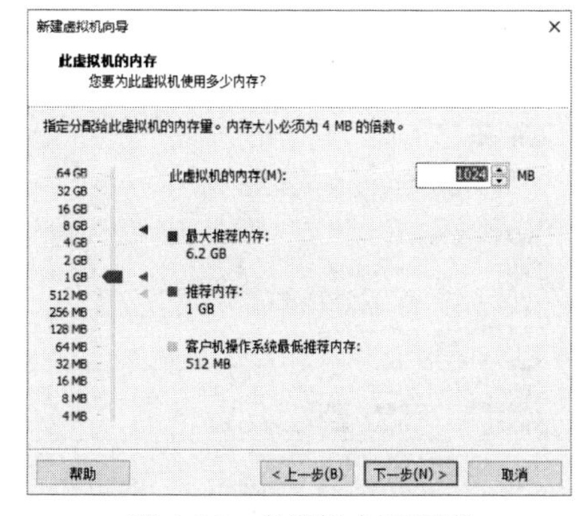

图 1-56　虚拟机内存配置

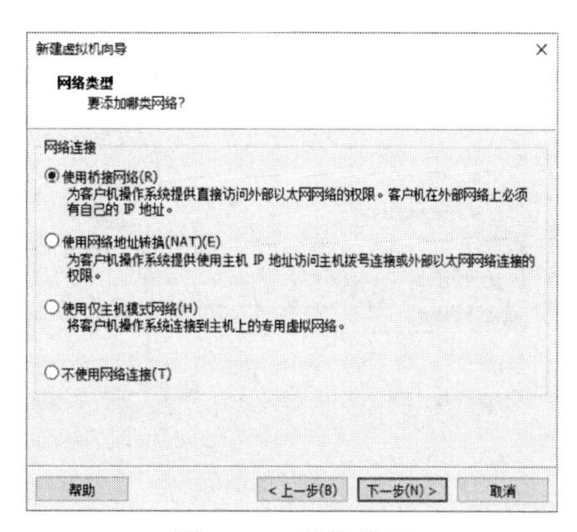

图 1-57　网络类型

6）单击“下一步”进行 I/O 控制器类型设置，选择推荐的“LSI Logic(L)”，如图 1-58 所示；单击“下一步”进入磁盘类型设置，选择推荐的“SCSI”，如图 1-59 所示。

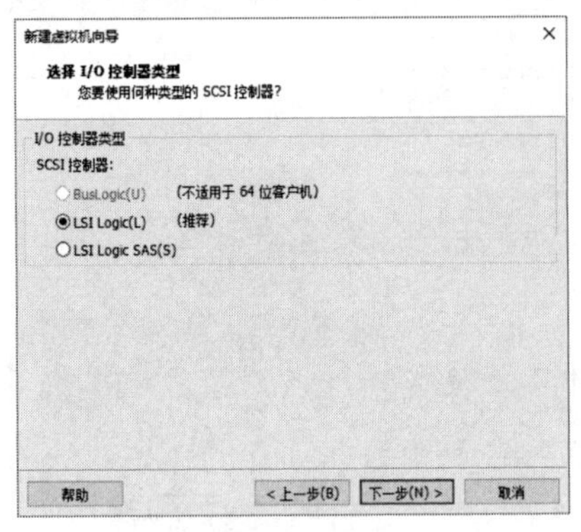

图 1-58　选择 I/O 控制器类型

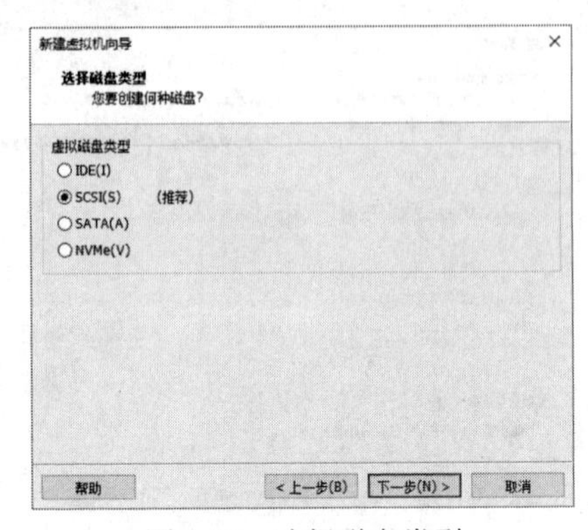

图 1-59　选择磁盘类型

7）单击“下一步”选择磁盘，选择“创建新虚拟磁盘（V）”，如图 1-60 所示；单击“下一步”配置磁盘，设置为 10GB 且点选“将虚拟磁盘存储为单个文件（O）”，如图 1-61 所示。

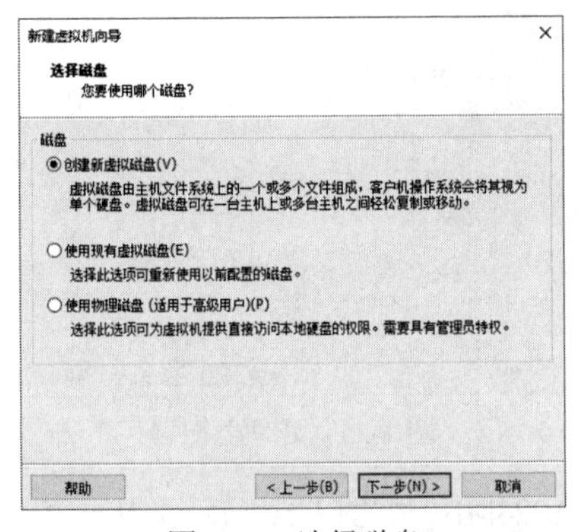

图 1-60　选择磁盘

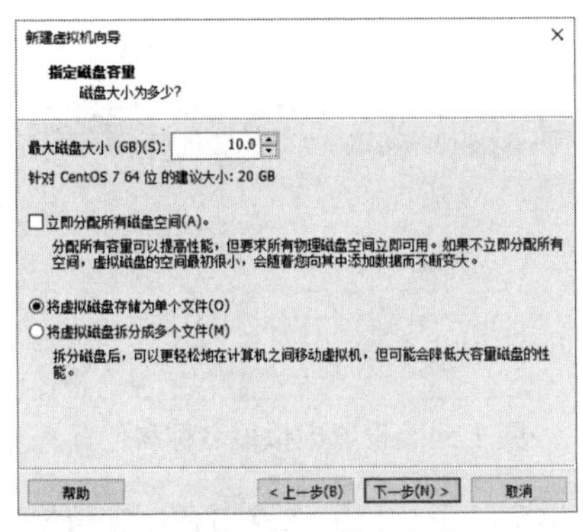

图 1-61　指定磁盘容量

8）单击“下一步”指定虚拟磁盘文件存储位置，如图 1-62 所示；单击“下一步”浏览核对虚拟机配置信息界面，如图 1-63 所示。

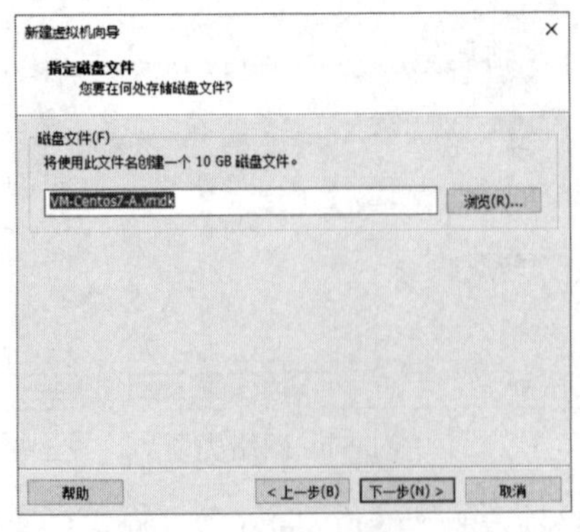

图 1-62　指定磁盘文件

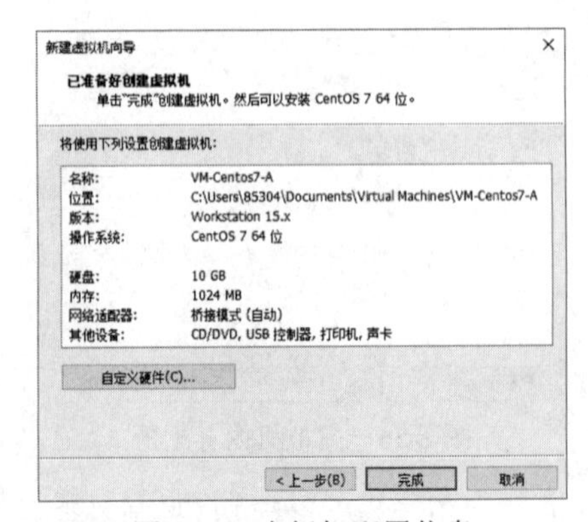

图 1-63　虚拟机配置信息

（2）网络配置。

1）单击“编辑”选择“虚拟网络编辑器”，如图 1-64 所示。

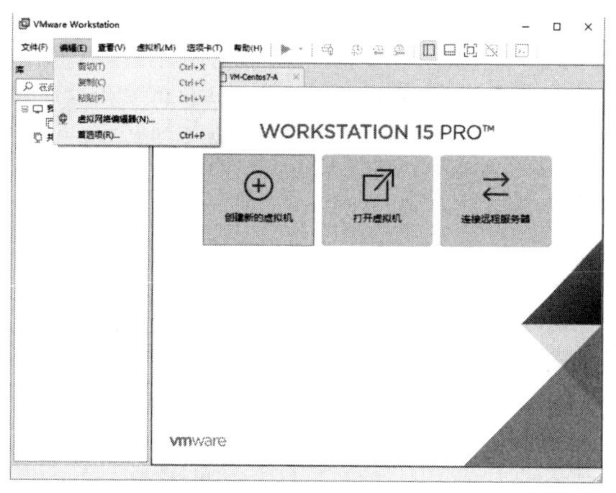

图 1-64　网络配置（VMware Workstation）

2）VMware Workstation Pro 安装完成后，默认安装了两个虚拟网卡 VMnet0 和 VMnet8。VMnet0 是一个虚拟的网桥，VMnet8 是 NAT 网卡，用于 NAT 方式连接网络，如图 1-65 所示。单击“更改设置”，将 VMnet0 类型切换为桥接模式，修改桥接模式为自动，如图 1-66 所示。

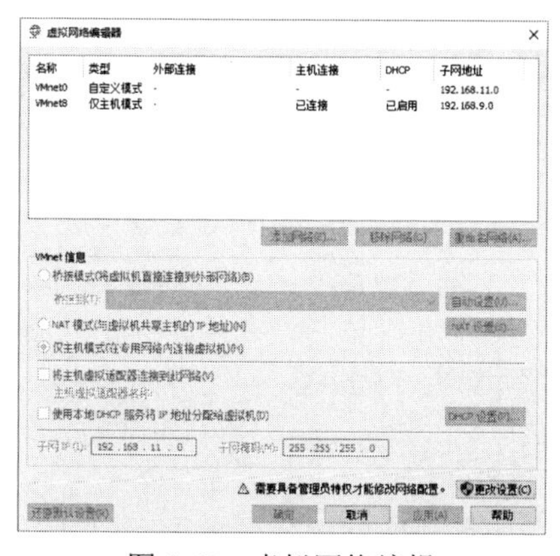

图 1-65　虚拟网络编辑

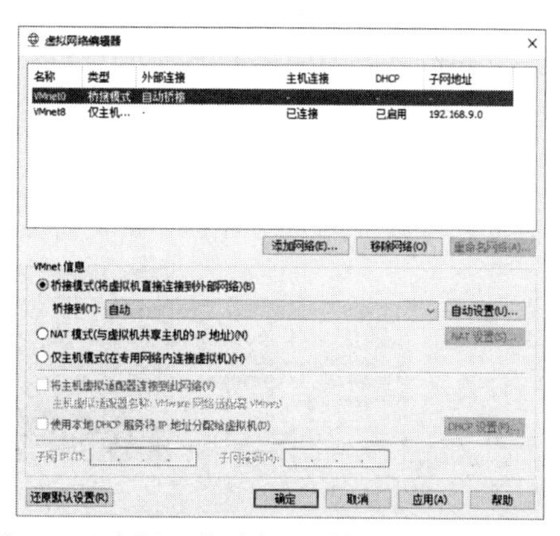

图 1-66　虚拟网络编辑－桥接模式－自动桥接

VMware Workstation Pro 的网络配置模式详细说明见表 1-5。

表 1-5　网络配置模式

模式类型	说明
桥接模式	桥接模式网络连接通过使用主机系统上的网络适配器将虚拟机连接到网络。如果主机系统位于网络中，桥接模式网络连接通常是虚拟机访问该网络的最简单途径。桥接模式下本地物理网卡和虚拟网卡通过 VMnet0 虚拟交换机进行桥接

续表

模式类型	说明
NAT 模式	NAT 是 Network Address Translation 的缩写，即网络地址转换。使用 NAT 模式网络连接时，VMware 会在主机上建立单独的专用网络，用于在主机和虚拟机之间相互通信。在 NAT 网络中，会用到 VMware Network Adapter VMnet8 虚拟网卡，主机上的 VMware Network Adapter VMnet8 虚拟网卡被直接连接到 VMnet8 虚拟交换机上与虚拟网卡进行通信，VMware Network Adapter VMnet8 虚拟网卡的 IP 地址是在安装 VMware 时由系统自动生成的
仅主机模式	在仅主机模式网络中，虚拟机和主机虚拟网络适配器均连接到专用以太网。主机和虚拟机之间的通信是通过 VMware Network Adapter VMnet1 虚拟网卡来实现的。虚拟网络是一个全封闭的网络，在默认配置中它唯一能够访问的就是主机，仅主机模式网络中的虚拟机无法连接到 Internet

4. 安装 CentOS 7

（1）获取 CentOS 7 镜像。获取 CentOS 7 的 ISO 镜像文件。镜像文件可通过 CentOS 官网（https://www.centos.org）获取，本任务所使用的镜像为 CentOS-7-x86_64-Minimal-1810。

（2）安装 CentOS 7。在 VMware Workstation Pro 虚拟化软件上安装 CentOS 7 虚拟机，操作过程如下所述。

1）右侧导航中可看到创建的虚拟机，双击打开其信息窗口，双击“编辑虚拟机设置”，如图 1-67 所示，打开虚拟机设置窗口。单击“硬件”选择“CD/DVD（IDE）”，设备状态选择“启动时连接”，连接选择已下载的 CentOS 7 镜像文件，如图 1-68 所示。

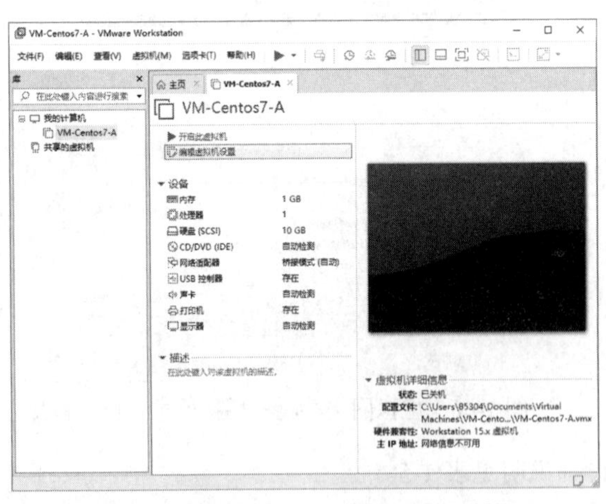

图 1-67 启动虚拟机（未安装操作系统）

图 1-68 镜像文件配置

2）配置完成后单击“开启此虚拟机”，开始安装 CentOS 7，其安装向导界面如图 1-69 所示，选择“Install CentOS 7”，单击回车键，系统检测通过后开始安装。

3）根据提示进行语言和键盘布局设置，语言选择 English，键盘布局选择 US，如图 1-70 所示。单击“Continue”配置时区和分区，如图 1-71 所示。

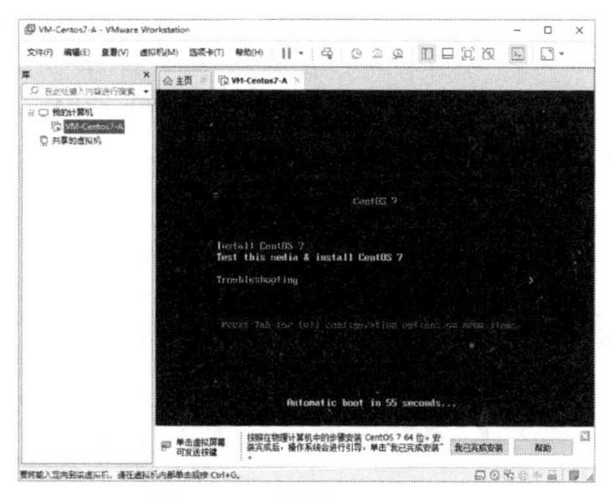

图 1-69 安装 CentOS 7

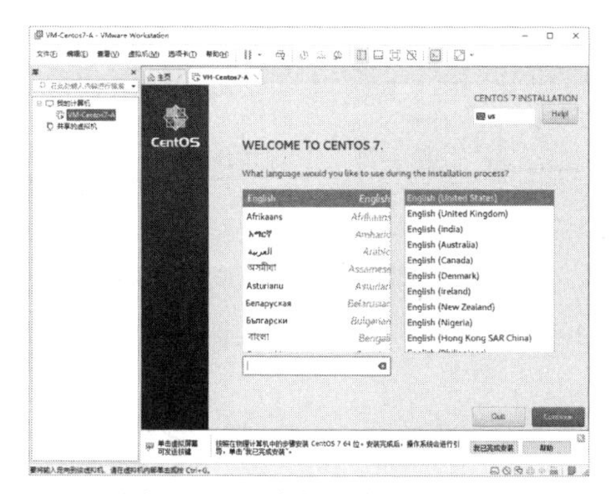

图 1-70 语言与键盘布局设置

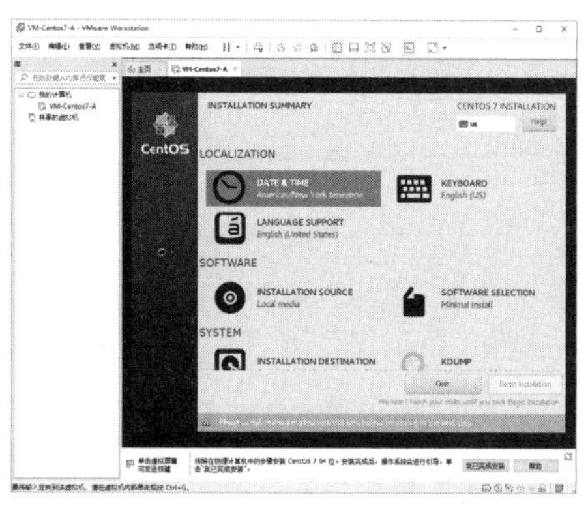

图 1-71 系统配置

4）选择“DATE & TIME”进行时区设置，区域设置为“Asia”，城市设置为“Shanghai”，如图 1-72 所示，单击“Done”完成配置。

5）选择“INSTALLATIONDESTINATION”进行分区配置，选择“Automatically Configure partitioning”自动配置分区，如图 1-73 所示，单击“Done”完成配置。

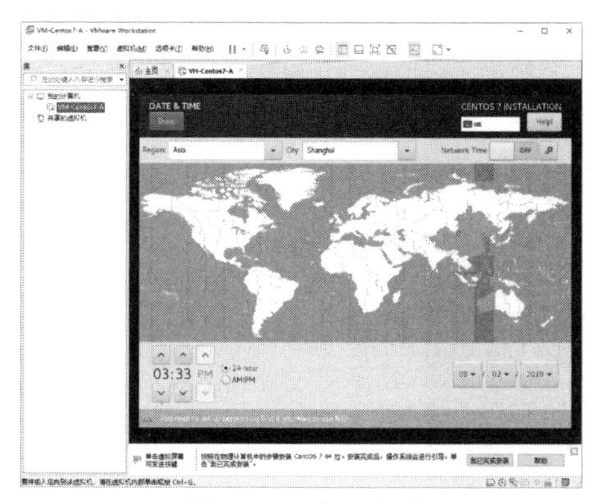

图 1-72 时区设置

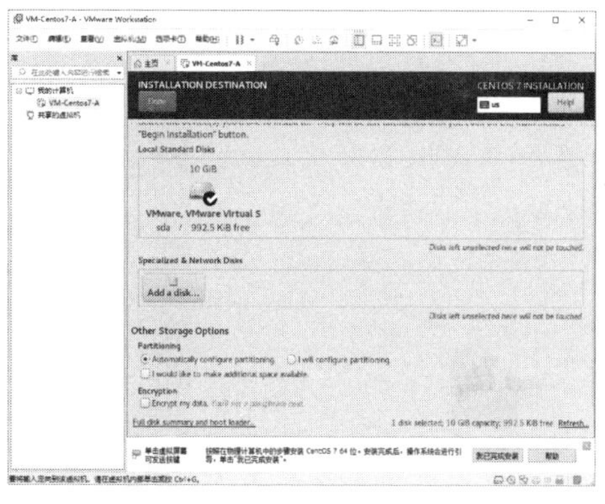

图 1-73 分区设置

6）选择“NETWORK & HOSTNAME”进行主机名与网络设置，单击“Off”开启网卡，如图1-74所示。单击“Configure…”进行IP地址配置，选择单击“IPv4 Settings”，将Method设置为“Manual”手工配置，单击“Add”添加IP地址，地址参考“配置清单”，如图1-75所示；设置完毕后单击右下角“Save”进行保存，单击“Done”，完成网络配置，单击“Begin Install”，开始系统安装。

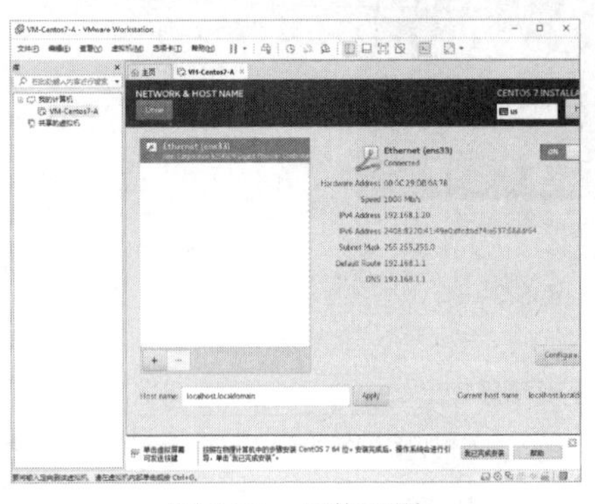

图1-74　网络配置

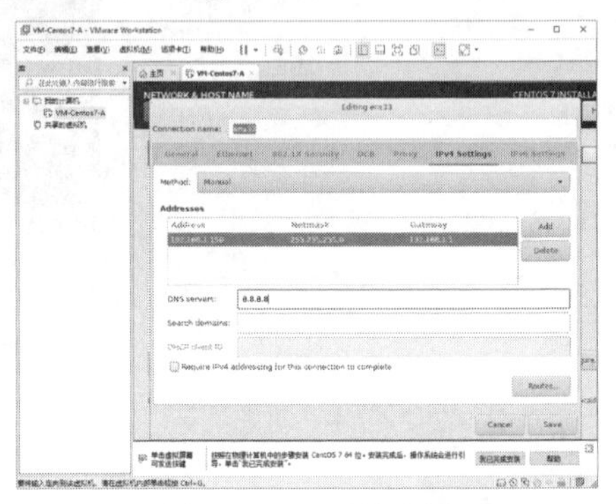

图1-75　IP地址配置

7）单击“ROOT PASSWORD”，设置Root用户密码，如图1-76与图1-77所示。等待系统安装完成后，单击“Finish Config”重启系统，完成CentOS 7操作系统安装。系统启动成功后，在计算机A上通过Ping命令测试对主机的连通性，如图1-78所示，测试成功后关闭虚拟主机。

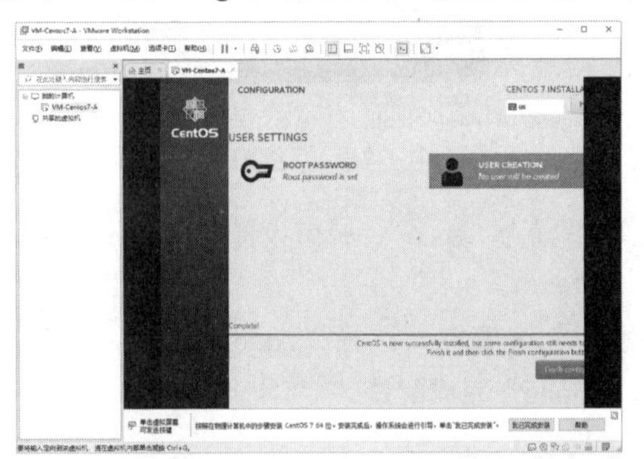

图1-76　用户设置

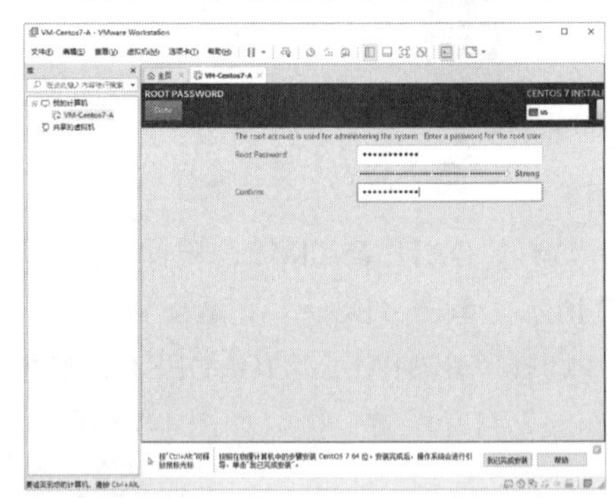

图1-77　Root密码设置

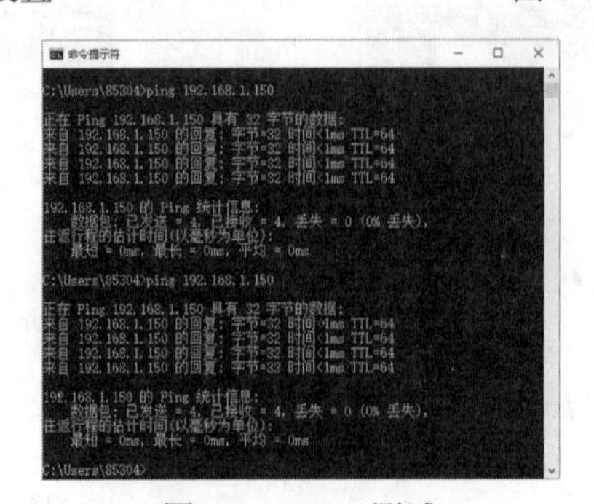

图1-78　Ping测试

5. 模板部署虚拟机

（1）CentOS 7 模板导出。在计算机 A 上将已经安装好 CentOS 7 操作系统的虚拟机导出为模板，操作过程如下。

1）在导出模板之前进行检查虚拟机配置，需将“CD/DVD”的连接设置为“使用物理驱动器”。依次单击“文件”“导出为 OVF”，如图 1-79 所示。

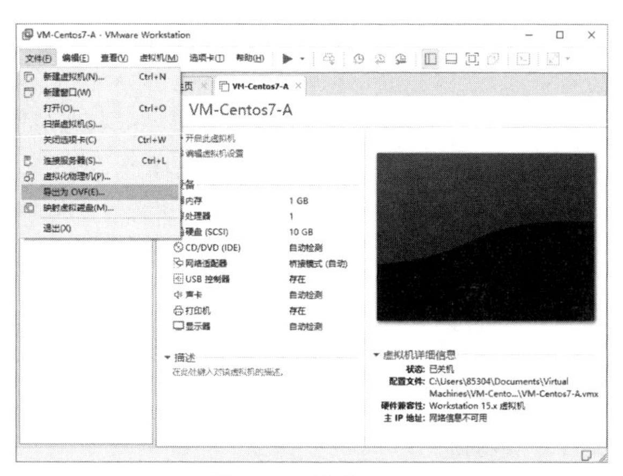

图 1-79　导出 OVF

2）设置导出文件的路径及文件名，如图 1-80 所示；单击“保存”等待导出操作完成，如图 1-81 所示。

图 1-80　设置路径及文件名

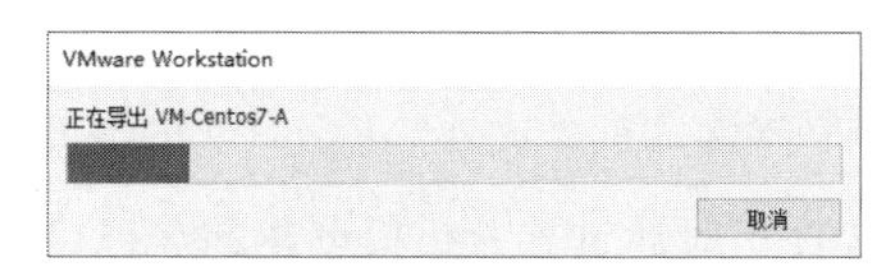

图 1-81　等待导出

3）将虚拟主机导出后，共有 3 个文件，如图 1-82 所示。

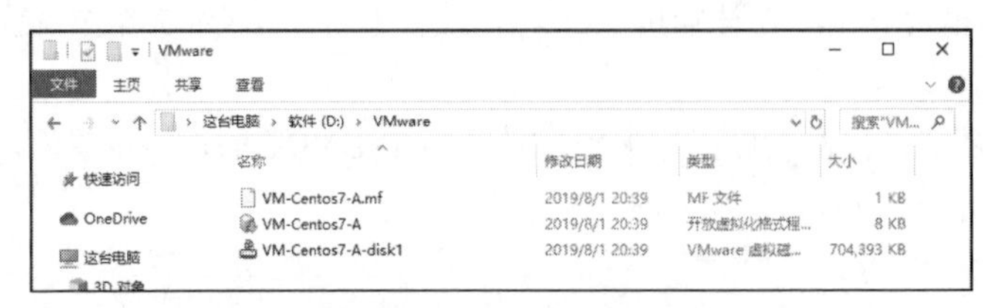

图 1-82　导出文件列表

（2）模板导入。在计算机 B 上通过导入 CentOS 7 虚拟机模板部署虚拟机，操作过程如下所述。

VMware Workstation 没有明确的模板导入字段。依次选择“文件”“打开”，如图 1-83 所示，找到相应文件后单击确定开始导入。根据提示填写新虚拟机名称、存储路径，如图 1-84 所示。在导出时模板为向下兼容，VMware Workstation 默认将其硬件兼容性调低，在导入时会提示失败，单击“重试”即可，如图 1-85 所示。

图 1-83　导入 OVF

图 1-84　新虚拟机名称设置

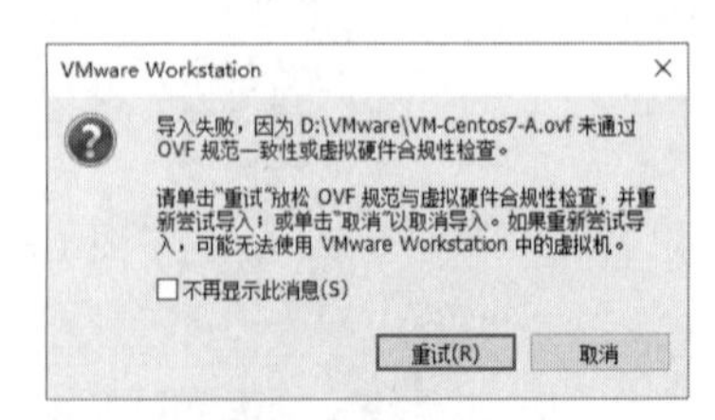

图 1-85　兼容性提示

（3）网络配置。在计算机 B 上对通过导入模板创建的虚拟机进行网络配置，操作过程如下所述。

1）核查虚拟机的配置，启动虚拟机进行网络配置，IP 地址参考“配置清单”，输入如下命令以编辑网卡配置文件，如图 1-86 所示。

```
vi /etc/sysconfig/network-scripts/ifcfg-ens33
```

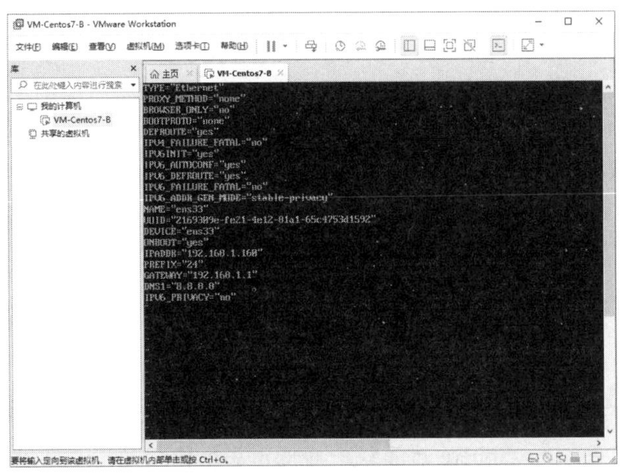

图 1-86　网络配置

2）配置完毕后，输入如下命令进行网络重启。

```
systemctl restart network.service
```

项目二

安装 ESXi 6.7

项目介绍

VMware vSphere 的两个核心组件是 ESXi 和 vCenter Server。ESXi 作为虚拟化层次，用于创建和运行虚拟机及虚拟设备，是 vSphere 产品线中其他产品所依赖的基础。一般来说，构建一个虚拟化数据中心的第一步就是安装 ESXi。

本项目主要介绍 ESXi 的安装与配置，使用 vSphere Host Client 客户端管理 ESXi，在 ESXi 上创建虚拟机，使用 VMRC 管理虚拟机，目的是通过本项目来掌握 ESXi 的基本操作，为后续操作打好基础。

项目目的

- 掌握 VMware ESXi 6.7 的安装与配置。
- 使用 vSphere Host Client 管理 ESXi。
- 使用 VMRC 管理虚拟主机。

项目需求

类型	详细描述
硬件	不低于双核 CPU、4G 内存、500GB 硬盘，开启硬件虚拟化支持
软件	Windows 10 Pro
网络	计算机使用固定 IP 地址接入局域网

项目设计

本项目在物理主机（IP 地址：10.10.1.85）上安装 ESXi 主机，ESXi 主机上创建两台虚拟机：

第 1 台虚拟主机使用的操作系统为 CentOS 7 操作系统，IP 地址为 10.10.2.95；第 2 台虚拟主机使用的操作系统为 Windows Server 2016 操作系统，IP 地址为 10.10.2.96。具体信息见“配置清单”。

配置清单

	节点名称	节点地址	用户名	密码
VMware ESXi	Cloud-Node-1	10.10.1.85	root	cloud@esxi01
虚拟机	节点名称	节点地址	用户名	密码
	Cloud-Project2-10.10.2.96-CentOS 7	10.10.2.96	root	cloud@vm
	Cloud-Project2-10.10.2.97-Windows	10.10.2.97	administrator	cloud@vm

项目记录

	节点名称	节点地址	用户名	密码
VMware ESXi				
虚拟机	节点名称	节点地址	用户名	密码
问题记录				

项目讲堂

1. ESXi 介绍

VMware vSphere 5.0 以后版本，所有底层虚拟化产品都由原来的 ESX 改为 ESXi。在 ESXi 体系结构中，移除了之前控制台操作系统（COS），所有 VMware 代理均直接在 VMkernel 上运行。

ESXi 是 VMware 虚拟化的宿主平台，可以直接安装到物理服务器上作为虚拟机管理程序，支持虚拟机的创建、启动、管理等操作。ESXi 通过直接控制底层资源，可以有效地对硬件进行分区，从而整合应用程序并降低成本。

2. ESXi 的硬件要求

要安装或升级 ESXi，主机的硬件和软件资源必须满足下列要求：

- 主机至少具有两个 CPU 内核
- 在 BIOS 中针对 CPU 启用 NX/XD
- 主机至少具有 4GB 内存。建议至少提供 8GB 内存，以便在生产环境下正常工作
- 主机需要支持 64 位虚拟机，处理器必须能够支持硬件虚拟化（Intel VT-x 或 AMD RVI）

3. vSphere Host Client

在安装完 ESXi 之后，并不能直接利用 ESXi 本身来完成虚拟机的创建和管理工作，必须要使用专门的客户端，例如 vSphere Host Client 或者 vCenter Server。vSphere Host Client 是一款基于 HTML5 的客户端，但是其仅用于管理单个 ESXi。

VMware Host Client 主要功能如下：

- 系统管理
- 安全和用户管理
- 监控管理
- 主机管理
- 网络管理
- 存储管理
- 资源管理

任务一　ESXi 6.7 安装与配置

扫码看视频

【任务介绍】

本任务主要内容是 ESXi 的安装与配置，完成从安装介质准备到主机的创建与安装，然后配置 ESXi 主机的网络。

【任务目标】

（1）掌握 ESXi 安装介质的制作。

（2）掌握 ESXi 的安装。

（3）掌握 ESXi 的基本配置。

【操作步骤】

1. ESXi 安装介质的准备

ESXi 的安装介质可以访问 VMware 官方网站下载并刻录为安装 CD/DVD，下载地址为 https://my.vmware.com/web/vmware/downloads，如图 2-1 所示。截至目前，ESXi 最新版本为 6.7。

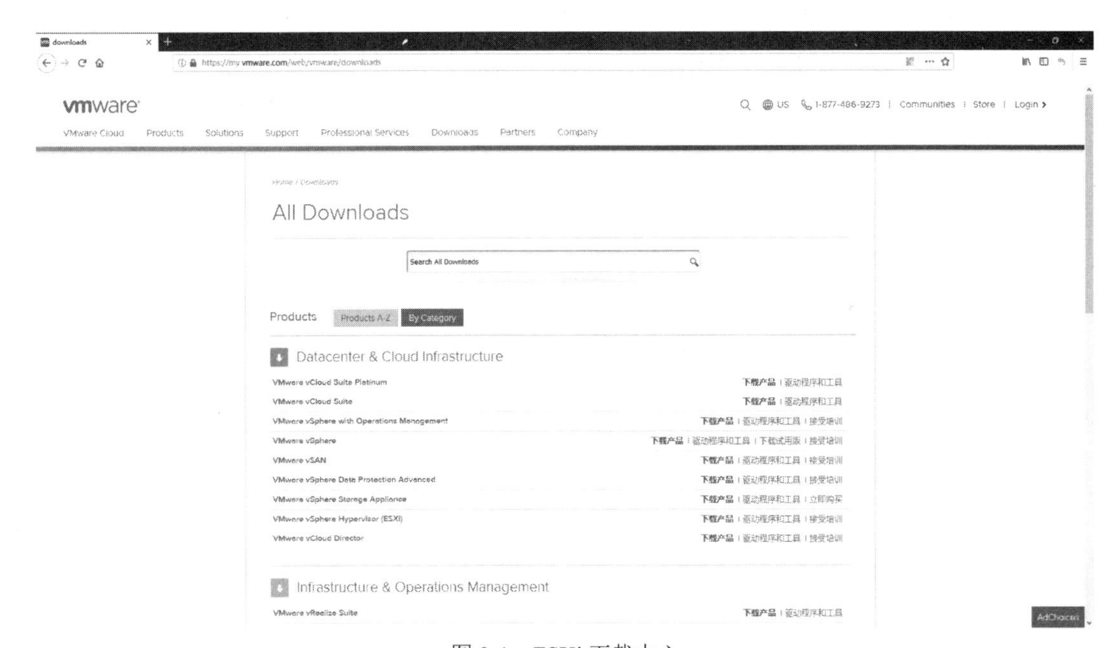

图 2-1　ESXi 下载中心

本任务使用 ESXi 60 天评估版本。

2. 安装 ESXi

（1）安装方式。ESXi 的安装方式主要有以下三种：

1）交互式安装：适用于不足 5 台主机的小型部署。

2）脚本式安装：适用于部署多个相同配置的主机。

3）vSphere Auto Deploy：vSphere Auto Deploy 可以为多台主机安装和配置 ESXi，同时将 ESXi 加入到指定的 vCenter Server（数据中心或群集），一般适用于大型部署。

根据部署规模的需求选择不同的安装方式，本任务使用交互式安装方式。

（2）导入安装介质。将服务器设置为优先从 CD-ROM 驱动器启动，然后启动服务器，一旦从安装介质启动，服务器就会显示启动菜单界面，如图 2-2 所示，选择“Enter”继续安装。

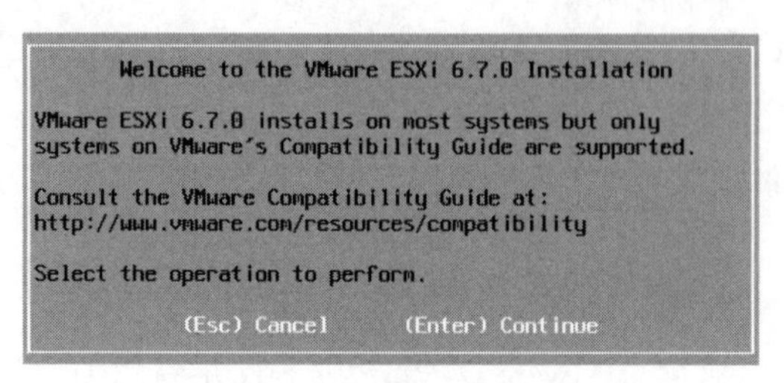

图 2-2　ESXi 开始安装

（3）选择磁盘。安装程序会显示可用于安装或升级 ESXi 的磁盘列表。按“F1”键可查看磁盘详细信息，如果检测到已安装 ESXi，ESXi 安装程序会提供保留或覆盖数据存储的选项，按“F5”键可重新发现磁盘。选择要安装 ESXi 的磁盘，如图 2-3 所示，选择“Enter”继续安装。

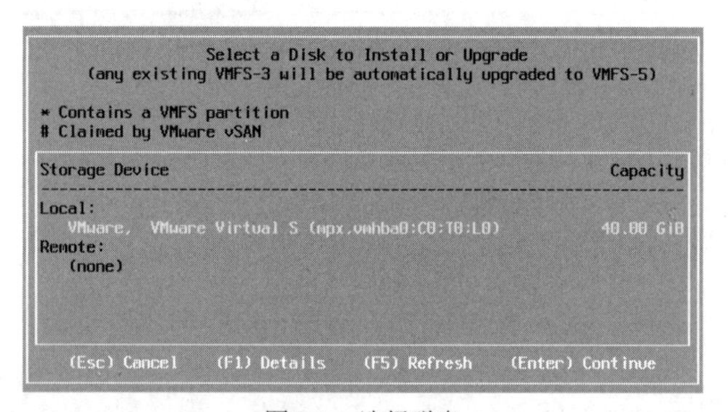

图 2-3　选择磁盘

提醒　选择磁盘时，不要依赖于列表中的磁盘顺序。磁盘顺序由 BIOS 确定，可能顺序不当。

（4）选择键盘布局的类型，选择“Enter”继续。

（5）设置密码。系统提示设置 root 用户的密码，输入（并重复输入）root 用户的密码，选择“Enter”继续安装（请做好记录，确保所设置的密码信息不丢失）。

系统提示将在刚才选择的磁盘上安装 ESXi，按“F11”键开始安装。

安装时间取决于主机的性能，安装完成后，选择“Enter”重启服务器，进入 ESXi 正式界面。如图 2-4 所示。

3. 配置 ESXi 网络

首次打开 ESXi 主机或恢复默认配置后，主机会进入自动配置阶段，将默认配置网络和存储设备。默认情况下，动态主机配置协议（DHCP）会自动为ESXi主机获取IP地址等网络配置信息。在ESXi控制台中按“F2”键进入主机配置界面，选择“Configure Management Network”进行手动配置网络，如图2-5所示。

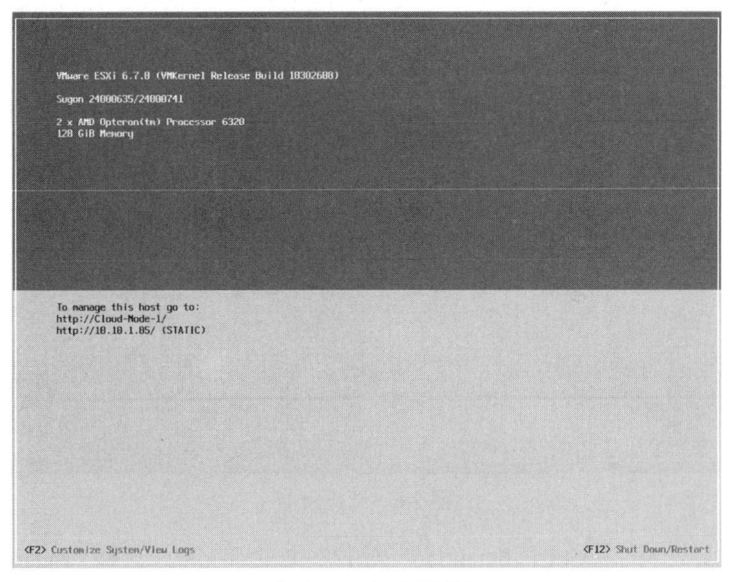

图 2-4　ESXi 界面

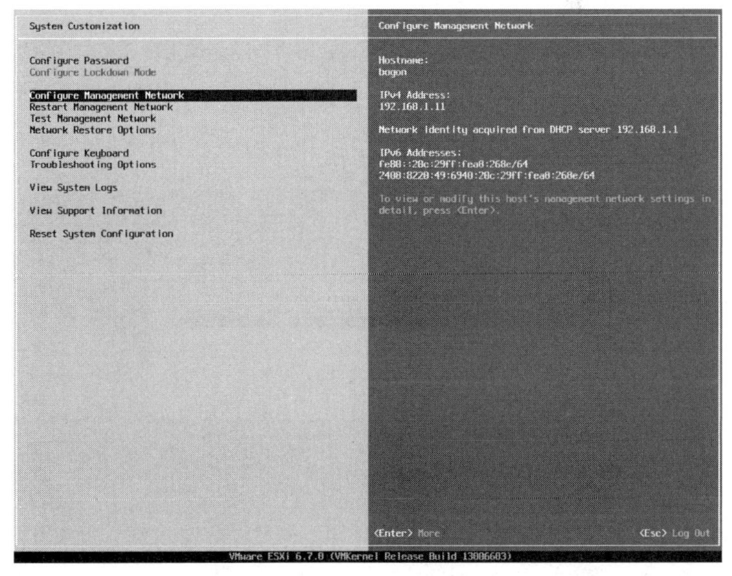

图 2-5　配置网络

（1）选择网卡。选择“Network Adapters”对网卡进行配置，默认情况下是vmnic0，如果需要调整网卡，可以通过空格键选择网卡，如图 2-6 所示，选择“Enter”继续。

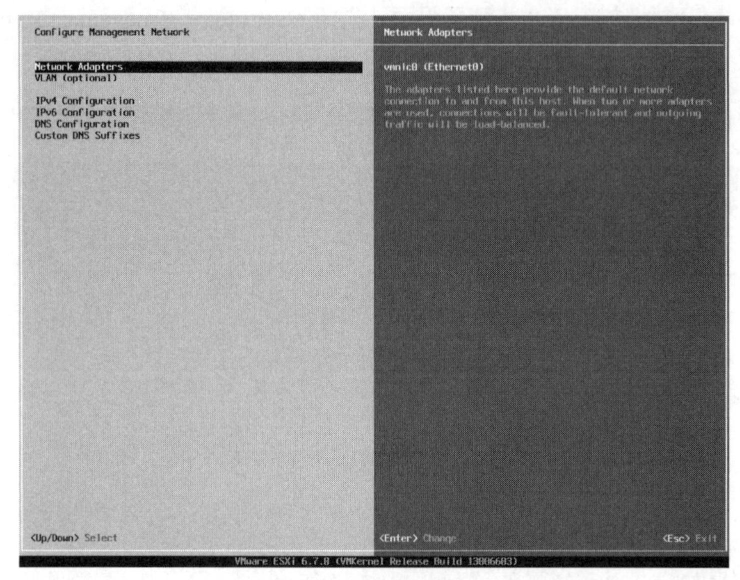

图 2-6　选择网卡

（2）配置 IP。选择“IPv4 Configuration”对 IP 地址进行配置，选择“Enter”进入配置页面。选择“Set static IPv4 address and network configuration”，手动配置静态 IP 地址、子网掩码、默认网关，如图 2-7 所示，选择“Enter”完成 ESXi 的配置。

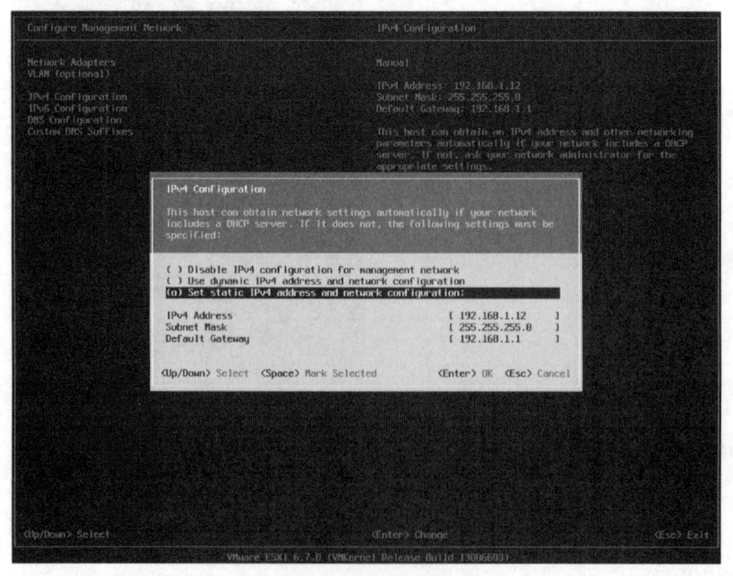

图 2-7　配置 IP

任务二　使用 vSphere Host Client 管理

扫码看视频

【任务介绍】

本任务主要内容是使用 vSphere Host Client 完成对 ESXi 主机的基本管理，主要包括更改 ESXi 主机自动启动配置，以及在 ESXi 主机上创建虚拟主机。

【任务目标】

（1）了解 vSphere Host Client。

（2）学会使用 vSphere Host Client 管理 ESXi 主机。

（3）使用 vSphere Host Client 创建虚拟主机。

【操作步骤】

在 Web 浏览器中，输入目标主机名或 IP 地址：http://host-name/ui 或 http://host-IP-address/ui，在登录界面输入用户名 root 和密码，单击“登录”进入 vSphere Host Client 客户端，如图 2-8 所示。

图 2-8　vSphere Host Client 客户端

为了正常使用 vSphere Host Client，请选择合适的浏览器。vSphere Host Client 支持的浏览器见表 2-1。

1. 更改 ESXi 主机自动启动配置

在 vSphere Host Client 清单中依次单击“管理”“系统”“自动启动”“编辑设置”，更改自动启动配置，单击“保存”启用更改配置，如图 2-9 所示。

表 2-1　vSphere Host Client 的浏览器支持情况

支持的浏览器	Mac OS	Windows	Linux
GoogleChrome	50+	50+	50+
MozillaFirefox	45+	45+	45+
InternetExplorer	不适用	11+	不适用
MicrosoftEdge	不适用	38+	不适用
Safari	9.0+	不适用	不适用

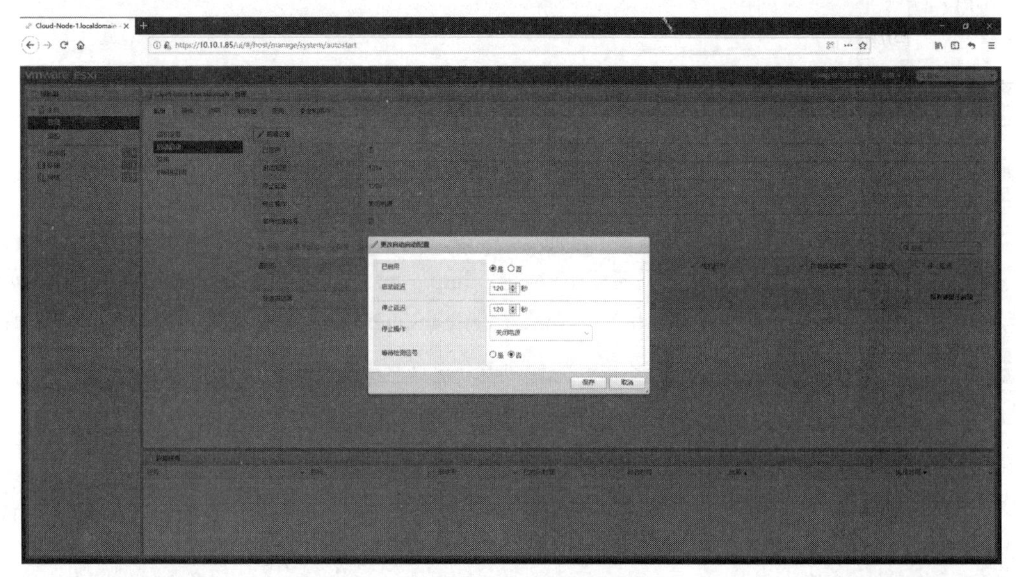

图 2-9　更改自动启动配置

初学者尽量不要修改高级设置，大多数情况下，默认设置已是最佳效果。

2. 安全和用户管理

安全和用户管理主要包括接收级别、身份验证、用户、角色、锁定模式等配置。依次单击“安全和用户”“选择角色”“添加角色”为 ESXi 主机的管理用户新增一种角色，如图 2-10 所示。

3. 监控管理

vSphere Host Client 中可以查看 ESXi 主机或者虚拟机的运行情况。依次单击“主机”“监控”可以查看 ESXi 主机的性能（CPU、内存、网络、磁盘）、硬件运行情况、事件、任务、日志、通知信息。本任务查看 ESXi 主机过去 1 小时 CPU 的使用情况，如图 2-11 所示。

4. 在 vSphere Host Client 中创建虚拟机

（1）选择创建类型。右键单击“主机”选择“创建/注册虚拟机”，选择“创建新虚拟机”，单击“下一页”继续创建，如图 2-12 所示。

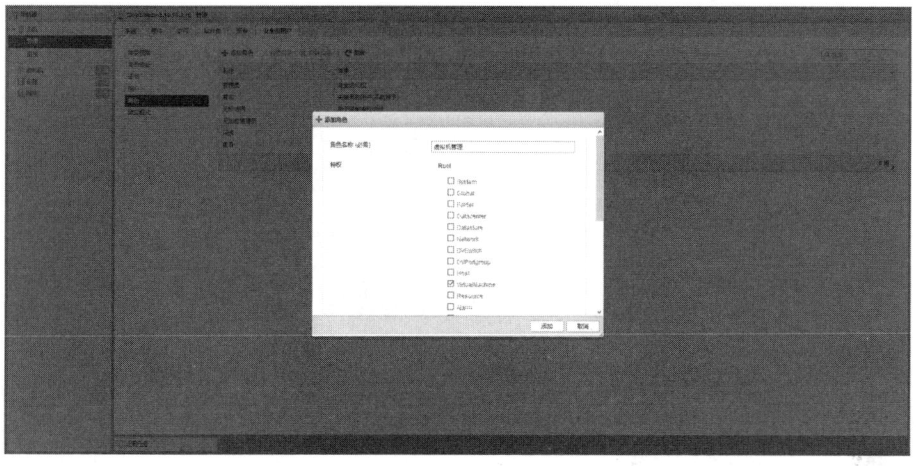

图 2-10　新增角色

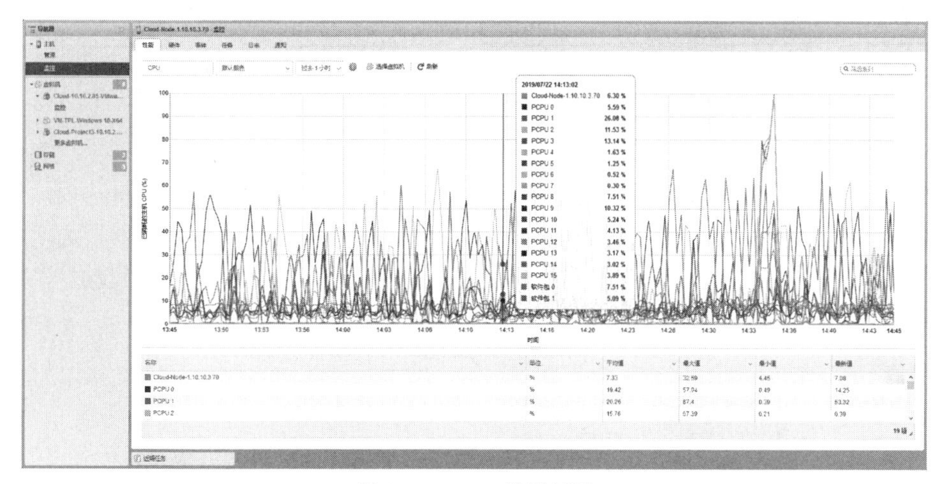

图 2-11　CPU 使用情况

图 2-12　选择创建类型

（2）选择名称和操作系统。本任务中，选择创建一台计划安装 CentOS 7 操作系统的虚拟主机。兼容性选择“ESXi 6.7 虚拟机”，客户机操作系统系列选择“Linux”，客户机操作系统版本选择“CentOS 7（64 位）”，如图 2-13 所示。

图 2-13　选择名称和客户机操作系统

（3）自定义配置。在部署新虚拟机之前，可以选择配置虚拟机硬件和虚拟机选项，为虚拟机分配资源。单击添加网络适配器图标可向虚拟机添加网卡，在“CD/DVD 驱动器”选项选择“数据存储 ISO 文件”导入 ISO 文件等其他操作，如图 2-14 所示。单击“下一页”“完成”，完成虚拟机的创建。

图 2-14　自定义配置

（4）安装操作系统。选中创建的虚拟机，打开电源，进入 CentOS 7 安装界面，根据安装向导开始为虚拟机安装操作系统。在安装信息摘要中设置“软件安装”为“最小安装”，在“安装位置”

选择刚刚创建的磁盘，如图 2-15 所示。单击“开始安装”后在安装过程中，可以为根用户 root 设置密码或者创建新用户，如图 2-16 所示。等待安装完成即可。

图 2-15　安装信息选择

图 2-16　用户设置

任务三　使用 VMRC 管理虚拟机

扫码看视频

【任务介绍】

本任务主要内容是 VMRC（VMware Remote Console）的安装，以及使用 VMRC 远程管理虚拟机。

【任务目标】

（1）完成 VMRC 的安装。

（2）使用 VMRC 管理 Linux 操作系统虚拟机。

（3）使用 VMRC 管理 Windows 操作系统虚拟机。

【操作步骤】

1. VMRC 的安装

VMRC 的安装程序可以访问 VMware 官方网站下载，下载地址为 http://www.vmware.com/go/download-vmrc。截至目前，VMRC 最新版本为 10.0.4。

执行 VMRC 的安装程序，根据向导完成安装即可。

2. VMRC 的使用

（1）将 VMRC 设为默认控制台。可以将 VMRC 设置为 vSphere Host Client 或 vSphere Client

中的默认控制台，从而取代 Web 控制台。单击用户名下的下拉菜单，依次单击“设置”“控制台”“默认控制台”，选择“VMware Remote Console”，如图 2-17 所示。

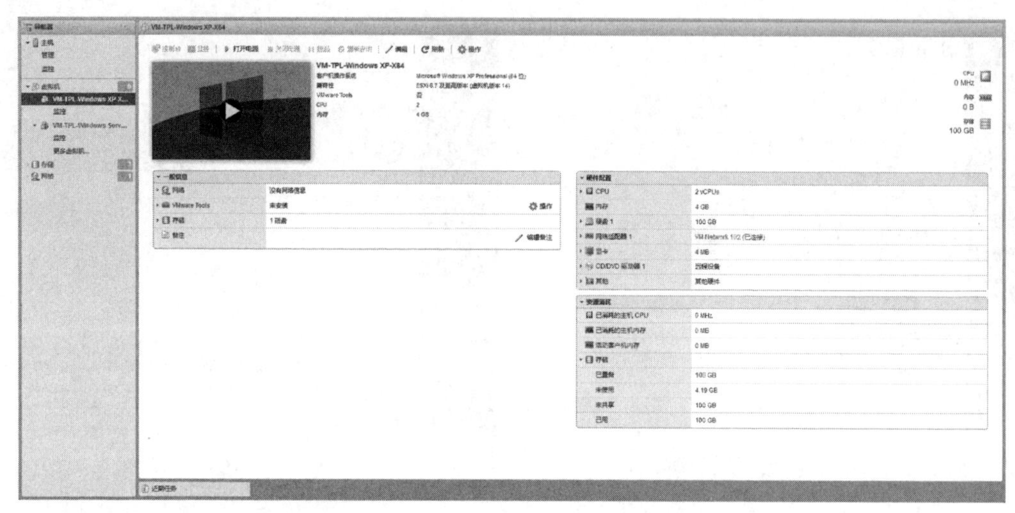

图 2-17　将 VMRC 设为默认控制台

（2）打开 VMRC。登录到 vSphere Host Client 客户端，选中安装了 Linux 操作系统的虚拟主机，单击“控制台”，选择“启动远程控制台”即可使用 VMRC 远程管理虚拟主机，如图 2-18 所示。

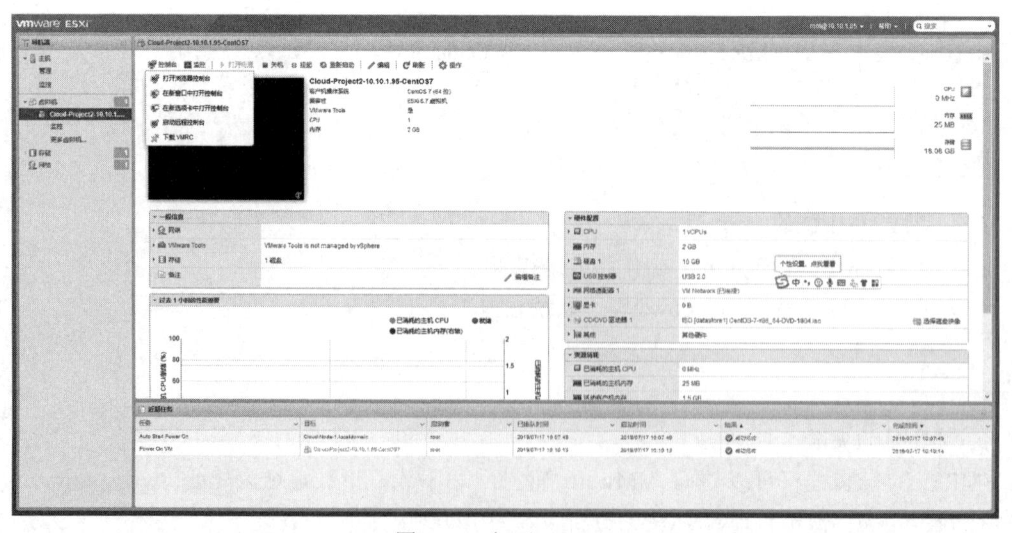

图 2-18　打开 VMRC

（3）配置虚拟机的网络。连接到虚拟机的控制台之后，在 CentOS 系统下输入用户名、密码登录，完成虚拟机的网络配置。

此部分的操作为 CentOS 的操作内容，建议的操作命令如下：

```
vi /etc/sysconfig/network-scripts/ifcfg-enp192
```

将配置文件的内容修改为如下所示：

```
…
BOOTPROTO=static ##使用静态 IP
…
ONBOOT=yes ##系统启动时激活网卡
IPADDR=10.10.1.96 ##IP 地址
NETMASK=255.255.255.0 ##子网掩码
GATEWAY=10.10.1.1 ##默认网关
DNS=8.8.8.8 ##DNS 地址
```

项目三

安装 vCenter Server

项目介绍

vCenter Server 为所有 ESXi 主机及其各自的虚拟机提供了一个集中管理平台。使用 vCenter Server 可以将多个主机的资源加入池中并管理这些资源，大大降低管理的成本、避免资源浪费。但是如果安装、配置和管理 vCenter Server 不当，会使管理效率降低，甚至导致 ESXi 和虚拟机停机。

本项目主要讲解 vCenter Server Appliance 的安装和配置，以及使用 vSphere Client 管理 vCenter Server 和使用 VMware Appliance Management Administration 管理 vCenter Server 主机的方法。

项目目的

- 了解什么是 vCenter Server。
- 掌握 vCenter Server 的安装与配置。
- 使用 vSphere Client 管理 vCenter Server。
- 使用 VMware Appliance Management Administration 管理 vCenter Server 主机。

项目需求

类型	详细描述
硬件	不低于双核 CPU、8G 内存、500GB 硬盘，开启硬件虚拟化支持
软件	Windows 10 Pro 64 位
网络	计算机使用固定 IP 地址接入局域网，并支持对互联网的访问

项目设计

本项目使用 4 台 ESXi 主机，主机的命名和 IP 地址分配见配置清单。在 Cloud-Node-1（参考配置清单）主机上创建一台虚拟机并安装 vCenter Server，另外 3 台 ESXi 主机作为硬件资源添加到 vCenter Server 中。

配置清单

	节点名称	节点地址		用户名	密码
VMware ESXi	Cloud-Node-1	10.10.1.85		root	cloud@esxi01
	Cloud-Node-2	10.10.1.86		root	cloud@esxi02
	Cloud-Node-3	10.10.1.87		root	cloud@esxi03
	Cloud-Node-4	10.10.1.88		root	cloud@esxi04
vCenter Server Appliance	OS 权限	用户名	administrator	密码	cloud@data

项目记录

	节点名称	节点地址		用户名	密码
VMware ESXi					
vCenter Server Appliance	OS 权限	用户名		密码	
问题记录					

项目讲堂

1. vCenter Server

vCenter Server 是集中管理虚拟化的服务，是 ESXi 主机及各自虚拟机的集中管理工具。vCenter Server Appliance 是预先配置了 vCenter Server 中 Linux 虚拟机，对 vCenter Server 及 vCenter Server 组件进行了优化。vCenter Server Appliance 可在 ESXi 6.0 或更高版本上部署。

从 vSphere 6.0 开始，用于运行 vCenter Server 和 vCenter Server 组件的所有必备服务都已捆绑在 Platform Services Controller 中。可以一次部署具有嵌入式 Platform Services Controller 的 vCenter Server，也可以分别独立部署 Platform Services Controller 和 vCenter Server，但是必须先部署 Platform Services Controller，然后再部署 vCenter Server。

2. Platform Services Controller

vSphere 6.0 引入了一个名为 Platform Services Controller 的新组件，此组件在 vSphere 6.5 及以上版本保留在 vSphere 体系结构中。Platform Services Controller 可以为 vSphere 环境提供通用基础架构服务，包括许可证、证书管理、服务注册和 SSO。Platform Services Controller 不仅仅针对 vCenter Server 或 vSphere，它可以位于 vCenter Server 的外部或内部，为整个 VMware 产品体系提供公共服务。

3. vCenter Single Sign-On（SSO）

一般来说，如果没有 vCenter Server，则管理每个 ESXi 主机都需要一个单独的账户。随着 ESXi 主机和所需管理员数量的增长，要管理的账户数量呈指数级增长，显然这种方法是不合适的。SSO 服务 [包括安全令牌服务（STS）和身份管理服务（IDM）] 解决了这个问题。

在 vSphere 5.1 之前，当登录 vCenter Server 时，身份验证请求已转发到 vCenter Server 操作系统上的本地安全机构或 Active Directory。在 vSphere 6.7 的版本中，使用 SSO 时请求仍然可以转到 Active Directory，但它也可以转到 SSO 的本地定义用户列表或另一个基于安全断言标记语言（SAML）2.0 的机构。SSO 已经与其他 VMware 产品挂钩，而不仅仅是 vCenter Server。SSO 可以为用户提供通过单个用户名和密码访问整个虚拟基础架构的服务，并且极大地提升了安全性。

使用 vSphere Client 登录 vCenter Server 或与 SSO 集成的其他 VMware 产品的一般流程如下：

（1）vSphere Client 提供要登录的安全网页。

（2）将用户名和密码发送到 SSO 服务器（以 SAML 2.0 令牌的形式）。

（3）SSO 服务器调用相关的身份验证机制（本地 AD 或其他基于 SAML 2.0 的权限）完成身份验证。

（4）身份验证成功后，SSO 将令牌传递给 vSphere Client。

（5）此令牌可用于直接与 vCenter Server 或任何其他 SSO 集成的 VMware 产品进行身份验证。

SSO 是安装 vCenter Server 的先决条件，如果 SSO 不可用，就不能安装 vCenter Server。

任务一　安装 vCenter Server

【任务介绍】

在项目二中已经讲解了如何创建ESXi主机和在ESXi上创建虚拟机。本任务讲解vCenter Server的安装，以及在安装过程中如何根据自己的需求选择配置和安装后的基本配置。

【任务目标】

（1）掌握 vCenter Server 的安装。

（2）掌握 vCenter Server 的配置。

【操作步骤】

vCenter Server 安装方法有两种：第一种是作为应用程序安装在 Windows Server 操作系统上，但从 vSphere 6.7 版本之后将不再提供更新版本；第二种是基于 Linux 的虚拟设备安装，本任务采用该方法安装。

1. 在 ESXi 部署 vCenter Server Appliance

（1）提取 VCSA.iso 文件中的 OVA 模板。

（2）在 ESXi 创建虚拟机。VCSA 的安装方式可分为三种：

1）GUI 安装：提供 Windows、Linux、Mac 三种环境安装，可以使用 GUI 安装程序以交互方式部署具有嵌入式或外部 Platform Services Controller 的 vCenter Server Appliance。

2）CLI 命令行安装：可以使用 CLI 安装程序以静默方式在 ESXi 主机或 vCenter Server 实例上部署 vCenter Server Appliance 或 Platform Services Controller 设备。

3）使用 VCSA 的 OVA 文件进行部署。本任务使用该方式进行，如图 3-1 所示。

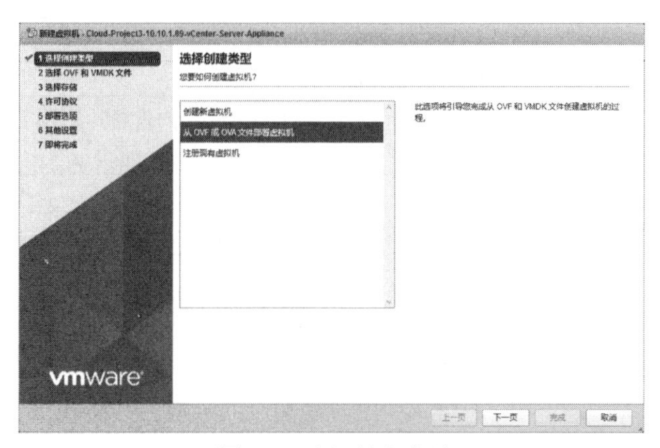

图 3-1　选择创建类型

（3）部署选项设置。VCSA 的部署类型有多种，不同的类型占用的硬件资源也不同，所应用的场景也不同。本任务选择“Tiny vCenter Server with Embedded PSC-tiny”，该类型的硬件需求为 CPU 最低两个核心、内存最少 10GB、存储不低于 300GB，如图 3-2 所示。

图 3-2　部署选项

不同 VCSA 部署类型的硬件需求见表 3-1。

表 3-1　VCSA 部署类型

部署类型选项	详细描述
微型	具有 2 个 CPU 和 10GB 内存的设备，适用于最多包含 10 个主机或 100 个虚拟机的环境
小型	具有 4 个 CPU 和 16GB 内存的设备，适用于最多包含 100 个主机或 1000 个虚拟机的环境
中型	具有 8 个 CPU 和 24GB 内存的设备，适用于最多包含 400 个主机或 4000 个虚拟机的环境
大型	具有 16 个 CPU 和 32GB 内存的设备，适用于最多包含 1000 个主机或 10000 个虚拟机的环境
超大型	具有 24 个 CPU 和 48GB 内存的设备，适用于最多包含 2000 个主机或 20000 个虚拟机的环境

（4）其他设置。根据向导可以逐步设置 VCSA 的网络（IP 地址类型、网络模式、IP 地址、主机号、网络前缀、默认网关、DNS 等）、SSO 配置、根用户的密码、升级配置等，如图 3-3 所示。如果这里不设置，后续可在 vCenter Server 配置时设置。最后单击“完成”，VCSA 就开始安装，等待安装完成即可。

图 3-3 其他设置

提醒 VCSA 安装完成后，还不能立即打开，需要等到 OVA 文件上载到磁盘中才行。

2. 配置 VCSA

VCSA 安装完成后，还需要对其进行初始化配置。使用和 VCSA 在同一个网络内的管理机，通过浏览器访问“http://10.10.1.85:5480”（格式为：https://vcenter_server_ip_address:5480）VCSA 管理客户端，选择“设置”开始进行初始化配置，如图 3-4 所示。

图 3-4 VCSA 初始化配置

（1）设备配置。此步骤主要配置主机名、IP 地址、子网掩码、默认网卡、DNS 服务器等，如图 3-5 所示。

（2）SSO 配置。部署的 VCSA 可以加入已经部署的现有域，也可以创建一个新的 SSO 域，如图 3-6 所示。任务选择“创建新 SSO 域”，域名信息为“vsphere.local”。

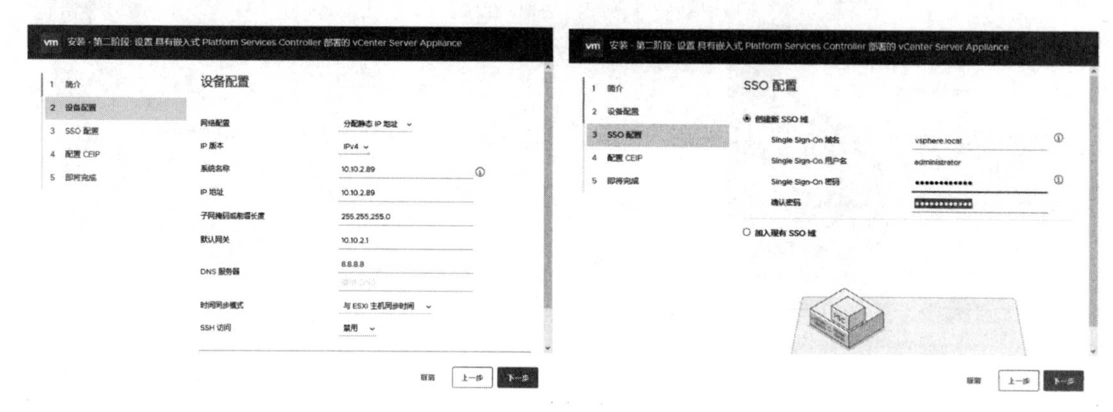

图 3-5　设备配置　　　　图 3-6　SSO 配置

配置完成后单击“完成”按钮，VCSA 就开始进行初始化配置，等待完成即可。

任务二　使用 vSphere Client 管理 ESXi

扫码看视频

【任务介绍】

本任务讲解如何使用 vSphere Client 建立一个数据中心，并将 ESXi 添加到 vCenter Server 中，以及如何使用 vSphere Client 管理 ESXi。

【任务目标】

（1）使用 vSphere Client 建立一个数据中心。

（2）在 vCenter Server 中添加 ESXi 主机。

（3）使用 vSphere Client 管理 ESXi 主机。

【操作步骤】

1. 访问 VCSA

在 VCSA 安装完成后，会给出 VCSA 的访问地址，单击跳转即可，或者在浏览器中输入“https://10.10.2.89”（格式为 https://ip 或者 https://domain），输入账号和密码后登录，账号和密码为 SSO 配置时设置的密码。

2. 建立数据中心

右键单击 VCSA 的地址，选择“新建数据中心”，设置数据中心的名称后单击“确定”，如

图 3-7 所示。

图 3-7　新建数据中心

3. 添加 ESXi 主机

（1）选择主机。新建数据中心是没有资源可以分配的，需要添加主机后才可以使用。右键单击新建的数据中心，选择“添加主机”，然后根据向导输入 ESXi 主机的地址和权限，如图 3-8 和图 3-9 所示。

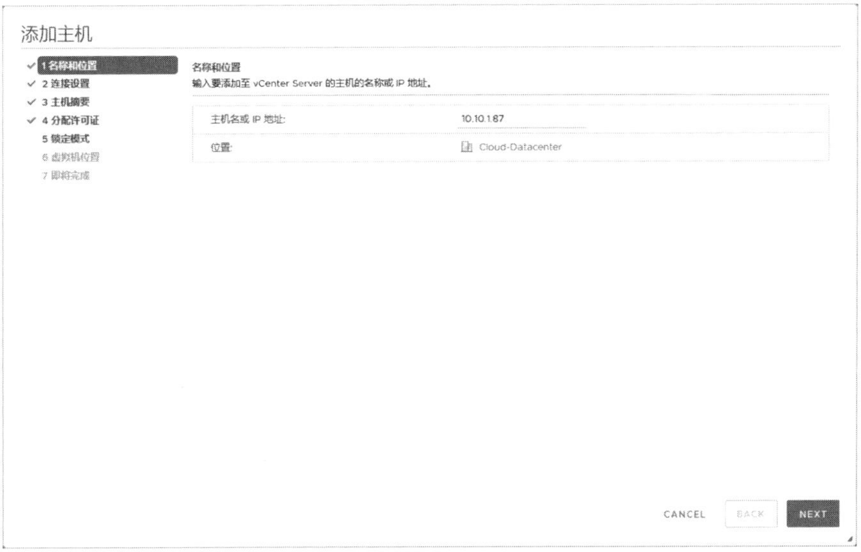

添加主机
✓ 1 名称和位置
✓ 2 连接设置
✓ 3 主机摘要
✓ 4 分配许可证
5 锁定模式
6 虚拟机位置
7 即将完成
名称和位置
输入要添加至 vCenter Server 的主机的名称或 IP 地址。
主机名或 IP 地址: 10.10.1.87
位置: Cloud-Datacenter
CANCEL　BACK　NEXT

图 3-8　选择主机

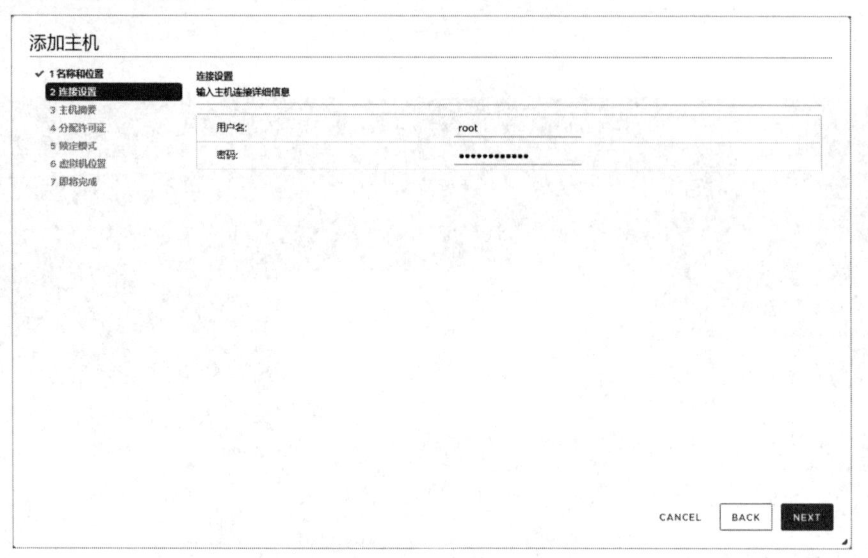

图 3-9　连接设置

（2）分配许可证。如果没有许可证，可以选择一个为期 60 天的“评估许可证”，如图 3-10 所示。

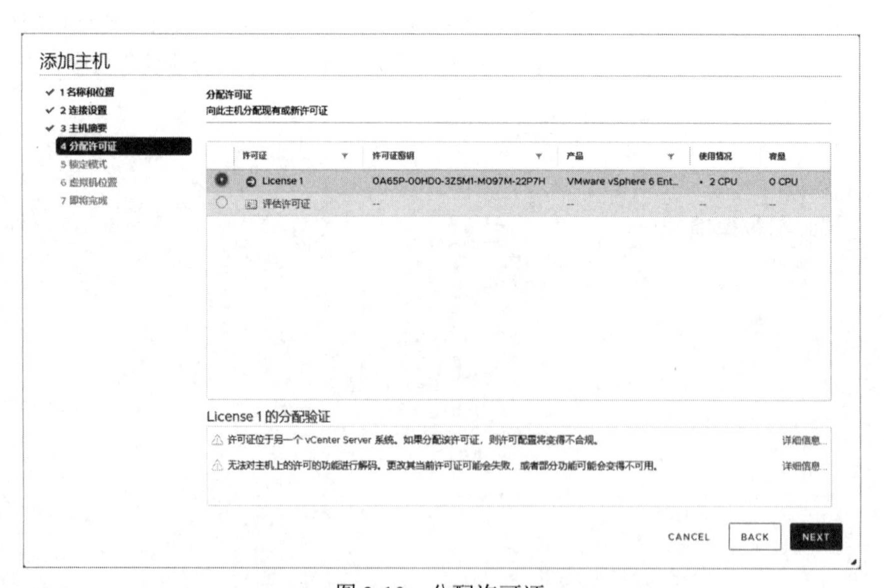

图 3-10　分配许可证

（3）锁定模式。锁定模式是为了提升 ESXi 主机的安全性，可以配置 ESXi 的访问权限，可设置为通过本地控制台或者授权的集中管理程序进行访问，配置有三个选项：禁用、正常、严格。如果设置为“严格”，主机将仅可以通过 vCenter Server 访问，如图 3-11 所示。

图 3-11 锁定模式

以此类推，将所有的 ESXi 主机都添加到 vCenter Server 中，也可以选择批量添加的方式添加多台 ESXi 主机。

4. 管理 ESXi

vSphere Client 可以管理 ESXi 的所有内容，主要有基本信息、状态监控、配置、用户权限管理、虚拟机管理等内容，下面介绍如何使用 vSphere Client 管理 ESXi。

（1）查看状态。选择一台已经添加的 ESXi 主机，在右侧可以看到主要的管理选项卡。“摘要”选项主要展示主机的硬件信息、配置情况等，如图 3-12 所示。

图 3-12 摘要信息

（2）监控。“监控”选项主要展示该主机的运行情况；“问题与警报”选项主要展示主机中存在的问题、触发的警报；“性能”选项主要展示主机的资源利用情况；“任务和事件”选项主要展示该主机的日志信息，如图 3-13 和图 3-14 所示。

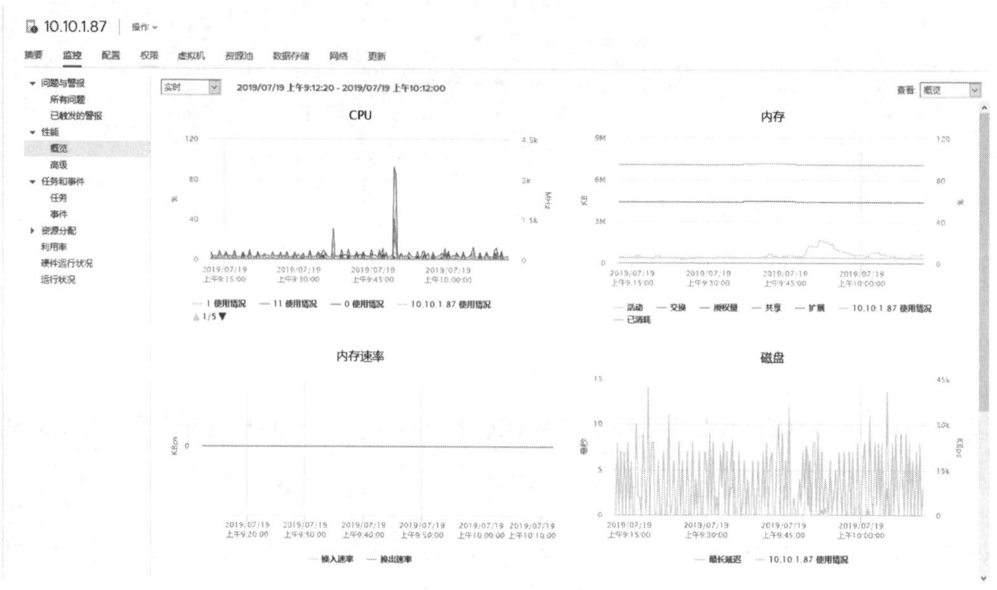

图 3-13　“性能”选项

图 3-14　“任务和事件”选项

（3）配置。“配置”选项的主要功能是对该主机的一些配置操作。主要包括存储配置、网络配置、虚拟机管理、系统配置、警报定义等操作。如图 3-15 所示。

10.10.1.87　操作

摘要　监控　配置　权限　虚拟机　资源池　数据存储　网络　更新

存储
网络
虚拟机
系统
许可
主机配置文件
时间配置
身份验证服务
证书
电源管理
高级系统设置
系统资源预留
防火墙
服务
安全配置文件
系统交换
软件包
硬件
更多

防火墙　编辑...

服务名称 ↑	TCP 端口	UDP 端口	允许的 IP 地址
连接: 出站			
CIM SLP	427	427	全部
DHCP Client	--	68	全部
DNS Client	53	53	全部
DVSSync	--	8301, 8302	全部
Fault Tolerance	80, 8300	--	全部
HBR	31031, 44046	--	全部
NFC	902	--	全部
rabbitmqproxy	5671	--	全部
Replication-to-Cloud Traffic	10000-10010	--	全部
Software iSCSI Client	3260	--	全部
syslog	514, 1514	514	全部
vCenter Update Manager	80, 9000-9100	--	全部
vMotion	8000	--	全部
VMware vCenter Agent	--	902	全部
WOL	--	9	全部
连接: 入站			
CIM Secure Server	5989	--	全部
CIM Server	5988	--	全部
CIM SLP	427	427	全部
DHCP Client	--	68	全部

28 items

图 3-15　“配置”选项

任务三　使用 vSphere Client 系统管理

扫码看视频

【任务介绍】

任务二介绍了如何使用 vSphere Client 管理 ESXi，本任务将讲解 vSphere Client 中的主要功能和如何使用 vSphere Client 进行系统管理。

【任务目标】

（1）了解 vSphere Client 中的主要功能。

（2）使用 vSphere Client 进行系统管理。

【操作步骤】

1. 管理客户端插件

使用客户端插件管理功能可以对插件的下载、部署、升级、取消部署以及插件的启用/禁用进行监控。

单击“菜单”→“系统管理”→“客户端插件”，可以查看当前安装的插件列表，以及插件的详细信息。选择插件旁边的单选按钮可以启用或禁用客户端插件，如图 3-16 所示。

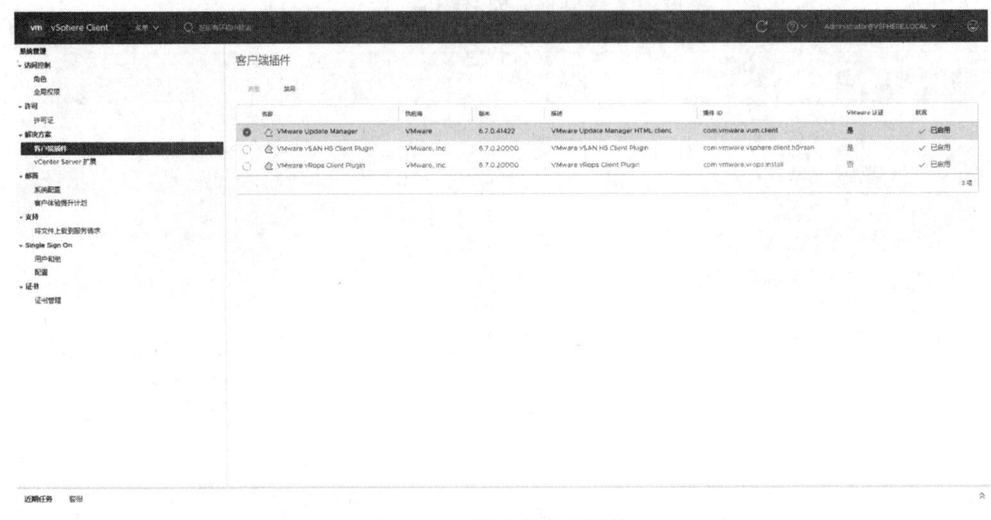

图 3-16　管理客户端插件

2. 安装 VMware 增强型身份验证插件

在 vSphere 6.5 版本中，VMware 增强型身份验证插件代替了 vSphere 6.0 及早期版本中的客户端集成插件。VMware 增强型身份验证插件提供了集成 Windows 身份验证和基于 Windows 的智能卡功能，在 vSphere Client 登录页面底部，可下载增强型身份验证插件，如图 3-17 所示。

图 3-17　下载增强型身份验证插件

智能卡是具有嵌入式集成电路芯片的小型塑料卡。许多政府机构和大型企业使用诸如通用访问卡（CAC）之类的智能卡来提高其系统的安全性。在使用智能卡的环境中，每台计算机都应具有智能卡读取器，通常会预装用于管理智能卡的智能卡硬件驱动程序。

用户将智能卡插入智能卡读取器时，vCenter Single Sign-On 读取卡上的证书，并检查智能卡上的证书是否存在以及输入的 PIN 是否正确。如果打开了吊销检查，还会检查证书是否已被吊销。

3. 导出列表

从 vSphere Client 中打开某个对象（例如虚拟机或 ESXi 主机）的列表，单击列表右下角的“导出”图标，可以将列表的内容导出到 CSV 文件以便于在其他场景下使用，如图 3-18 所示。

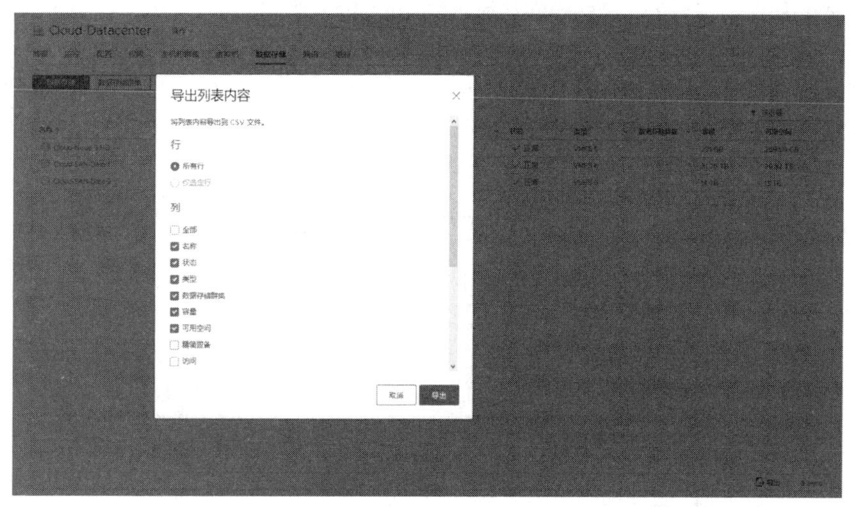

图 3-18　导出 CSV 文件

任务四　使用 VMware Appliance Management Administration

扫码看视频

【任务介绍】

VMware Appliance Management Administration 提供了一种基于 HTML 5 方式管理 vCenter Server 主机的方法，可以详细了解 vCenter Server 或 Platform Services Controller 的主机和应用程序状态。本任务介绍 VMware Appliance Management Administration 中的主要内容以及使用方法。

【任务目标】

（1）了解 VMware Appliance Management Administration 的主要内容。

（2）使用 VMware Appliance Management Administration 管理 vCenter Server 主机。

【操作步骤】

1. 访问 VMware Appliance Management Administration

通过以下 vCenter Server 的部署方式部署 VCSA 后，才可以通过浏览器访问 vCenter Server

Appliance 管理界面，其他方式部署 VCSA 将不能够访问：

（1）部署包含具有嵌入式 Platform Services Controller 的 vCenter Server。

（2）具有外部 Platform Services Controller 的 vCenter Server。

（3）单独部署 Platform Services Controller 之后。

通过浏览器访问“https://10.10.1.89:5480”（格式为：https://appliance-IP-address-or-FQDN:5480），以 root 用户身份登录，密码为部署 vCenter Server Appliance 时设置的密码。

2. 使用 VMware Appliance Management Administration

VMware Appliance Management Administration 的基础和管理功能分为 11 个模块，主要包括监控、访问、网络、防火墙等，见表 3-2。

表 3-2　VMware Appliance Management Administration 的主要功能

模块	主要功能
摘要	第一部分展示了主机操作系统的主机名、类型、版本和系统的内部版本号；第二部分展示了主机的运行概况，其中包括 CPU、内存、数据库、存储和交换
监控	可以详细地了解设备的运行状况。包括 CPU 和内存、磁盘、网络和数据库，数据库监视器仅在具有外部或嵌入式 Platform Services Controller 的 vCenter Server 上可用
访问	“访问”模块允许使用不同的方法登录 vCenter Server 主机。主要的操作包括启用/禁用 SSH 登录、启用/禁用 DCLI、启用/禁用控制台 CLI、启用/禁用 BASH Shell 以及 BASH Shell 的超时时间
网络	主要分为两部分：网络设置和代理设置，网络设置包括主机名、DNS、虚拟网卡，代理设置包括 FTP、HTTP、HTTPS
防火墙	进/出 IP 的管理和防火墙规则的管理
时间	时区设置，时间同步设置，分为三个模式：禁用、主机、NTP
服务	查看服务运行状况以及设备中启用/停止了哪些服务，需要注意的是该服务已经与 VMware Service Lifecycle Manager 集成
更新	查看当前系统的版本信息以及当前是否有可用的新版本
系统管理	可以更改 root 账户或者已创建的其他本地账户的密码。还可以设置本地账户的密码以及到期时间
Syslog	可以将日志流转发到远程 Syslog 服务器，可为远程 Syslog 服务器最多配置三个转发器。可使用 UDP、TCP、TLS 或 RELP 配置日志转发协议，具体取决于 Syslog 服务器的支持情况
备份	可以将 vCenter Server 中统计信息、事件、任务、清单和配置备份到远程服务器，支持 FTP、FTPS、HTTP、SCP 协议

提醒

vSphere Web Client 中配置的密码策略不会传播到 VMware Appliance Management Administration 或本地账户。

（1）查看设置运行状态。在管理界面中单击“监控”，可以查看设备 CPU、内存、磁盘、网络流入、网络流出的情况，也可以查看诸如已丢弃的环回 rx 数据包、环回字节接收速率等指标和数据库的 Seat 空间使用率、整体空间使用率等详细信息，如图 3-19 和图 3-20 所示。

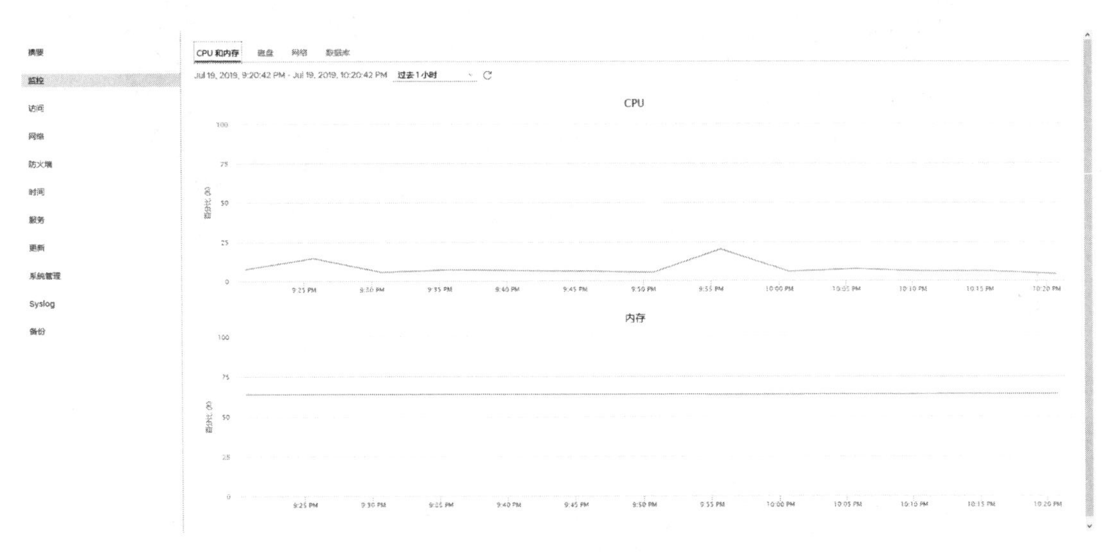

图 3-19　CPU 和内存使用情况

图 3-20　网络流入、流出情况

（2）防火墙管理。单击“防火墙”可以对现有防火墙规则进行编辑、删除、排序，单击“添加”可以设立新的防火墙规则，如图 3-21 所示。

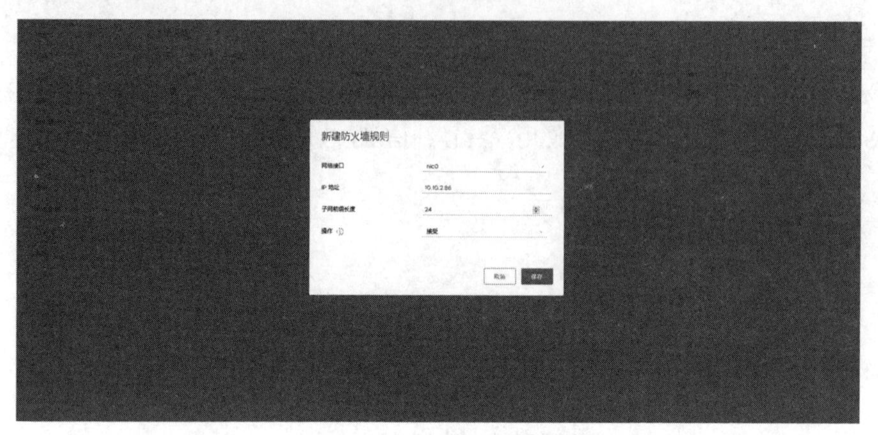

图 3-21　添加防火墙规则

（3）Syslog 配置。单击“Syslog”可以查看已添加的日志转发配置，对已经添加的转发配置发送测试消息等。单击“编辑”可填写新增的日志接收服务器地址、所使用的协议、端口等，如图 3-22 所示。

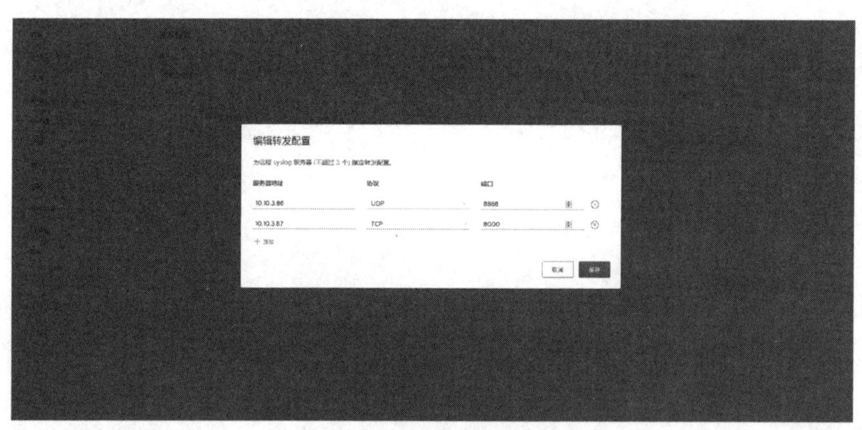

图 3-22　Syslog 配置

项目四

vSphere 高级管理

项目介绍

在 vSphere 虚拟化环境中，网络通信、高效存储、运行安全对 vSphere 来说是非常重要的，本项目通过对 vSphere 虚拟交换机的配置实现虚拟机与外部通信；通过对 NFS、iSCSI 共享存储配置实现虚拟机文件存储与存储冗余；通过角色配置、用户添加、ESXi 锁定等提升 vSphere 的安全性。

项目目的

- 使用 vSphere 管理虚拟网络。
- 基于 Windows Server 2019 实现共享存储。
- 使用 vSphere 管理存储。
- 提升 vSphere 安全性。

项目需求

类型	详细描述
硬件	不低于双核 CPU、8G 内存、500G 硬盘，开启硬件虚拟化支持
软件	Windows 10 Pro
网络	计算机使用固定 IP 地址接入局域网，并支持对互联网的访问

项目设计

本项目使用 4 台 ESXi 主机、1 台 Windows Server 2019 存储服务器，相关命名和 IP 地址分配见配置清单，服务器与虚拟机相关网络结构见表 4-1。

表 4-1　服务器与虚拟机网络结构说明

类型	名称	网络配置	默认网关	VLAN ID
物理网络	VMware ESXi 主机	10.10.1.0/24	10.10.1.1	101
	Windows Server 2019 存储服务器	10.10.1.0/24	10.10.1.1	101
业务网络	虚拟机	10.10.2.0/24	10.10.2.1	102

配置清单

	节点名称	节点地址		用户名	密码
VMware ESXi	Cloud-Node-1	10.10.1.85		root	cloud@esxi01
	Cloud-Node-2	10.10.1.86		root	cloud@esxi02
	Cloud-Node-3	10.10.1.87		root	cloud@esxi03
	Cloud-Node-4	10.10.1.88		root	cloud@esxi04
Windows Server 2019	OS 权限	用户名	administrator	密码	cloud@data
vCenter Server Appliance	OS 权限	用户名	administrator@cloud.local	密码	cloud@vcsa01

项目记录

	节点名称	节点地址		用户名	密码
VMware ESXi					
Windows Server 2019	OS 权限	用户名		密码	
vCenter Server Appliance	OS 权限	用户名		密码	
问题记录					

项目四

项目讲堂

1. 网络

在管理 vSphere 网络时，会遇到各种各样的 vSphere 相关网络术语，具体如下所述。

（1）虚拟交换机。虚拟交换机用来实现 ESXi 主机、虚拟机和外部网络的通信，其功能类似于真实的二层交换机。虚拟交换机在二层交换机网络运行，能够保存 MAC 地址表，基于 MAC 地址转发数据帧，虚拟交换机支持 LAN 配置，支持 IEEE 802.1Q 中继。但虚拟交换机没有真实交换机所提供的高级特性，例如，不能远程登录（Telnet）到虚拟交换机上进行管理，虚拟交换机没有命令行接口（CLI），也不支持生成树协议（STP）等。

虚拟交换机支持的连接类型包括上行链路端口、VMkernel 端口和虚拟机端口组，类型分为两种，分别是标准交换机和分布式交换机，如图 4-1 所示。

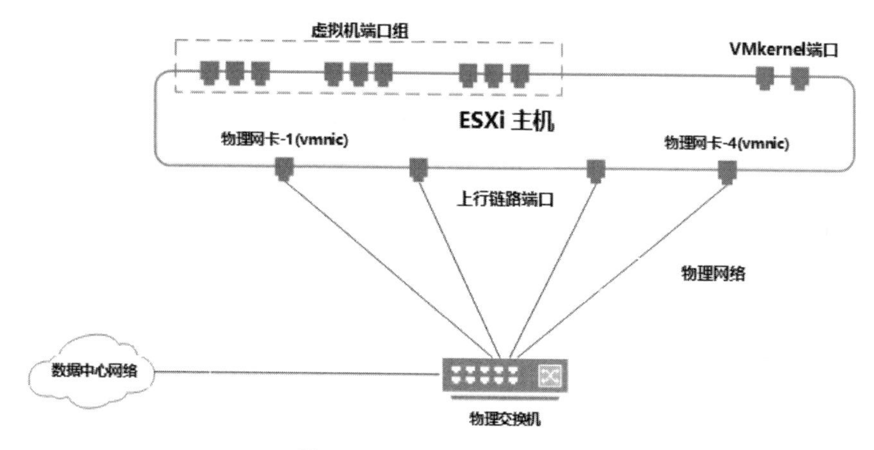

图 4-1　vSphere 虚拟交换机

1）上行链路端口。虽然虚拟交换机可以为虚拟机提供通信链路，但是它必须通过上行链路与物理网络通信。虚拟交换机必须连接作为上行链路的 ESXi 主机的物理网络适配器（NIC），才能与物理网络中的其他设备通信。一个虚拟交换机可以绑定一个物理 NIC，也可以绑定多个物理 NIC，成为一个 NIC 组（NIC Team），将多个物理 NIC 绑定到一个虚拟交换机上，可以实现冗余和负载均衡等特性。

虚拟交换机也可以没有上行链路，这种虚拟交换机只支持内部通信。虚拟机之间的有些浏览不需要发送到外部网络，这种虚拟交换机的虚拟机通信都发生在软件层面，其通信速度仅取决于 ESXi 主机的处理速度。

2）VMkernel 端口。VMkernel 端口是一种特定的虚拟交换机端口类型，用来支持 ESXi 管理访问、vMotion 虚拟机迁移、iSCSI 存储访问、vSphere FT 容错等特性，需要为 VMkernel 端口配置 IP 地址，其端口也被称为 vmknic。

3）虚拟机端口组。虚拟机端口组是在虚拟交换机上的具有相同配置的端口组。虚拟机端口组不需要配置 IP 地址，一个虚拟机端口组可以连接多个虚拟机。虚拟机端口组允许虚拟机之间相互访问，还能够允许虚拟机访问外部网络，虚拟机端口组上还能配置 VLAN、安全、流量调整、网卡绑定等高效特性。

一个虚拟交换机上可以包含多个虚拟机端口组，一台 ESXi 主机也可以创建多个虚拟交换机，每个虚拟交换机上有各自的虚拟机端口组。需要注意的是，VMkernel 端口是 ESXi 主机自身使用的端口，需要配置 IP 地址，工作在第 3 层（网络层，TCP/IP 五层网络协议），严格来说应该叫作“接口”。虚拟机端口组是连接虚拟机的端口，不需要配置 IP 地址，工作在第 2 层（数据链路层）。

（2）标准交换机。标准交换机（vSphere Standard Switch，vSS）是由 ESXi 主机虚拟出来的交换机。ESXi 安装后系统会自动创建一个虚拟交换机 vSwitch0。虚拟交换机通过物理网卡实现 ESXi 主机、虚拟机与外界通信，其结构与图 4-1 相同。

（3）分布式交换机。分布式交换机（vSphere Distributed Switch，vDS）是以 vCenter Server 为中心创建的虚拟交换机，这种虚拟交换机可以跨越多台 ESXi 主机，即可管理多台 ESXi 主机（多台 ESXi 主机上存在同一台分布式交换机），同时 vSphere 虚拟化架构可以使用第三方硬件级虚拟交换机。

使用 vSS 需要在每台 ESXi 主机上进行网络配置，如果 ESXi 主机数量较少，vSS 是比较适用的。如果 ESXi 主机数量较多，使用分布式交换机可以大幅度提高管理员的工作效率，其结构如图 4-2 所示。

2. 存储

（1）存储介绍。目前市面上的存储有很多种类，常见的存储主要分为以下几类。

1）直连式存储。开放系统直连存储（Direct Attached Storage，DAS）与服务器主机之间的连接通常采用 SCSI，带宽一般为 10MB/s、20MB/s、40MB/s、80MB/s 等。随着服务器 CPU 的处理能力越来越强，存储硬盘空间越来越大，阵列的硬盘越来越多，SCSI 通道将会成为 I/O 瓶颈。

由于 DAS 不能独立使用，因此多用于服务器的扩容，通过 SCSI 卡以及专用连接线对原服务器进行扩展。目前，主流企业级 DAS 都集成了很多功能，例如大容量、RAID 阵列、软件备份等。DAS 厂商都推出了相应的 DAS 存储设备，用户可根据实际情况进行选择。

2）网络存储。网络存储技术（Network Storage Technologies，NAS）基于标准网络协议实现数据传输，为网络中的 Windows/Linux/Mac OS 等各种不同操作系统的计算机提供文件共享和数据备份。

NAS 实际上相当于安装专业软件的计算机，有主板、CPU、内存等硬件，安装专业的软件后就成为 NAS。对于中小企业比较经济的做法是使用一台服务器，性能不一定太高，然后安装专业的 NAS 软件，这台服务器就成为 NAS。

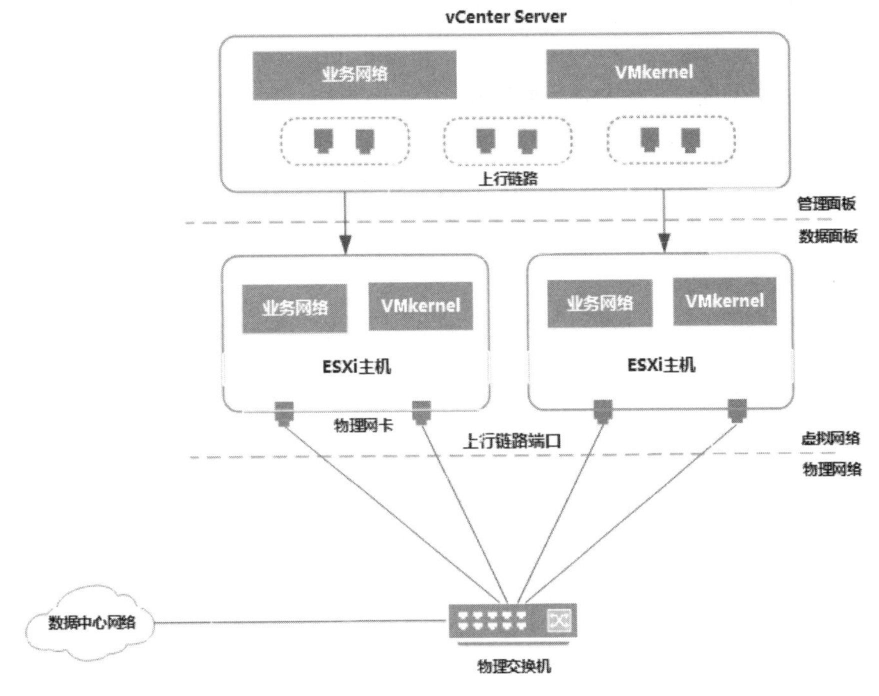

图 4-2　分布式交换机结构

NAS 文件系统一般分为网络文件系统（Network File System，NFS）和通用 Internet 文件系统（Common Internet File System，CIFS）。

3）存储区域网络。存储区域网络（Storage Area Network，SAN）是一个集中式管理的高速存储网络，由多供应商存储系统、存储管理软件、应用程序服务器和硬件组成。

SAN 是独立于服务器网络系统之外的高速光纤存储网络，这种网络采用高速光纤通道作为传输体，以 SCSI-3 作为存储访问协议，将存储系统网络化，从而实现真正的高速共享存储。

4）小型计算机系统接口。小型计算机系统接口（Internet Small Computer System Interface，iSCSI）是一种基于 TCP/IP 的协议，用来建立和管理 IP 存储设备、主机和客户机等之间的相互连接，并连接存储区域网络（SAN）。SAN 使得 SCSI 协议应用于高速数据传输网络成为可能，这种传输以数据块级别（block-level）在多个数据存储网络间进行。

5）以太网光纤通道。以太网光纤通道（Fibre Channel over Ethernet，FCoE）技术标准可以将光纤通道映射到以太网，可将光纤通道信息插入以太网信息包，从而让服务器与 SAN 存储设备的光纤通道请求和数据可以通过以太网连接来传输，无需专门的光纤通道结构，就可以在以太网上传输 SAN 数据。FCoE 允许在一根通信线缆上传输 LAN 和 FC SAN 通信，融合网络可以支持 LAN 和 SAN 数据类型，减少数据中心设备和线缆数量，同时降低供电、制冷负载以及管理负担。

（2）vSphere 支持的存储类型。vSphere 虚拟化架构对存储的支持相当广泛，不同存储类型设备的差异对比如下所述。

1）本地存储。本地存储一般是指服务器上自身本地硬盘，本地存储上可以安装 ESXi，可以存放虚拟机等，但使用本地存储，虚拟化架构的所有高级特性，如 vMotion、HA、DRS 等均无法使用。

2）FC SAN 存储。VMware 官方推荐的存储，能够最大限度发挥虚拟化架构的优势，虚拟化架构所有的高级特性，如 vMotion、HA、DRS 等均可实现。同时，FC SAN 可以支持 SAN BOOT，缺点是需要 FC HBA 卡、FC 交换机、FC 存储支持，投入成本较高。

3）iSCSI 存储。相对于 FC SAN 存储来说，iSCSI 是相对便宜的 IP SAN 解决方案，也被认为是 vSphere 存储性价比最高的解决方案，但部分用户认为，iSCSI 存储存在传输速度较慢、CPU 占用率较高等问题。

4）NFS 存储。NFS 存储是中小企业使用得最多的网络文件系统，最大的优点是配置管理简单，虚拟机架构主要的高级特性如 vMotion、HA、DRS 等均可实现。但 NFS 存储的稳定性以及安全性存在一定的不足。

（3）vSphere 支持的存储文件格式。在介绍 vSphere 存储格式之前，先了解一下什么是 Datastore。简单理解，Datastore 是 ESXi 主机的数据仓库，是 ESXi 主机管理所有存储设备的地方。常见 vSphere 支持的存储文件格式有以下三种。

1）VMFS。VMware 虚拟文件系统（VMware Virtual Machine File System，VMFS）是一种高性能的群集文件系统。它使虚拟化技术的应用超出了单个系统的限制。VMFS 的设计、构建和优化针对虚拟服务器环境，可让多个虚拟机共同访问一个整合的群集式存储池，从而显著提高资源利用率。

2）NFS。NFS 是 FreeBSD 支持的文件系统中的一种，允许一个系统在网络上与他人共享目录和文件。通过使用 NFS，用户和程序可以像访问本地文件一样访问远端系统上的文件。

3）RDM。裸设备映射（Raw Device Mapping，RDM）模式让运行在 ESXi 主机上的虚拟机直接访问网络存储，不再经过虚拟硬盘进行转换，从而减少时延问题，读写的效率取决于存储的性能。

3. 权限

vSphere 支持具有精细控制的几个模型，以确定用户是否能够执行某项任务。vCenter Single Sign-On 使用 vCenter Single Sing-On 组中的组成员资格决定当前用户可以执行的操作。用户对象上的角色或者全局权限决定是否可以在 vSphere 中执行其他任务。

（1）授权概览。vSphere 6.0 及更高版本允许有特权的用户授予其他用户执行任务权限。可以使用全局权限，也可以使用本地 vCenter Server 权限以授权其他用户处理各个 vCenter Server 实例，相应权限信息见表 4-2。

表 4-2　权限配置说明

配置选项	详细描述
vCenter Server 权限	vCenter Server 系统的权限模型需要向对象层次结构中的对象分配权限。每种权限都会向一个用户或组授予一组特权，即选定对象的角色
全局权限	全局权限应用到跨多个解决方案的全局根对象。例如，如果同时安装了 vCenter Server 和 vRealize Orchestrator，则可以使用全局权限。也可以授予一组用户对这两个对象层次结构中的所有对象的读取权限。系统会在整个域中复制全局权限。全局权限不会为通过组管理的服务提供授权
vCenter Single Sign-On 组中的组成员资格	vsphere.local 组成员可以执行某些任务
ESXi 本地主机权限	如果要管理不受 vCenter Server 系统管理的独立 ESXi 主机，则可以向用户分配其中一个预定义的角色

（2）权限模型。授权用户或组使用对象上的权限在 vCenter 对象上执行任务。vSphere 权限模型需要向 vSphere 对象层次结构中的对象分配权限。每种权限都会向一个用户或组授予一组权限，即选定对象的角色，在权限模型中常用的名词含义见表 4-3，其权限模型结构如图 4-3 所示。

表 4-3　权限模型中名词含义说明

名词定义	详细描述
权限	vCenter Server 对象层次结构中的每个对象都具有关联的权限。每个权限为一个组或用户指定该组或用户具有对象的哪些特权
用户和组	在 vCenter Server 系统中，可以仅向经过身份验证的用户或经过身份验证的用户组分配特权。用户通过 vCenter Single Sign-On 进行身份验证。必须在 vCenter Single Sign-On 用于进行身份验证的标识源中定义用户和组
特权	特权是精细的访问控制。可以将这些特权分组到角色中，然后可以将其映射到用户或组
角色	角色是指一组特权。角色允许基于用户执行的一系列典型任务分配用于操作对象的权限。默认角色（例如管理员）已在 vCenter Server 中预定义，不能更改。其他角色（例如资源池管理员）是预定义的样本角色

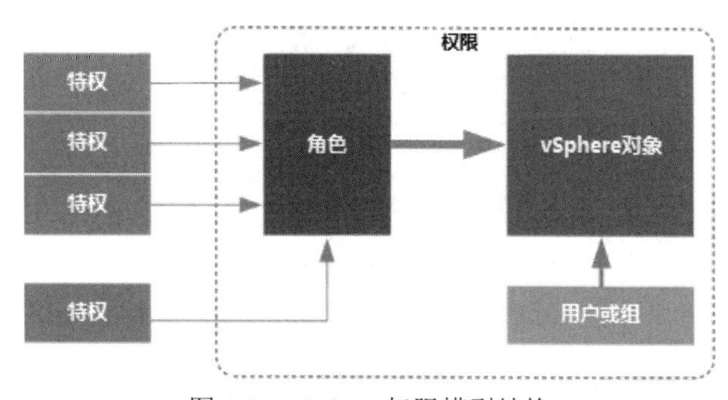

图 4-3　vSphere 权限模型结构

任务一　使用 vSphere 管理虚拟网络

扫码看视频

【任务介绍】

在项目二中已完成 ESXi 6.7 部署配置，在项目三中已完成 vCenter Server 部署并介绍了基本应用。本任务介绍在 ESXi 上配置标准交换机，实现多个物理网卡绑定及负载均衡、基于 VMkernel 的虚拟交换机创建、管理网络分离等，以及在 vCenter Server 上实现分布式交换机的创建与管理配置。

【任务目标】

（1）在 ESXi 主机上配置标准交换机，实现多网卡绑定与负载均衡。
（2）在 ESXi 主机上配置虚拟端口组，实现端口组能够访问上行网络。
（3）在 ESXi 主机上配置 VMkernel 端口与网卡，实现 ESXi 地址管理。
（4）在 vCenter Server 上配置应用分布式交换机，实现虚拟机网络管理。

【操作步骤】

1. 在 ESXi 上配置标准交换机

ESXi 安装后系统会自动创建一个虚拟交换机 vSwitch0，在主机未进行配置的情况下，该虚拟交换机 vSwitch0 只有一个物理网卡，需添加多个物理网卡使 vSwitch0 虚拟交换机实现冗余以及负载均衡，其操作过程如下。

（1）登录 ESXi 主机。由于 ESXi 6.7 默认通过 VMware Host Client 进行管理，所以使用浏览器访问 ESXi 主机地址进行访问，如图 4-4 所示，输入主机权限信息登录，登录后操作界面如图 4-5 所示。

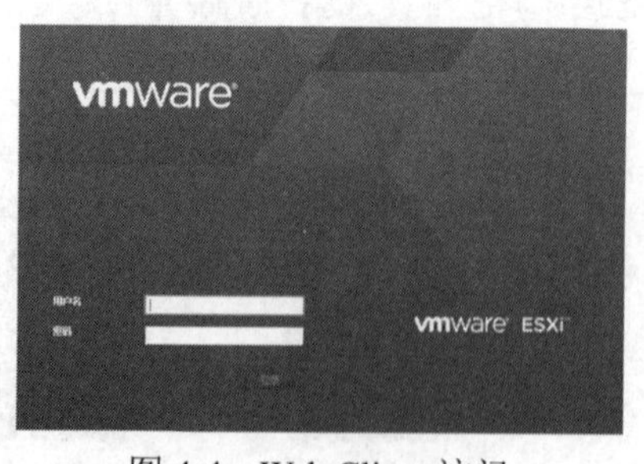

图 4-4　Web Client 访问

（2）查看网卡。单击左侧导航中的“网络”按钮，进入网络配置界面，选择“物理网卡”选项，查看当前服务器上存在的物理网卡（上行链路端口）数量、MAC 地址端口流速等信息，如图 4-6 所示。

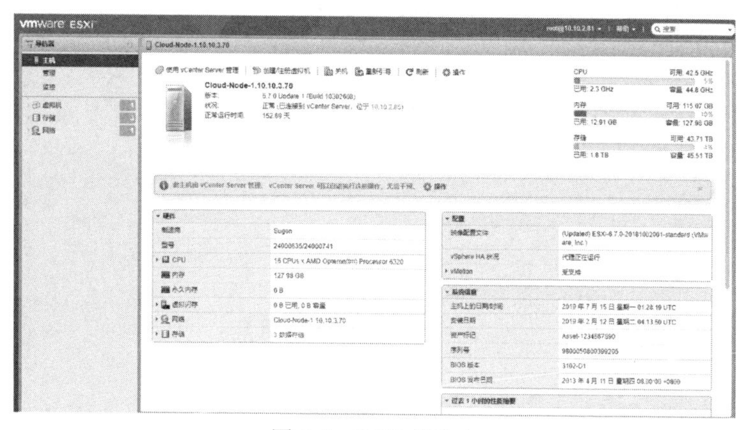

图 4-5 ESXi 操作台

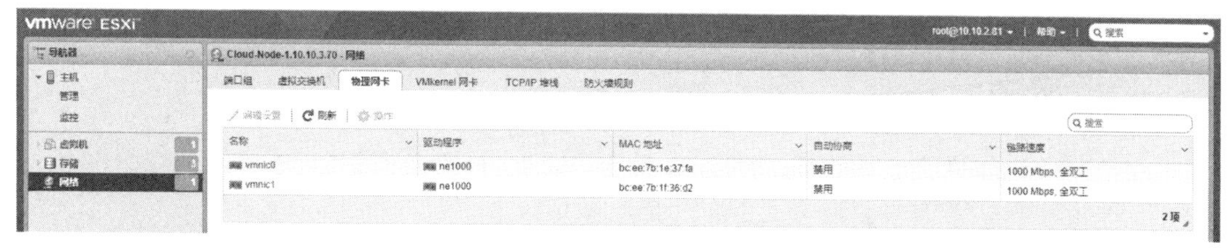

图 4-6 物理网卡信息查看

（3）配置虚拟交换机。

1）查看虚拟交换机配置。在网络配置界面中，选择“虚拟交换机”选项，查看当前已经存在的虚拟交换机信息，如图 4-7 所示。从图中可以查看到 ESXi 主机默认已经创建一个 vSwitch0 虚拟交换机，且上行链路只有一个，说明只选择了一个物理网口作为上行网络。

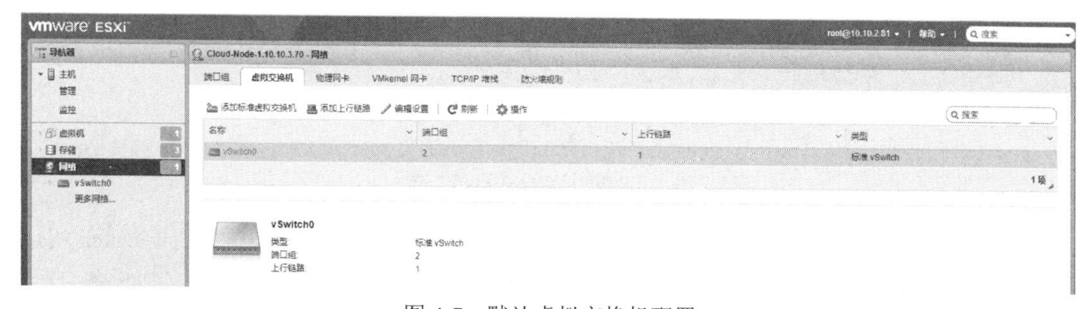

图 4-7 默认虚拟交换机配置

2）编辑虚拟交换机配置。在“虚拟交换机”操作界面中，选中当前 vSwitch0 虚拟交换机，单击“编辑设置”按钮，弹出配置界面如图 4-8 所示。

3）添加上行链路。单击“添加上行链路”按钮，选择需要增加物理网卡，如图 4-9 所示。

4）链路发现配置。默认选择模式为“侦听”，协议为“Cisco Discovery Protocol(CDP)”。

图 4-8　编辑标准虚拟交换机

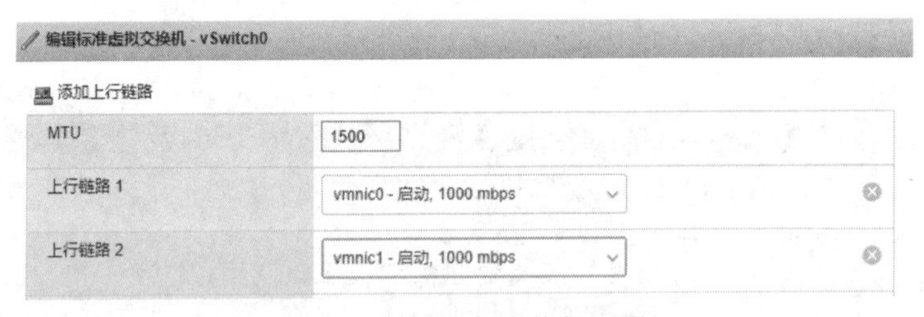

图 4-9　默认虚拟交换机配置

Cisco 发现协议（CDP）允许 ESXi 管理员决定哪个 Cisco 交换机端口与给定的 vSwitch 相连。当特定 vSwitch 启用了 CDP 时，可以通过 vSphere Client 查看 Cisco 交换机的属性（如设备 ID、软件版本等）。

在 ESXi 中，链路发现模式设置为“侦听”或“二者”时，这表示 ESXi 主机将检测并显示上联 Cisco 交换机端口的信息，但并不向 Cisco 交换机管理员提供有关 vSwitch 的信息。

5）虚拟交换机安全配置。包含混杂模式、MAC 地址更改、伪传输三种选项，设置结果如图 4-10 所示，安全配置选项见表 4-4。

图 4-10　虚拟交换机安全配置

表 4-4　虚拟交换机安全配置选项

选项	详细描述
混杂模式	标明在同一个 VLAN 里的 VM 能接收到本 VLAN 的全部数据包，客户安装 WireShark 或者 IDS，就可以看到目标是其他 VM 的数据包和广播包，该功能可能被恶意使用，因此在本任务中此选项选择为“拒绝”
MAC 地址更改	首先，ESXi 主机明确知道内部所有 VM 的 MAC 地址以及所属虚拟交换机端口；其次，假定 ESXi 发现 VM-1 的网卡 MAC 与 VMX 文件中定义的初始 MAC 不符，说明 VM-1 修改了有效的 MAC 地址，可能冒充其他 VM 虚拟机，MAC 地址更改中“接受”“拒绝”操作是通过 ESXi 将 VM 连接的虚拟交换机端口“启用”或“禁用”，使 VM 不能连接外部网络。在本次任务中此选项选择为“拒绝”，提升网络安全性
伪传输	在网卡属性窗口里修改了 MAC 地址，发出的数据帧的源 MAC 肯定就改变了，但是有些软件（或者木马病毒）会直接修改以太网帧的源 MAC。伪传输安全限制就是一旦发现有软件以伪造的源 MAC 地址向外发送数据帧，虚拟网卡就会删除该帧，但对合法的帧进行放行。在本次任务中此选项选择为“拒绝”

提醒

（1）MAC 地址更改安全选项是比较 VM 虚拟网卡的“有效地址”与“初始地址”是否相符，方向是入站。

（2）伪传输安全选项是比较 VM 正在传输的帧的“源地址”与虚拟网卡“初始地址”是否相符，方向是出站。

6）网卡绑定。使用网卡绑定必须将两个或多个网络适配器上行链路接口连接到虚拟交换机，从而实现提高网络容量以及当组合中某个适配器发生故障时，可进行被动故障切换。网卡绑定保持默认设置，设置结果如图 4-11 所示。

图 4-11　虚拟交换机网卡绑定

在网卡绑定操作中，针对“负载平衡”有多种模式选项，具体见表 4-5。

表 4-5　负载平衡选项说明

选项	详细描述
基于 IP 哈希的路由	根据每个数据包的源和目标 IP 地址的 Hash 选择上行链接，对于非 IP 地址数据包，会使用位于这些偏移上的任何内容计算 Hash
基于源 MAC 哈希的路由	根据源以太网的 Hash 选择上行链接
基于源端口 ID 的路由	根据流量进入虚拟交换机的虚拟端口选择上行链路
使用明确故障切换顺序	始终使用“活动适配器”列表中位于最前列的符合故障切换检测标准的上行链路

（1）默认负载平衡策略是基于源端口 ID 的路由，如果上行物理交换机使用链路聚合，则必须使用基于 IP 哈希的路由负载平衡策略。

（2）在配置前需要确保在上行物理交换机上已经正确配置网络、VLAN 或者链路聚合协议等内容。

7）流量调整。虚拟交换机中 ESXi 允许调整标准交换机的出站流量，流量调整程序可限制任意端口的可用带宽，但也可以将其配置为临时允许流量“突发”，使流量以更高的速度通过端口。本任务中流量调整策略设置平均带宽为 100Mb/s，峰值带宽为 1Gb/s，突发大小为 100MB，如图 4-12 所示。

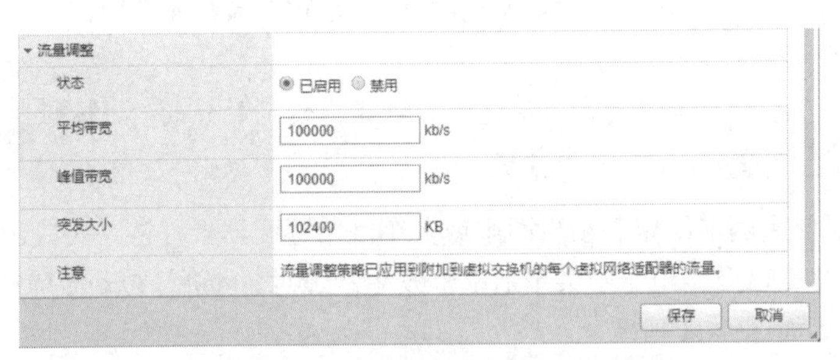

图 4-12　虚拟交换机流量调整

流量调整策略由三个特性定义，分别是平均带宽、峰值带宽和突发大小，具体特性含义见表 4-6。

表 4-6　流量调整特性说明

选项	详细描述
平均带宽	可设置某段时间内允许通过端口的平均每秒传输位数，即允许平均负载
峰值带宽	发送流量突发时，每秒钟允许通过端口的最大传输位数。此数值是端口使用额外突发时所能使用的最大带宽，此参数不能小于平均带宽

续表

选项	详细描述
突发大小	突发中所允许的最大字节数，如果设置了此参数，则端口在没有使用为其分配的所有带宽时可能会获得额外突发。当端口所需带宽大于平均带宽指定的值时，如果有额外突发可用，则可能会临时允许以更高的速度传输数据。此参数为额外突发中可积累的最大字节数，使数据能以更高的速度传输

8）保存查看。配置完成后单击“保存”按钮完成虚拟交换机的修改，如图 4-13 所示。

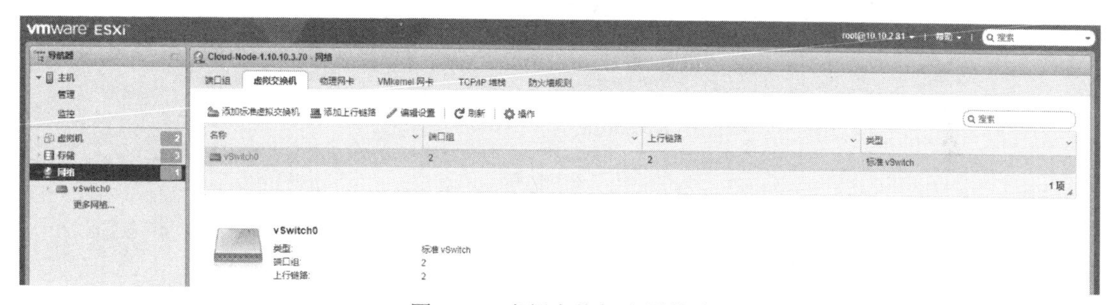

图 4-13　虚拟交换机配置修改

2. 在 ESXi 上配置虚拟机端口组

ESXi 安装后会自动创建一个“VM Network”虚拟端口，无活动端口、VLAN ID 等信息，将其“VM Network”进行修改配置并设置上行链路允许 VLAN ID（VLAN ID 为 102），具体配置如下。

（1）查看端口组。在网络配置界面中选择“端口组”选项，查看当前已经存在的端口组信息，如图 4-14 所示。

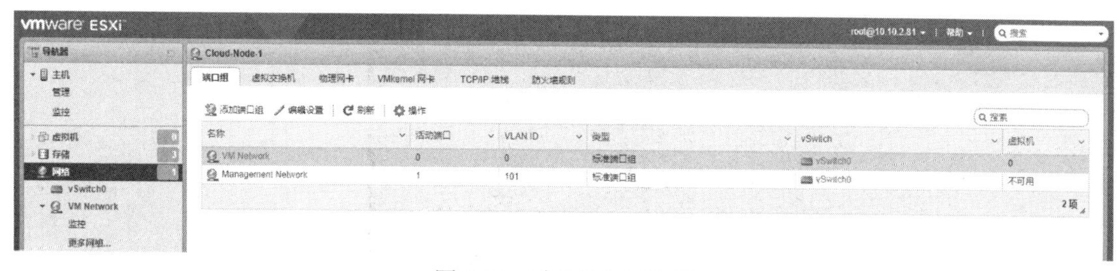

图 4-14　默认端口组配置

（2）编辑配置。在“端口组”操作界面中，选中当前“VM Network”端口组，单击“编辑设置”按钮，弹出配置界面如图 4-15 所示，编辑操作界面。

对当前的端口组信息可以进行名称、VLAN ID、虚拟交换机（当前只有 1 个虚拟交换机 vSwitch0）、安全策略、网卡绑定策略、流量调整策略等内容调整。其中安全策略、网卡绑定策略、流量调整策略均选择“从 vSwitch 继承”。

图 4-15　编辑端口组信息

（3）保存配置。配置完成后单击“保存”按钮完成端口组的修改，如图 4-16 所示。

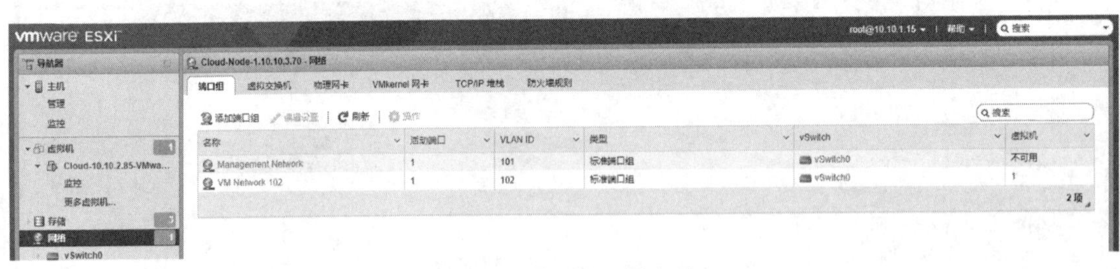

图 4-16　端口组配置查看

3. 在 ESXi 上配置 VMkernel

ESXi 安装并配置 IP 地址后，将自动创建一个“Management Network”虚拟端口与“vmk0”网卡信息。VMkernel 端口组与网卡配置如下。

（1）VMkernel 网卡配置。查看默认 VMkernel 网卡信息如图 4-17 所示，选中“vmk0”网卡单击“编辑设置”按钮弹出网卡配置窗口，如图 4-18 所示。

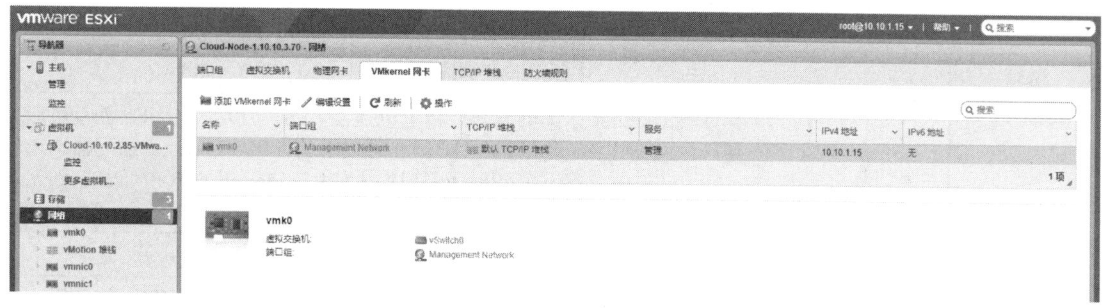

图 4-17　VMkernel 网卡信息

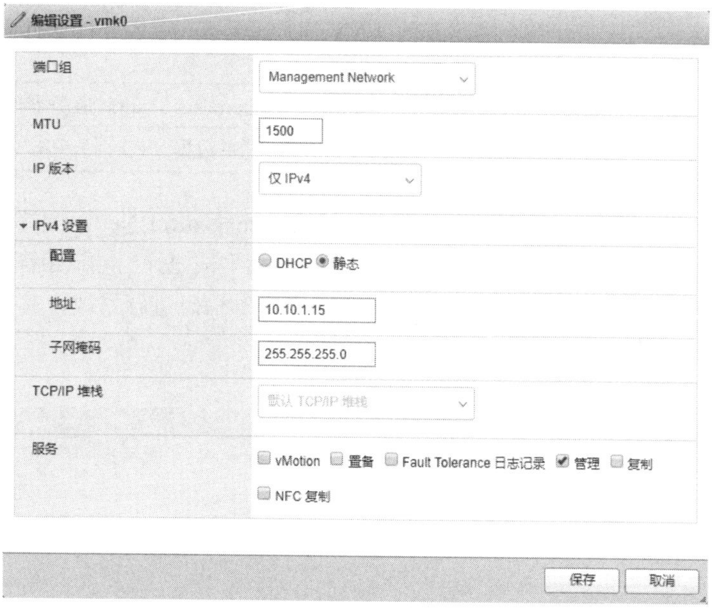

编辑设置 - vmk0

端口组　Management Network

MTU　1500

IP 版本　仅 IPv4

IPv4 设置

配置　DHCP　静态

地址　10.10.1.15

子网掩码　255.255.255.0

TCP/IP 堆栈　默认 TCP/IP 堆栈

服务　vMotion　置备　Fault Tolerance 日志记录　管理　复制　NFC 复制

保存　取消

图 4-18　VMkernel 网卡配置

在编辑 VMkernel 网卡配置界面中主要对 ESXi 的 IP 地址以及所支持的服务进行配置，在“TCP/IP 堆栈”中可以对 ESXi 主机的网关与 DNS 进行配置，相关选项说明见表 4-7。

表 4-7　VMkernel 网卡配置选项说明

选项	详细描述
IP 版本	选择 IPv4、IPv6 或同时选择两者，在未启用 IPv6 的主机上，IPv6 选项不会显示
TCP/IP 堆栈	在列表中选择一个 TCP/IP 堆栈。为 VMkernel 适配器设置 TCP/IP 堆栈后，以后便无法再更改该堆栈。如果选择 vMotion 或置备 TCP/IP 堆栈，用户将只能使用此堆栈来处理主机上的 vMotion 或置备流量。默认 TCP/IP 堆栈上所有适用于 vMotion 的 VMkernel 适配器将被禁止用于未来的 vMotion 会话。如果使用置备 TCP/IP 堆栈，将针对包括置备流量的操作（如虚拟机冷迁移、克隆和快照迁移）禁用默认 TCP/IP 堆栈上的 VMkernel 适配器

续表

选项		详细描述
服务	vMotion	允许 VMkernel 适配器向另一台主机播发声明，发送 vMotion 流量所应使用的网络连接。如果默认 TCP/IP 堆栈上的任何 VMkernel 适配器均未启用 vMotion 服务，或任何适配器均未使用 vMotion TCP/IP 堆栈，则无法使用 vMotion 迁移到所选主机
	置备	处理虚拟机冷迁移、克隆和快照迁移传输的数据
	Fault Tolerance 日志记录	主机上启用 Fault Tolerance 日志记录。对每台主机的 FT 流量只能使用一个 VMkernel 适配器
	管理	为主机和 vCenter Server 启用管理流量。通常，安装 ESXi 软件后，主机将创建这样的 VMkernel 适配器。可为主机上的管理流量创建其他 VMkernel 适配器以提供冗余
	复制	处理源 ESXi 主机发送至 vSphere Replication 服务器的出站复制数据
	NFC 复制	处理目标复制站点上的入站复制数据

（2）Management Network 端口组配置。查看默认 Management Network 端口组信息如图 4-19 所示，选中“Management Network”端口组单击“编辑设置”按钮弹出端口组配置窗口，该端口组设置与虚拟机端口组设置相同，可将其名称、VLAN ID 等信息进行修改，其他选项均选择“从 vSwitch”继承，如图 4-20 所示。

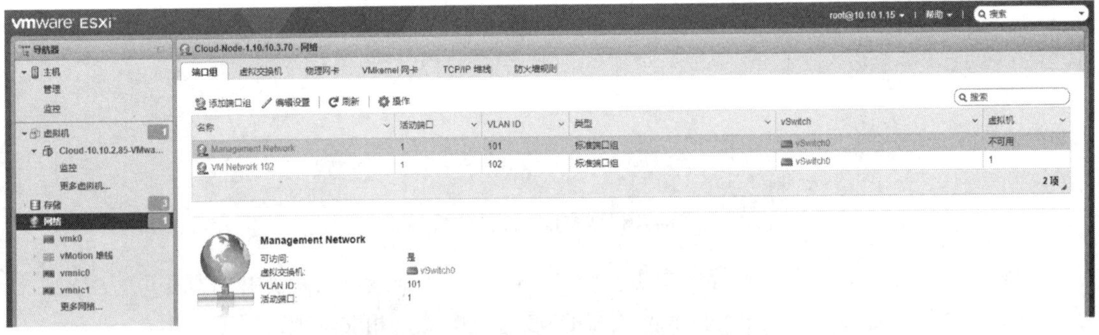

图 4-19　Management Network 端口组信息

4. 在 vCenter Server 上配置分布式交换机

在项目三中已安装了 vCenter Server 并对 ESXi 主机进行管理，所以可以在 vCenter Server 上配置 vDS 从而实现跨多台 ESXi 主机的“超级交换机”，利用分布式交换机可以简化虚拟机网络连接的部署、管理和监控，为群集级别的网络连接提供一个集中控制点，使虚拟环境中的网络配置不再以主机为单位，其具体配置操作过程如下。

（1）登录 vCenter Server。在浏览器中输入 vCenter Server 地址访问 VMware Web Client，如图 4-21 所示，输入 vCenter Server 权限信息进行登录，登录后操作界面如图 4-22 所示。

图 4-20 Management Network 端口组配置

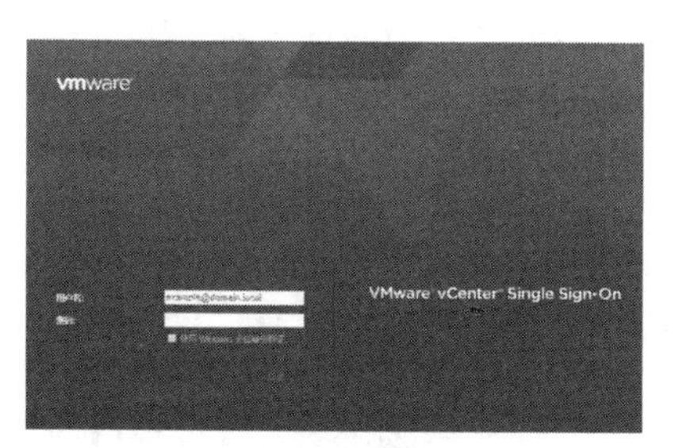

图 4-21 Web Client 访问

图 4-22 vCenter 操作台

（2）查看虚拟交换机。单击 vCenter 左侧操作台中第四个“网络”图标，进入网络配置界面，如图 4-23 所示，可以查看到当前 vCenter 数据中心中已经存在“VM Network”“VM Network 102”两个虚拟交换机。

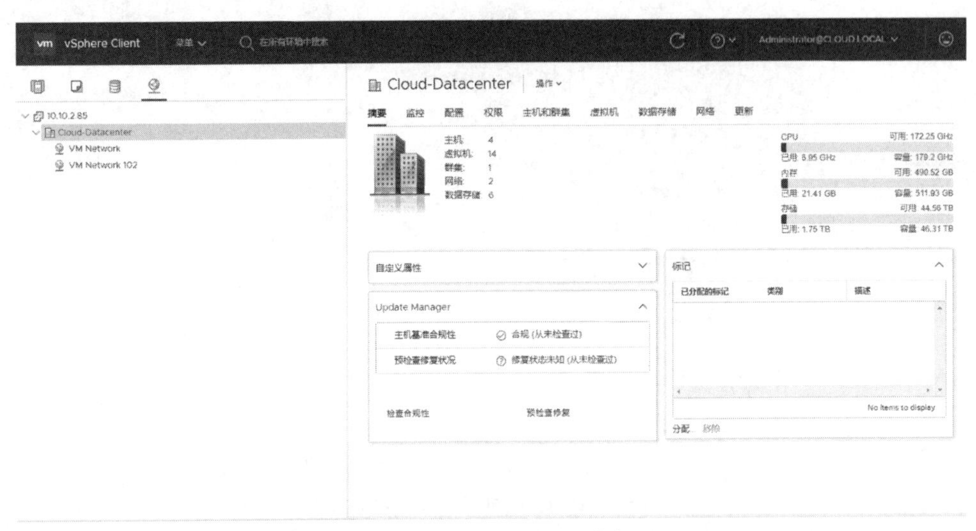

图 4-23　vCenter 虚拟交换机

（3）新建分布式交换机。

1）新建分布式交换机。在网络配置界面中，单击数据中心（Cloud-Datacenter）右侧“操作”按钮，如图 4-24 所示。在操作选择中依次单击“Distributed Switch”“新建 Distributed Switch…”选项，进入新建分布式交换机操作界面。

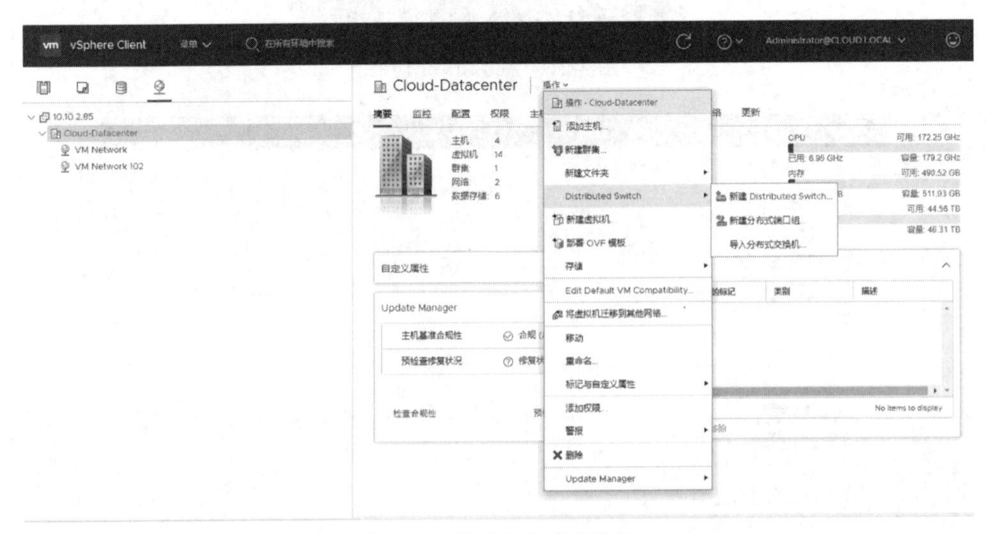

图 4-24　新建分布式交换机

2）配置名称和位置。在“新建 Distributed Switch”操作界面中，需要输入名称和指定数据中心位置，如图 4-25 所示，完成配置后单击“NEXT”按钮继续进行创建。

3）选择版本。为 Distributed Switch 选择版本，也可查看每个版本所介绍的功能内容，如图 4-26 所示，本次任务中选择“6.6.0 – ESXi 6.7 及更高版本”选项，选择完成后单击“NEXT”按钮继续进行创建。

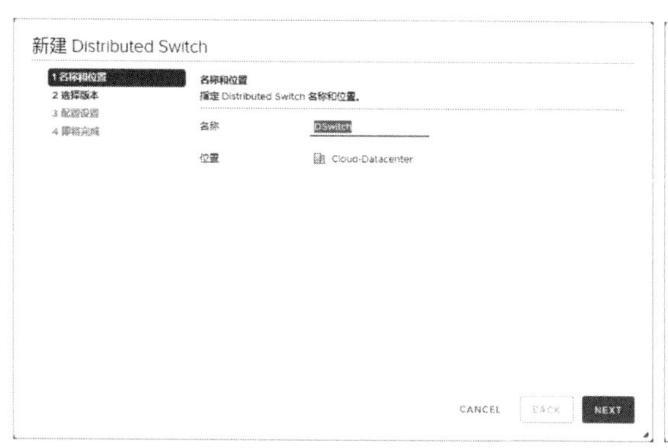

图 4-25　配置名称和位置

图 4-26　选择版本

4）配置设置。指定 Distributed Switch 上行链路端口数、资源分配和默认端口组信息，本任务中相关配置说明见表 4-8，最终配置结果如图 4-27 所示，配置完成后单击“NEXT”按钮继续进行创建。

表 4-8　Distributed Switch 配置说明

选项	详细描述
上行链路端口数	上行链路端口将 Distributed Switch 连接到关联主机上的物理网卡，上行链路端口数是允许每台主机与 Distributed Switch 建立的最大物理连接数。由于本项目中使用服务器只有两个物理网卡，所以本次设置上行链路数为 2
Network I/O Control	利用 Network I/O Control 可以根据部署要求设定特定类型基础架构的网络资源以及工作负载流量的访问优先级。Network I/O Control 会持续监控整个网络的 I/O 负载，并动态地分配可用资源。本任务中选择“启用”该配置
默认端口组	选中创建默认端口组复选框使用默认设置为该交换机创建新的分布式端口组
端口组名称	可以在端口组名称输入自定义信息，也可以接受默认生成的名称

5）即将完成。在完成向导之前，检查 Distributed Switch 配置信息是否有误，若检查无误，则单击“FINISH”按钮完成 Distributed Switch 创建，根据图中建议完成“新建分布式端口组”与“添加和管理主机”操作，如图 4-28 所示。

在分布式交换机创建完成后，vCenter Server 会自动创建一个“DPortGroup”与“DSwitch-DVUplinks-170”。

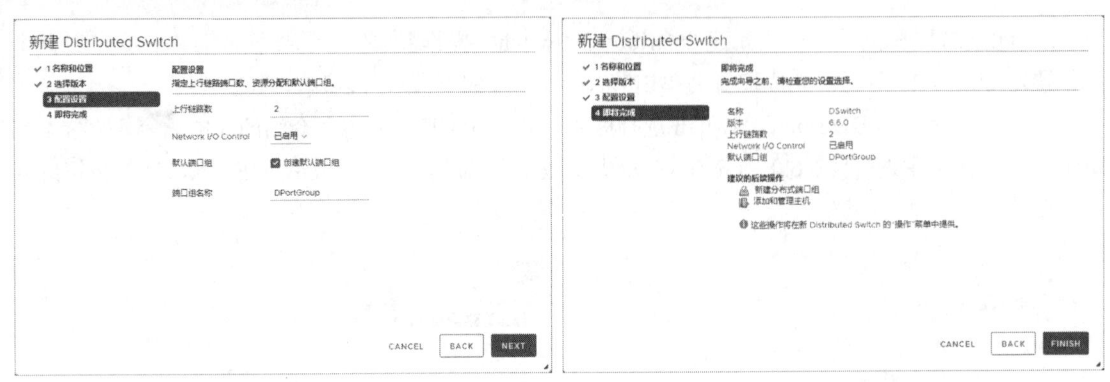

图 4-27　配置设置结果　　　　图 4-28　即将完成

DPortGroup：默认分布式端口组，是虚拟端口组的连接，相当于标准交换机中的端口组。

DSwitch-DVUplinks-170：网卡连接上行端口，主要用于连接每台 ESXi 主机网卡，相当于标准交换机中选择的上行物理网卡。

（4）编辑分布式端口组。

1）编辑操作。在 vCenter 网络配置界面中，在创建的“DSwitch”分布式交换机中，选择默认端口组“DPortGroup”，单击右侧“操作”按钮，如图 4-29 所示。在“操作”选项中选择“编辑设置”选项，进入分布式端口组编辑操作界面。

图 4-29　新建分布式端口组

2）常规配置。对端口组进行名称、端口绑定、端口分配、端口数、网络资源池等常规属性内容进行配置修改，本次任务中相关配置说明见表 4-9，最终配置结果如图 4-30 所示，选择单击左侧导航继续编辑配置。

3）高级设置。在高级设置界面中可设置“断开连接时配置重置”与“替代端口策略”，如图 4-31 所示，完成本配置后选择单击左侧导航继续编辑配置。

表 4-9　分布式端口组配置选项说明

选项	详细描述	
端口绑定	静态绑定	虚拟机连接到分布式端口组后，为该虚拟机分配一个端口
	临时-无绑定	无端口绑定。连接到主机时，还可以将虚拟机分配给带有临时端口绑定的分布式端口组
端口分配	弹性	默认端口数为 8 个。分配了所有端口后，将创建一组新的 8 个端口
	固定	默认端口数设置为 8 个。分配了所有端口后，不会创建额外端口
端口数	设置分布式端口组上的端口数	
网络资源池	使用下拉菜单将新的分布式端口组分配给用户定义的网络资源池。如果尚未创建网络资源池，则此菜单为空	
描述	请在描述字段中输入有关分布式端口组的信息	

图 4-30　常规设置

图 4-31　高级设置

断开连接时配置重置：表明当分布式端口与虚拟机断开连接时，分布式端口的配置重置为分布式端口组设置，每个端口的替代都会被丢弃，其状态为启用或禁用。

替代端口策略：选择要在每个端口级别替代的分布式端口组策略。

4）VLAN 设置。根据上行物理网络结构，本任务中为该端口组设置 VLAN ID 为 102，以便于使用该端口组的交换机能够在上行物理网络中允许，配置结果如图 4-32 所示，选择完成本配置后单击左侧导航继续编辑配置。VLAN 类型选项说明见表 4-10。

表 4-10　分布式端口组 VLAN 选项说明

选项	详细描述
无	不使用 VLAN
VLAN	在 VLAN ID 文本框中，输入一个介于 1 和 4094 之间的数字
VLAN 中继	输入 VLAN 中继范围
专用 VLAN	选择专用 VLAN 条目，如果未创建任何专用 VLAN，则此菜单为空

5）安全设置。设置分布式端口组的混杂模式、MAC 地址更改以及伪传输等测试是否“接受”或“拒绝”，本次任务中三种策略均设置为“拒绝”选项，如图 4-33 所示，完成本配置后选择单击左侧导航继续编辑配置。

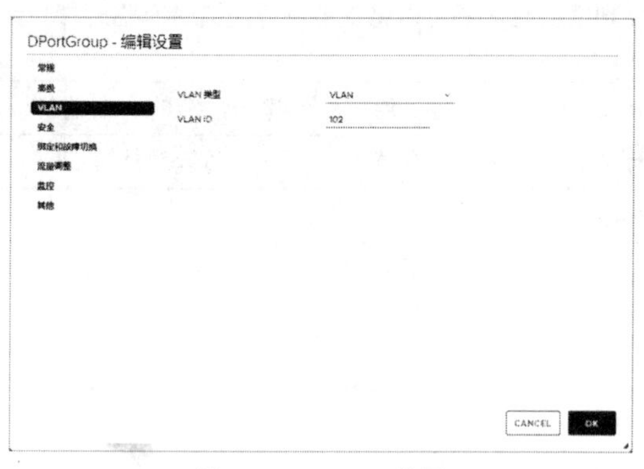

图 4-32　VLAN 设置

图 4-33　安全设置

6）绑定和故障切换。设置端口组绑定多个网卡适配器并设置负载平衡策略，策略选择可参照表 4-5 中交换机负载平衡选项说明，本任务中选择默认设置，如图 4-34 所示。完成本配置后选择单击左侧导航继续编辑配置。

7）流量调整。在分布式交换机的端口组中可对输入流量和输出流量进行调整，选项配置说明可参考表 4-6 内容，本次任务中流量调整策略设置平均带宽为 100Mb/s，峰值带宽为 1Gb/s，突发大小为 100MB，如图 4-35 所示。

图 4-34　绑定和故障切换

图 4-35　流量调整

8）监控设置。启用 NetFlow 以监控通过分布式端口组的端口或通过单个分布式端口的 IP 数据包，如图 4-36 所示。

9）其他设置。可设置是否阻止所有端口发送或接受数据。如果阻止分布式端口组的端口，可能会中断正在使用这些端口的主机或虚拟机，如图 4-37 所示。

图 4-36　监控设置　　图 4-37　其他设置

10）设置完成后单击“OK”按钮完成虚拟端口组的修改，如图 4-38 所示。

图 4-38　编辑设置完成

（5）添加其他端口组。本任务中 ESXi 主机管理网络（VLAN ID 为 101）和虚拟机业务网络（VLAN ID 为 102）处于不同网络内，所以需要再新创建一个 VLAN ID 为 101 的端口组“DPortGroup 101”，创建完成后如图 4-39 所示。

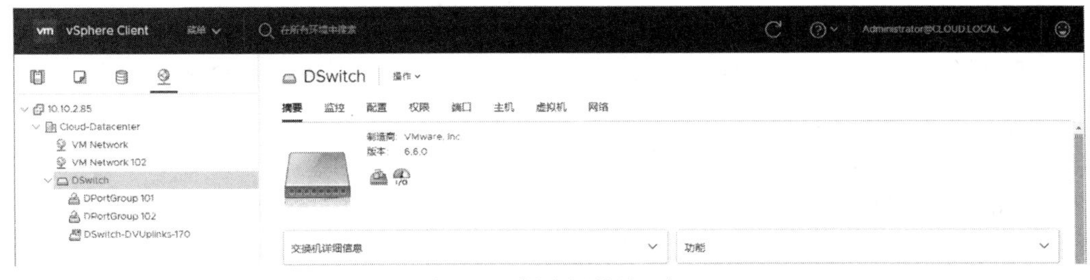

图 4-39　创建新的端口组

（6）添加和管理主机。

1）操作选项。在创建的“DSwitch”分布式交换机操作界面，单击右侧“操作”按钮，选择“添加和管理主机...”选项，如图 4-40 所示，进入分布式交换机主机管理操作界面。

图 4-40　添加和管理主机

2）选择任务。选择要对 Distributed Switch 执行的任务，分别为“添加主机”“管理主机网络”“移除主机”，本任务中选择“添加主机”选项，如图 4-41 所示，选择完成后单击“NEXT”按钮继续进行配置。

图 4-41　选择任务

3）选择新主机。选择要添加到此 Distributed Switch 中的主机，如图 4-42 所示，单击“确定”按钮，弹出“添加和管理主机”对话框，单击“+新主机...”按钮，弹出主机列表界面，完成主机选择后单击“NEXT”按钮继续进行配置，如图 4-43 所示。

4）管理物理适配器。为此 Distributed Switch 添加或移除物理网络适配器，选中每台主机上空闲的物理网卡单击“分配上行链路”按钮完成物理适配器管理，如图 4-44 所示，管理完成后单击“NEXT”按钮继续进行配置。

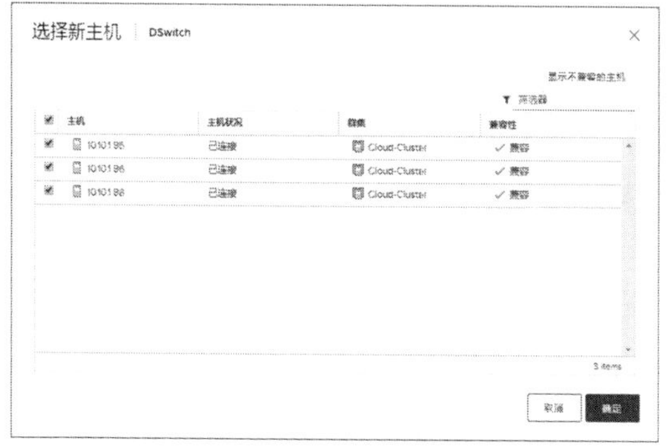
图 4-42 选择新主机

图 4-43 选择主机

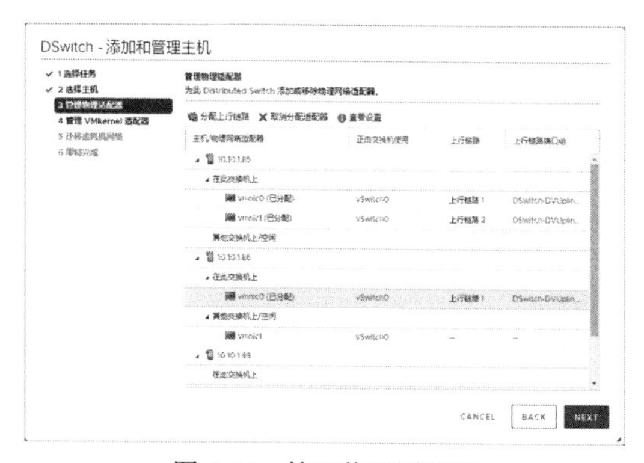
图 4-44 管理物理适配器

5）管理 VMkernel 适配器。管理选择 Distributed Switch 分配 VMkernel 网络适配器，选择单台主机（10.10.1.85）上的 VMkernel 网卡，单击“分配端口组”按钮弹出“选择网络”界面，选择“DPortGroup 101”端口组信息，单击“确定”按钮完成端口组添加，如图 4-45 所示。将所有主机下的 VMkernel 物理网卡均配置完成后，单击“NEXT”按钮继续进行配置，如图 4-46 所示。

图 4-45 选择 VMkernel 网络

图 4-46 管理 VMkernel 适配器

6）迁移虚拟机网络。选择要迁移到 Distributed Switch 的虚拟机或网络适配器，主要针对在分布式网络创建前已经存在的虚拟机，需要将其网卡端口组重新进行制定分配，虚拟机分配完成后，单击“NEXT”按钮继续进行配置，如图 4-47 所示。

7）即将完成。检查“添加和管理主机”配置信息，检查无误后单击“FINISH”按钮完成配置，如图 4-48 所示。

图 4-47　迁移虚拟机网络

图 4-48　即将完成

（7）查看分布式网络。

分布式网络配置完成后，可通过查看主机与端口信息了解 Distributed Switch 运行情况。

1）查看虚拟端口组。如选择虚拟端口组（DPortGroup 102），在操作界面中选择“端口”选项，查看当前端口与虚拟机的连接情况，如图 4-49 所示。

图 4-49　查看虚拟端口组连接

2）查看主机运行。如选择虚拟端口组（DPortGroup 102），在操作界面中选择“主机”选项，查看 ESXi 主机运行情况，如图 4-50 所示。

3）查看虚拟机运行。如选择虚拟端口组（DPortGroup 102），在操作界面中选择“虚拟机”选项，查看当前端口组下虚拟机运行情况，如图 4-51 所示。

4）查看上行链路组运行。选择“DSwitch-DVUplinks-170”上行链路组，在操作界面中选择“端口”，查看当前物理链路端口运行情况，如图 4-52 所示。

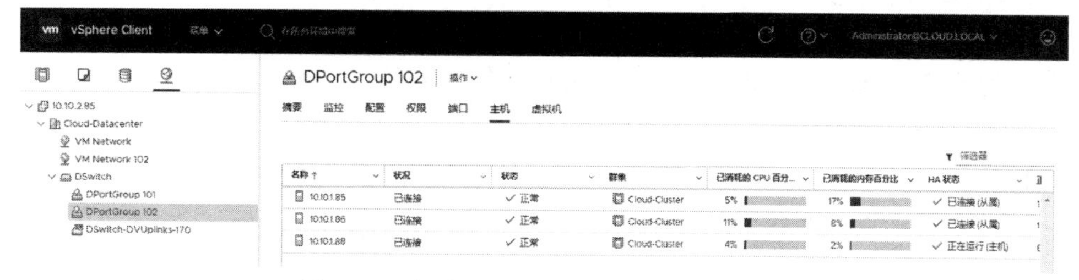

图 4-50　查看分布式交换机下主机运行情况

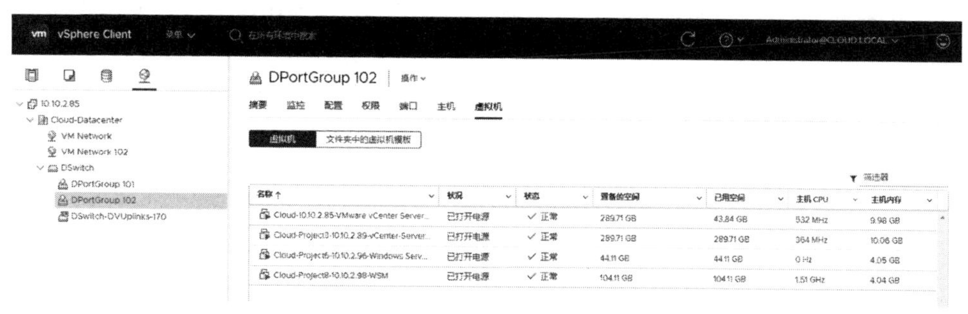

图 4-51　查看虚拟机运行情况

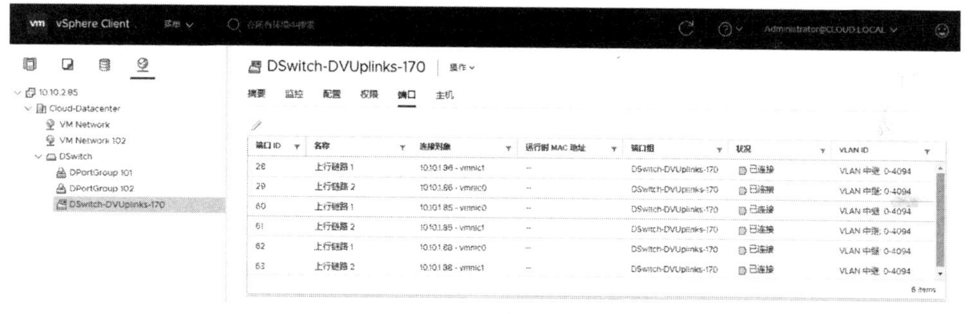

图 4-52　查看上行链路组信息

任务二　基于 Windows Server 2019 实现共享存储

【任务介绍】

在配置 vSphere 存储前，应先搭建存储服务器，后购买专业存储设备，本任务使用 Windows Server 2019 搭建 iSCSI 和 NFS 两个外部存储，从而使 4 台 ESXi 主机都能访问到两个共享存储。

【任务目标】

（1）在物理服务器上安装 Windows Server 2019 操作系统。

（2）在 Windows Server 2019 上安装配置 NFS 存储服务。

（3）在 Windows Server 2019 上安装配置 iSCSI 存储服务。

【操作步骤】

1. 安装 Windows Server 2019

（1）安装介质准备。

可访问 Microsoft 官方网站下载 Windows Server 2019 的安装介质试用版本，下载地址为 https://www.microsoft.com/en-us/evalcenter/evaluate-windows-server-2019，如图 4-53 所示。

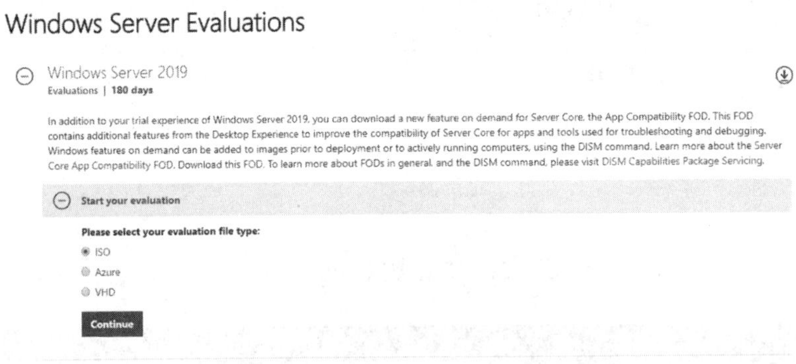

Windows Server Evaluations

Windows Server 2019
Evaluations | 180 days

In addition to your trial experience of Windows Server 2019, you can download a new feature on demand for Server Core, the App Compatibility FOD. This FOD contains additional features from the Desktop Experience to improve the compatibility of Server Core for apps and tools used for troubleshooting and debugging. Windows features on demand can be added to images prior to deployment or to actively running computers, using the DISM command. Learn more about the Server Core App Compatibility FOD. Download this FOD. To learn more about FODs in general, and the DISM command, please visit DISM Capabilities Package Servicing.

Start your evaluation

Please select your evaluation file type:
ISO
Azure
VHD

Continue

图 4-53　安装介质准备

（2）安装 Windows Server 2019。

1）导入安装介质。将服务器设置从 CD-ROM 驱动器驱动，然后启动服务器，一旦从安装介质启动，服务器会自动加载镜像文件并显示启动安装界面，如图 4-54 和图 4-55 所示。

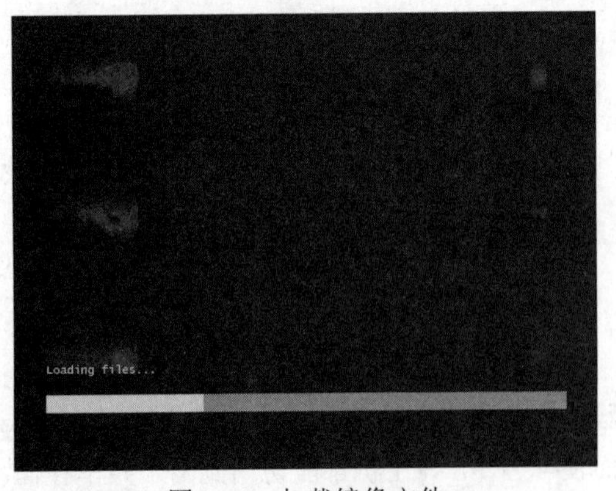

图 4-54　加载镜像文件

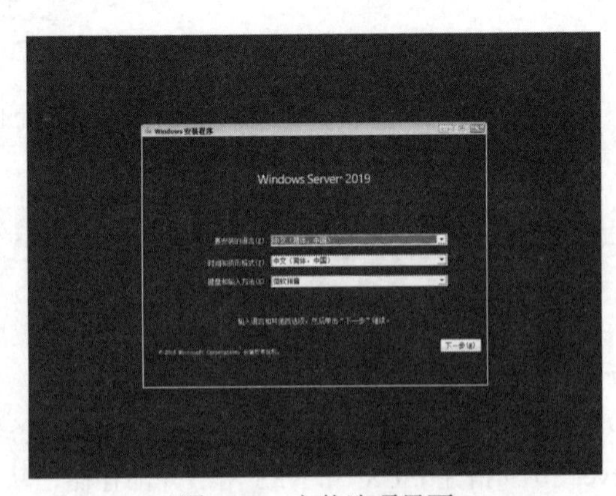

图 4-55　安装选项界面

2）安装。根据服务器的配置与系统安装向导进行 Windows Server 2019 安装，安装过程本任务将不再赘述。

2. 安装配置 NFS 存储服务

在 Windows Server 2019 服务器上实现 NFS 服务，其具体的操作过程如下所述。

（1）安装 NFS 服务。

1）打开 Windows Server 2019 的服务器管理器，如图 4-56 所示，单击“添加角色和功能”按钮，进入“添加角色和功能向导”界面。

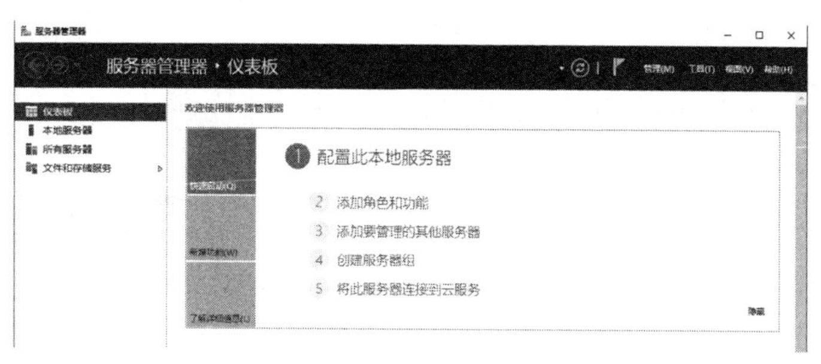

图 4-56　服务器管理器

2）在“添加角色和功能向导”的“开始之前”界面中，保持默认，如图 4-57 所示，单击“下一步(N)>”按钮继续进行安装。

3）在“选择安装类型”界面中，默认选择“基于角色或基于功能的安装”，如图 4-58 所示，单击“下一步(N)>”按钮继续进行安装。

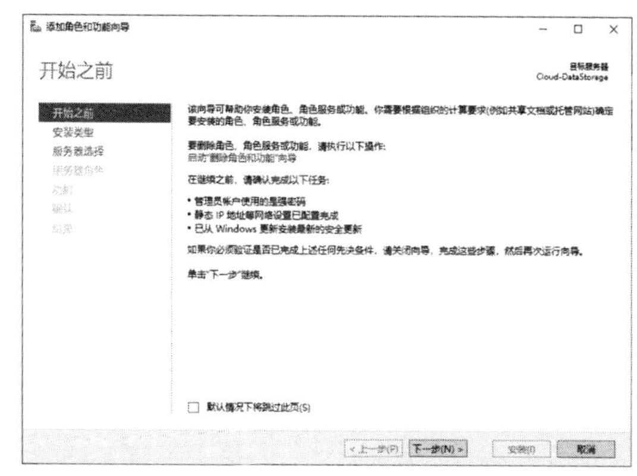

图 4-57　“开始之前”界面

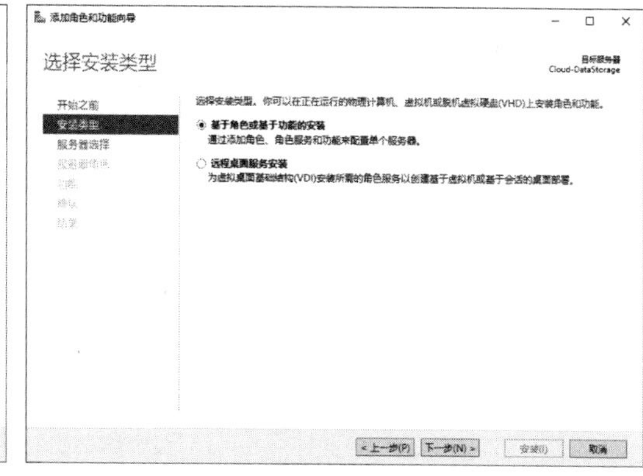

图 4-58　“选择安装类型”界面

4）在“服务器选择”界面中，默认选择“从服务器池中选择服务器”，选择本主机，如图 4-59 所示，单击“下一步(N)>”按钮继续进行安装。

5）在“选择服务器角色”界面中，展开“文件和存储服务”功能列表，勾选“NFS 服务器”功能前的选择框，如图 4-60 所示，单击“下一步(N)>”按钮继续进行安装。

6）在“选择功能”界面中，默认当前已安装功能，不需要勾选其他功能，如图 4-61 所示，单击“下一步(N)>”按钮继续进行安装。

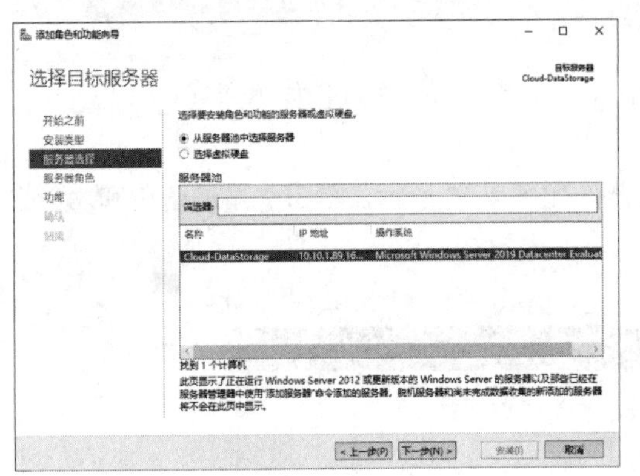

图 4-59　服务器选择

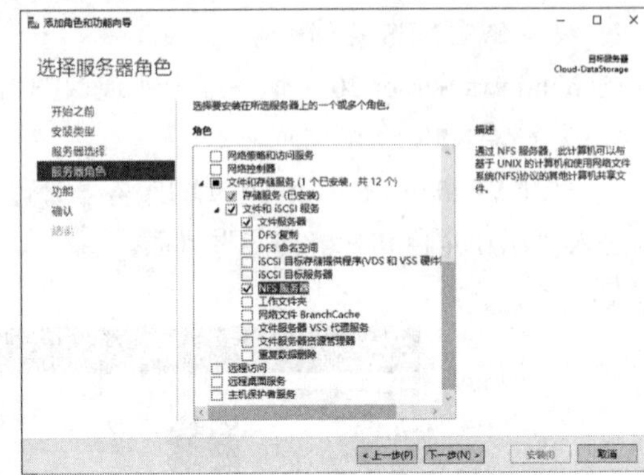

图 4-60　选择服务器角色

7）在“确认安装所选内容”界面中，查看需要安装的内容，如图 4-62 所示，确认无误后，单击“安装(I)”按钮进行安装。

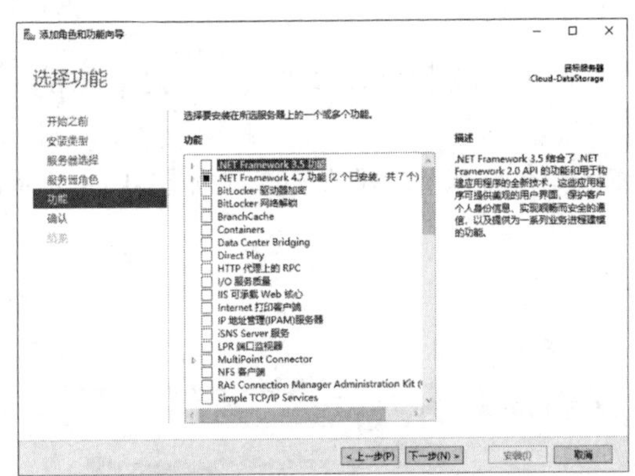

图 4-61　“选择功能”界面

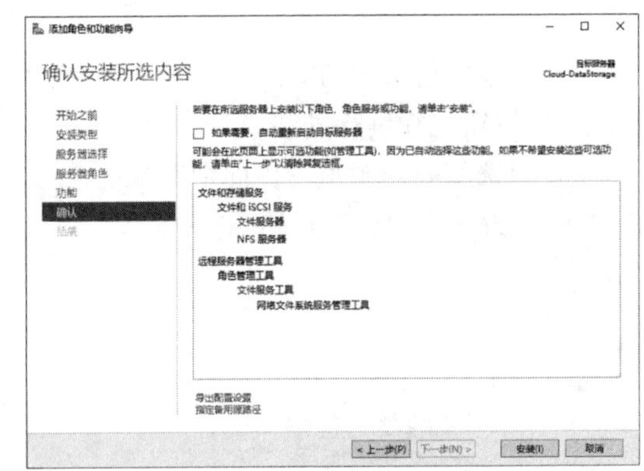

图 4-62　“确认安装所选内容”界面

8）等待安装完成即可，如图 4-63 所示。

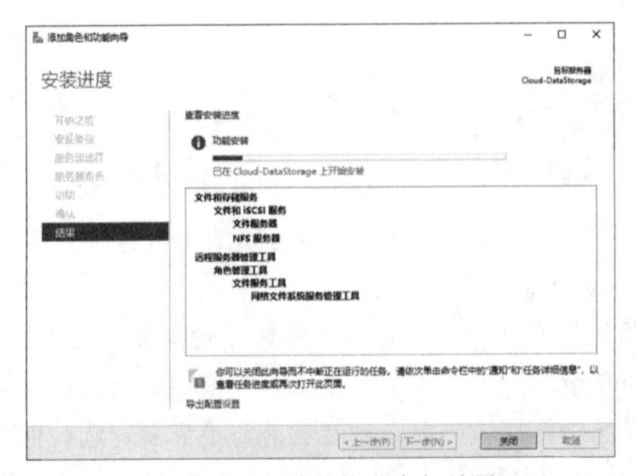

图 4-63　查看安装进度与结果

（2）配置 NFS 服务。

1）打开 Windows Server 2019 的服务器管理器，依次单击“文件和存储服务”“共享”，进入系统 NFS 共享服务配置界面，如图 4-64 所示。

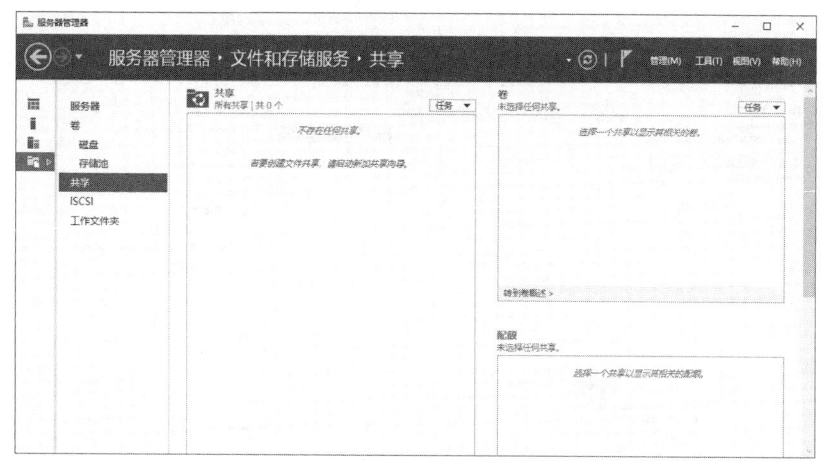

图 4-64　共享服务配置界面

2）单击“若要创建文件共享，请启动新加共享向导”，进入选择配置文件界面，如图 4-65 所示，选择“NFS 共享-快速”，单击“下一步(N)>”按钮继续进行配置。

3）在“共享位置”界面中，选择“按卷选择”，并选择需要共享的卷信息（根据个人服务器卷设置情况进行配置），选择完成后单击“下一步(N)>”按钮继续进行配置，如图 4-66 所示。

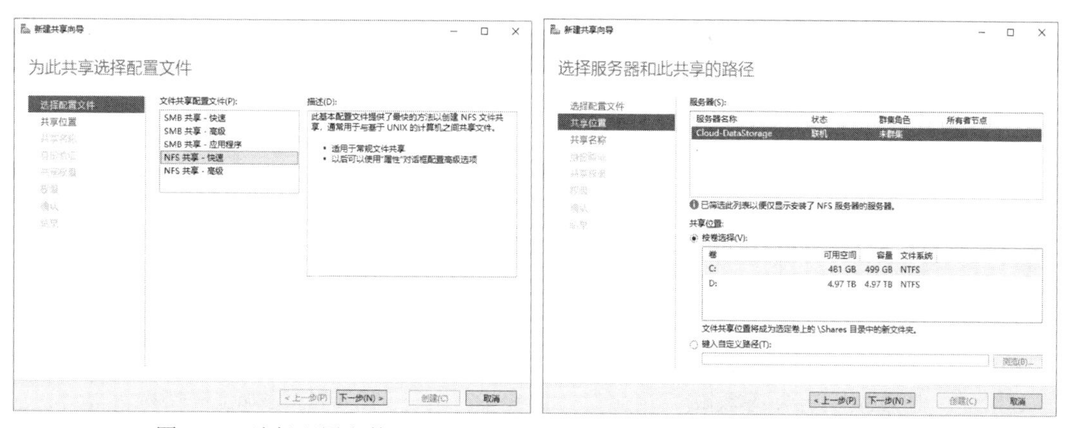

图 4-65　选择配置文件　　　　图 4-66　共享位置

4）在“共享名称”界面中，设置 NFS 共享名称信息，该名称用于连接 NFS 共享使用（如“nfs”），配置完成后，单击“下一步(N)>”按钮继续进行配置，如图 4-67 所示。

5）在“身份验证”界面中，设置 NFS 共享的身份验证方法，本任务中使用“无服务器身份验证”模式，设置“允许未映射的用户访问”，如图 4-68 所示，单击“下一步(N)>”按钮继续进行配置。

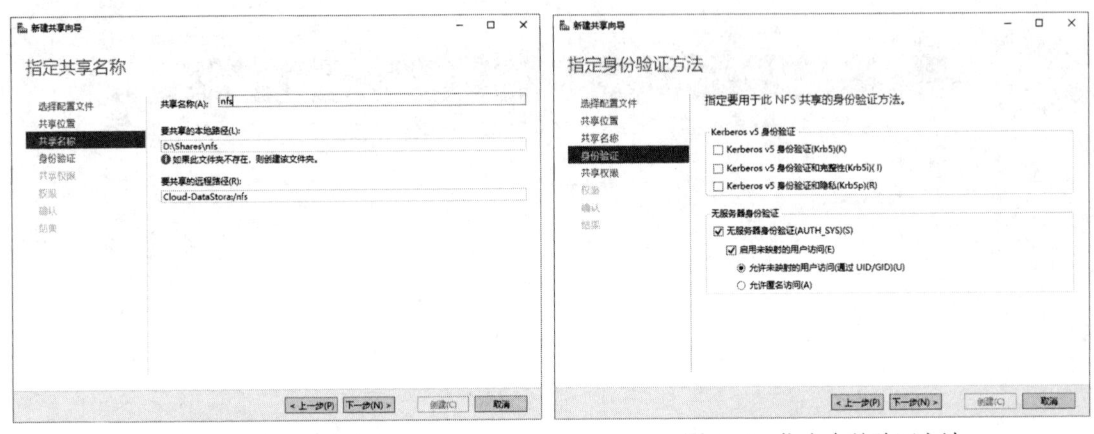

图 4-67　指定共享名称　　　　图 4-68　指定身份验证方法

6）在“共享权限”界面中，单击“添加(A)…”按钮进行访问权限赋予，如图 4-69 所示。在“添加权限”界面中，分别输入主机 A/B 的 IP 地址，并在语言编码中选择“GB2312-80”，共享权限选择“读/写”，单击“添加(A)”按钮完成权限添加，如图 4-70 所示。本任务中把群集中 4 台 ESXi 地址全部添加完成。

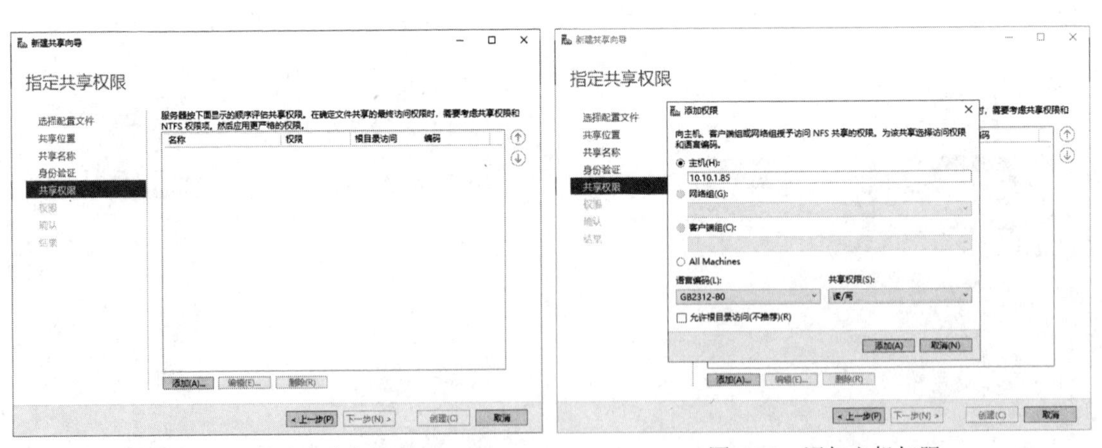

图 4-69　指定共享权限　　　　图 4-70　添加主机权限

7）在“权限”界面中，设置共享目录的权限信息，保持默认即可，如图 4-71 所示，单击“下一步(N)>”按钮继续进行配置。

8）在“确认”界面中，查看配置信息是否正确，配置无误后，单击“创建(C)”按钮进行 NFS 共享创建，如图 4-72 所示。

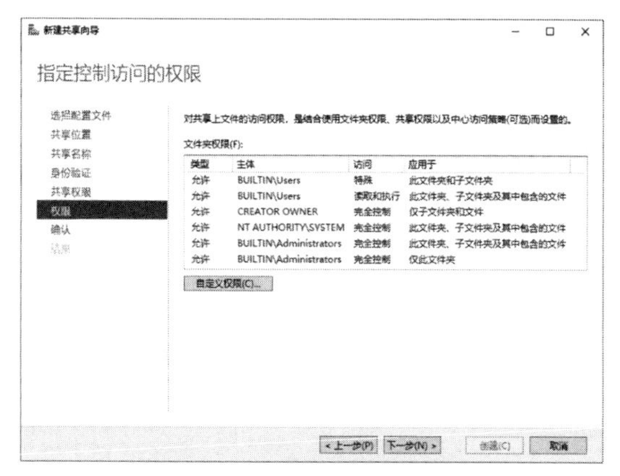

图 4-71　指定控制访问的权限

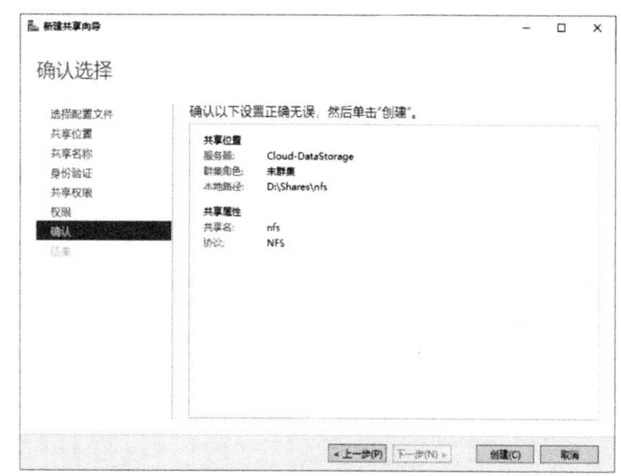

图 4-72　确认选择

9）在“结果”界面中，查看创建 NFS 的进度与结果信息，创建完成后，单击“关闭”按钮完成 NFS 服务创建，如图 4-73 所示。

3. 安装配置 iSCSI 存储服务

在 Windows Server 2019 服务器上实现 iSCSI 服务，其具体的操作过程如下所述。

（1）安装 iSCSI 服务。

1）打开 Windows Server 2019 的服务器管理器，参照“步骤 2”过程进入“服务器角色”操作界面中，如图 4-74 所示，选择“iSCSI 目标服务器”，单击“下一步(N)>”按钮继续安装。

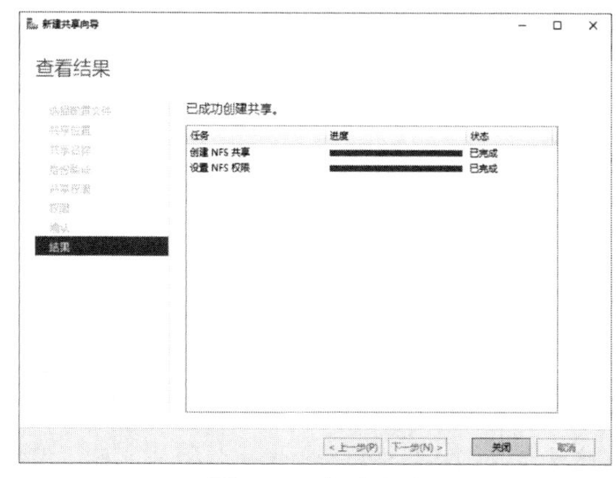

图 4-73　查看结果

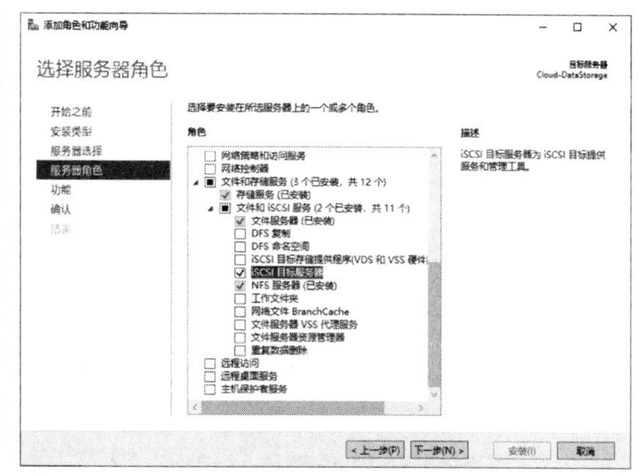

图 4-74　选择服务器角色

2）在“功能”界面中，仍默认当前已安装功能，不需要勾选其他功能内容，单击“下一步(N)>”按钮继续进行安装。

3）在“确认”界面中，查看需要安装的内容，如图 4-75 所示，确认无误后，单击“安装(I)”按钮进行安装。

4）在“结果”界面中，查看功能安装进度，如图 4-76 所示，安装完成后，单击“关闭”按钮完成 iSCSI 服务器功能安装。

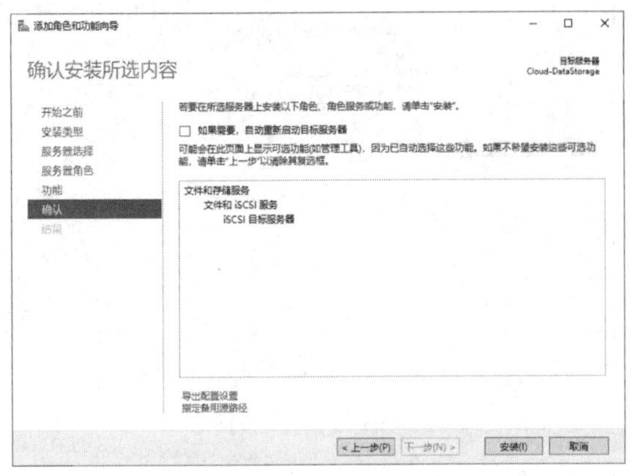
图 4-75　确认安装所选内容

图 4-76　查看安装进度

（2）配置 iSCSI 服务。

1）打开 Windows Server 2019 的服务器管理器，依次单击“文件和存储服务”“iSCSI”，进入系统 iSCSI 服务配置界面，如图 4-77 所示，单击“若要创建 iSCSI 虚拟磁盘，请启动“新建 iSCSI 虚拟磁盘”向导”，进行 iSCSI 服务配置。

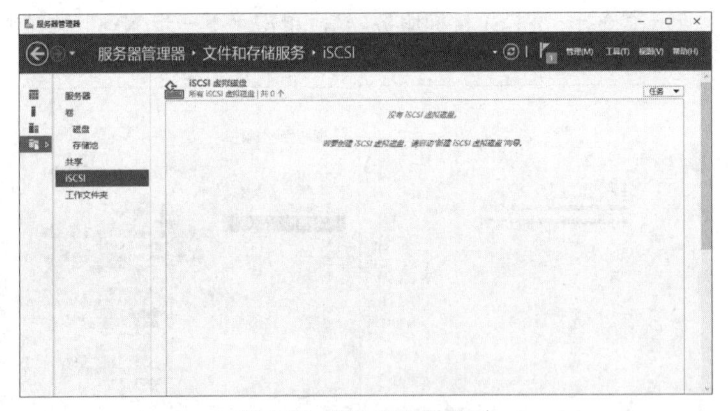
图 4-77　iSCSI 配置界面

2）在“选择 iSCSI 虚拟磁盘位置”界面中，选择“按卷选择”，选择需要共享的卷信息（根据个人服务器卷设置情况进行配置），如图 4-78 所示，单击“下一步(N)>”按钮继续进行配置。

3）在“指定 iSCSI 虚拟磁盘名称”界面中，设置名称信息，如图 4-79 所示，单击“下一步(N)>”按钮继续进行配置。

4）在“指定 iSCSI 虚拟磁盘大小”界面中，设置 iSCSI 磁盘大小以及动态扩展的磁盘类型（根据虚拟主机卷大小划分，本任务中配置固定大小 2TB），如图 4-80 所示，单击“下一步(N)>”按钮继续进行配置。

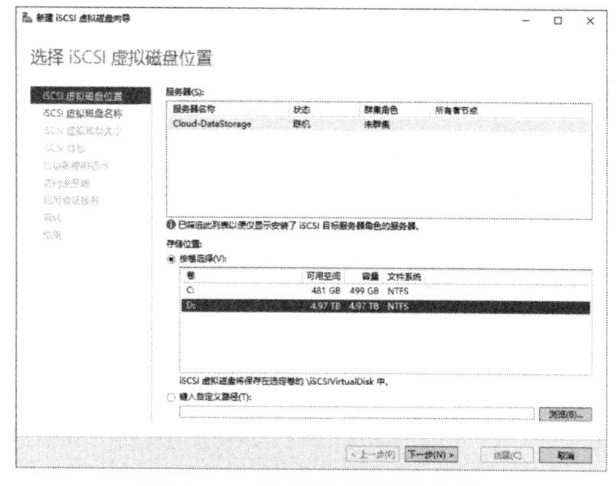

图 4-78　选择虚拟磁盘位置

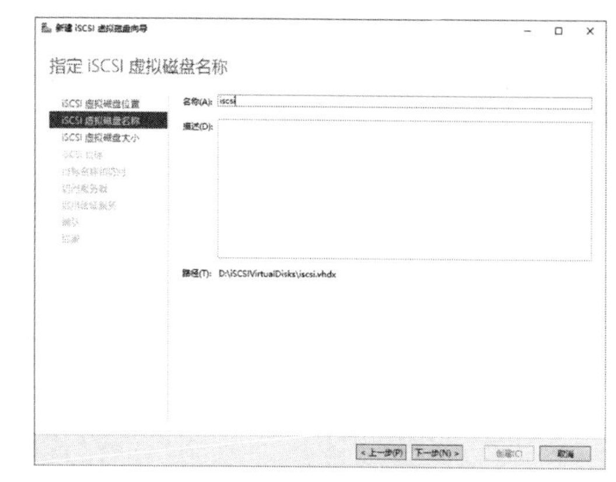

图 4-79　指定虚拟磁盘名称

5）在“分配 iSCSI 目标”界面中，由于没有现有 iSCSI 目标，需“新建 iSCSI 目标(T)”，单击“下一步(N)>”按钮进行新建，如图 4-81 所示。

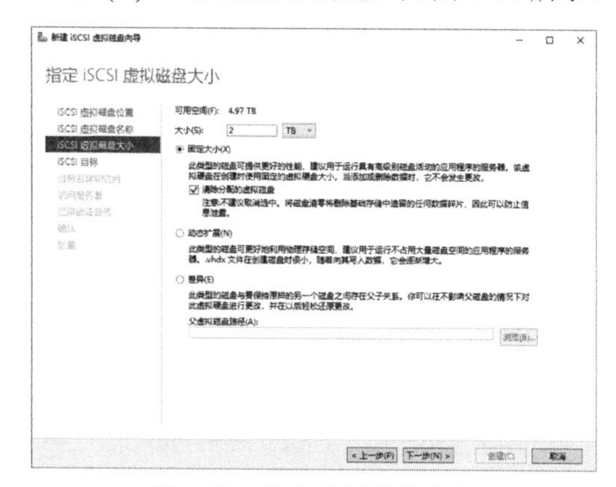

图 4-80　指定虚拟磁盘大小

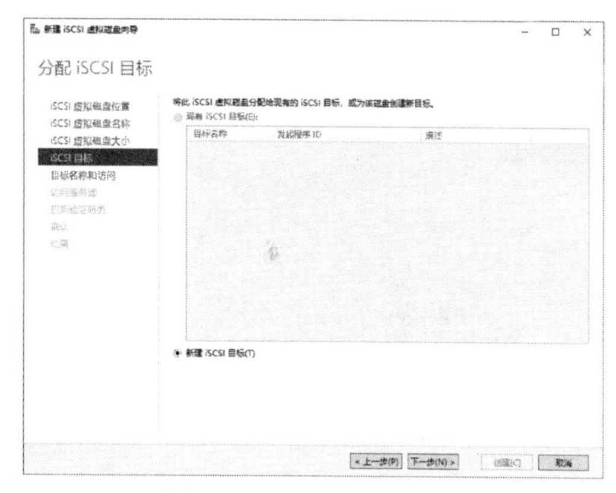

图 4-81　分配 iSCSI 目标

6）在“指定目标名称”界面中，填写目标名称信息，如图 4-82 所示，单击“下一步(N)>”按钮继续进行配置。

7）在“指定访问服务器”界面中，单击“添加(A)...”按钮，进入添加群集 ESXi 主机的服务器地址界面，如图 4-83 所示，添加完成后，如图 4-84 所示，单击“下一步(N)>”按钮继续进行配置。

8）在“启用身份验证”界面中，默认不需要选择“启用 CHAP”和“启用反向 CHAP”，如图 4-85 所示，单击“下一步(N)>”按钮继续进行配置。

9）在“确认选择”界面中，查看 iSCSI 配置信息是否正确，核对无误后，单击“创建(C)”按钮进行 iSCSI 服务创建，如图 4-86 所示。

10）在“结果”界面中，查看 iSCSI 虚拟磁盘创建过程与结果，创建完成后单击“关闭”按钮，完成 iSCSI 服务配置，如图 4-87 所示。

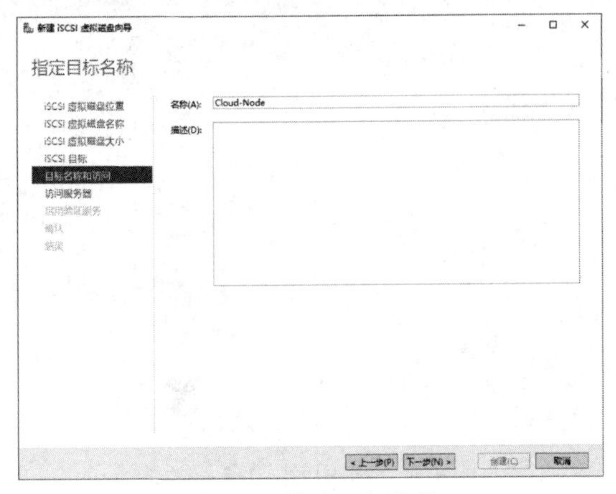

图 4-82　指定目标名称

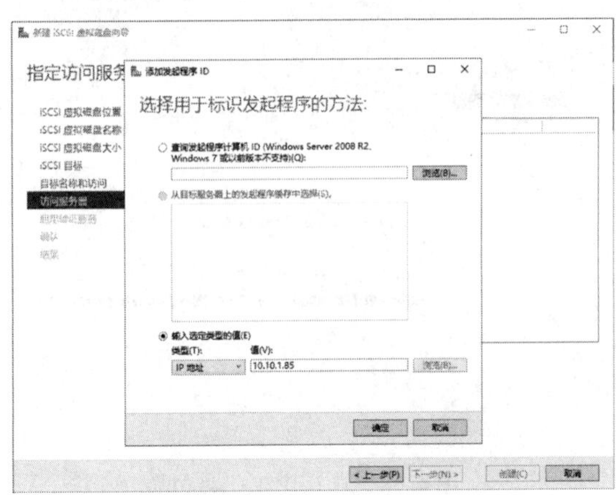

图 4-83　添加访问服务器地址

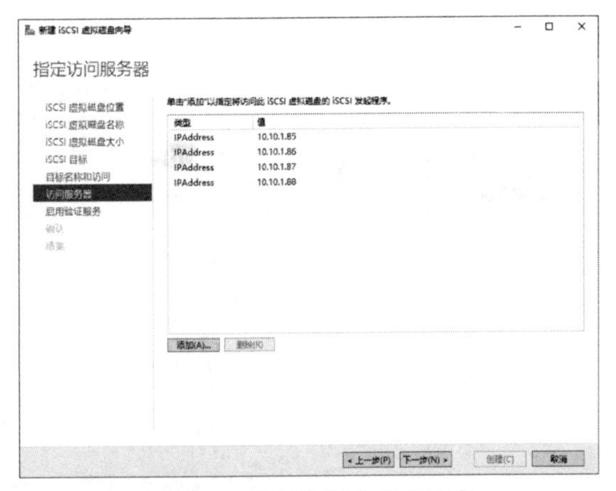

图 4-84　添加访问服务器列表

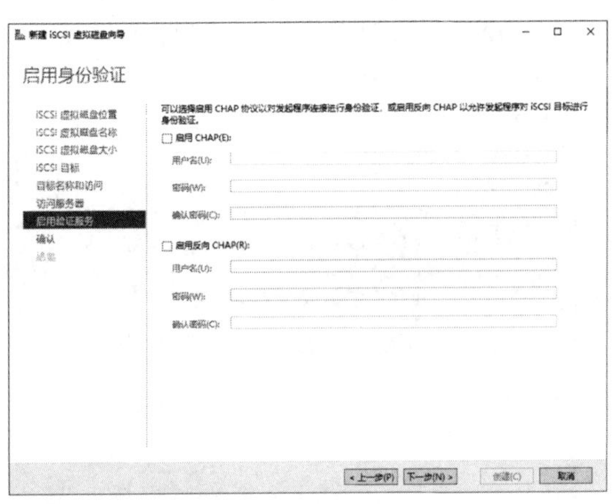

图 4-85　启用身份验证

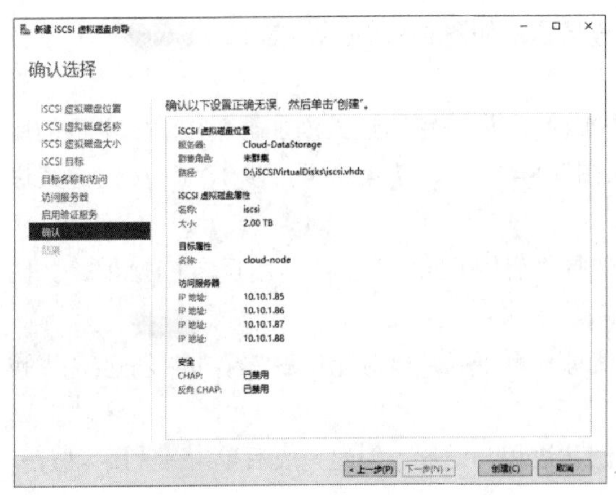

图 4-86　确认选择

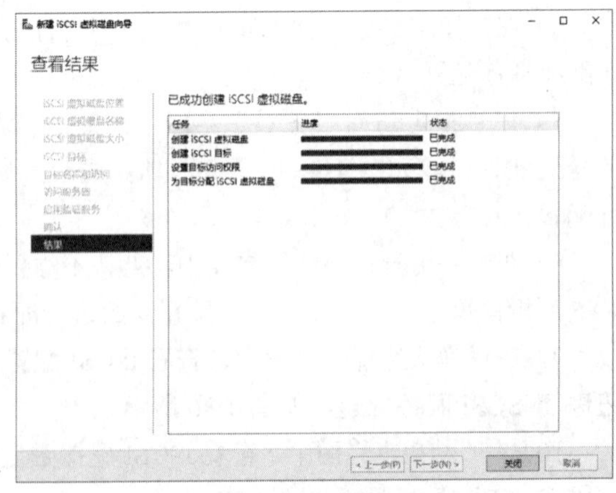

图 4-87　查看结果

任务三　使用 vSphere 管理存储

【任务介绍】

在本项目任务二中已经创建了 NFS 和 iSCSI 两套存储服务，在本任务将两套存储都添加到虚拟化群集中，使 vSphere 能够使用共享文件存储系统。

【任务目标】

（1）在 VCSA 上添加 NFS 存储服务。

（2）在 VCSA 上添加 iSCSI 存储服务。

（3）创建虚拟机并查看文件存储。

【操作步骤】

1. 在 VCSA 上添加 NFS 存储服务

通过 VCSA 添加 NFS 存储服务，其操作过程如下所述。

（1）在 VCSA 数据中心右侧操作界面中，单击“操作”按钮，依次选择“存储”“新建数据存储...”，如图 4-88 所示，进入新建数据存储界面。

图 4-88　添加访问服务器列表

（2）在“类型”界面中，选择指定的数据存储类型，本次选择“NFS”类型，单击“NEXT”按钮继续新建数据存储配置，如图 4-89 所示。

（3）在“选择 NFS 版本”界面中，指定选择“NFS 3”版本，单击“NEXT”按钮继续新建数据存储配置，如图 4-90 所示。

图 4-89　选择类型

图 4-90　选择 NFS 版本

（4）在“名称和配置”界面中，输入数据存储名称“Datastore-NFS”、文件夹名称“nfs”、服务器地址“10.10.1.89”（根据服务器上 NFS 配置信息进行填写），设置完成后，单击“NEXT”按钮继续进行配置操作，如图 4-91 所示。

（5）在“主机的可访问性”界面中，选择需要访问数据存储的主机，如图 4-92 所示，单击“NEXT”按钮继续进行配置操作。

图 4-91　指定名称和配置

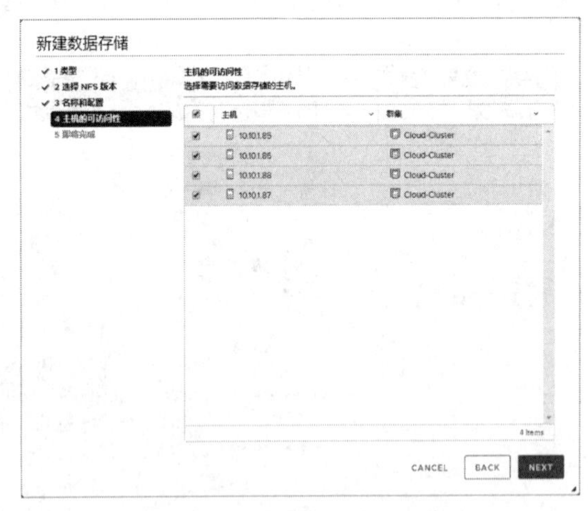

图 4-92　选择数据存储主机

（6）在“即将完成”界面中，查看已经配置的 NFS 存储信息，核对无误后，单击“FINISH”按钮完成配置操作，如图 4-93 所示。

（7）在 VCSA 上查看新添加的 NFS 存储信息，如图 4-94 所示，表明 NFS 存储已经配置成功。

2. *在 VCSA 上添加 iSCSI 存储服务*

通过 VCSA 添加 iSCSI 存储服务，其操作过程如下所述。

图 4-93　配置信息确认查看

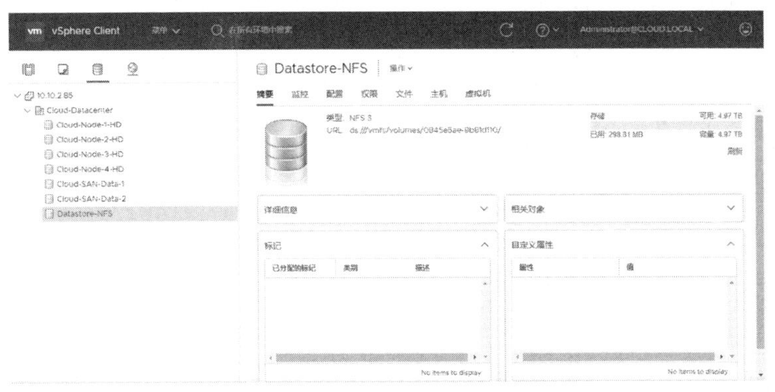

图 4-94　NFS 存储信息查看

（1）添加软件适配器。

1）单击一台 ESXi 主机（如 10.10.1.85），在操作界面中，依次选择“配置”“存储适配器”，进入如图 4-95 所示界面。

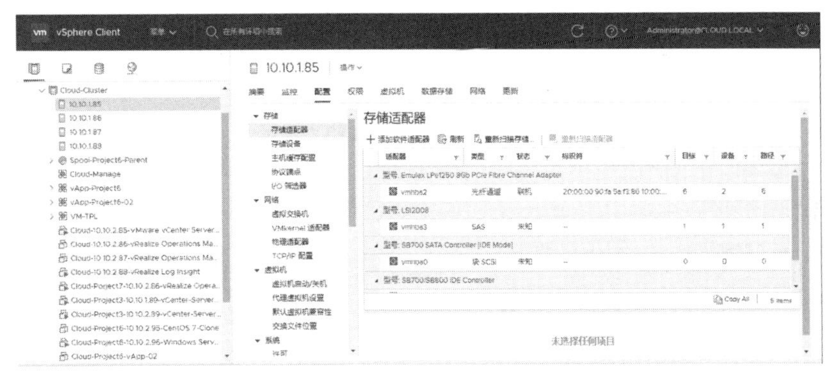

图 4-95　存储适配器

2）单击“+添加软件适配器”按钮，为该 ESXi 主机添加软件 iSCSI 适配器，单击“确定”按钮，完成适配器添加，如图 4-96 所示。

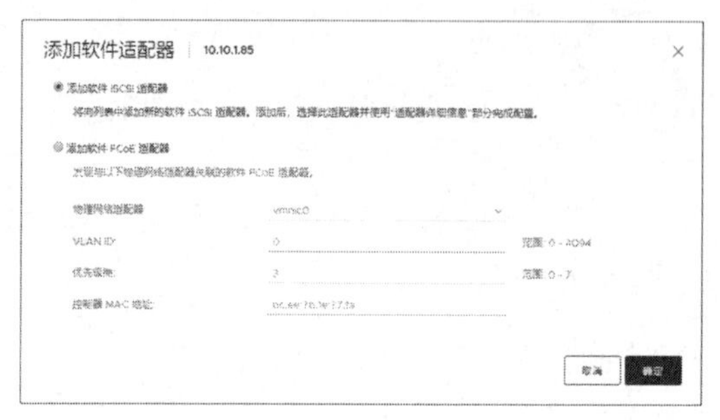

图 4-96　添加软件 iSCSI 适配器

3）单击添加的软件 iSCSI 适配器（名称为 vmhba64），在“属性”界面中，可查看适配器状态信息，要确保状态为“已启用”，如图 4-97 所示。

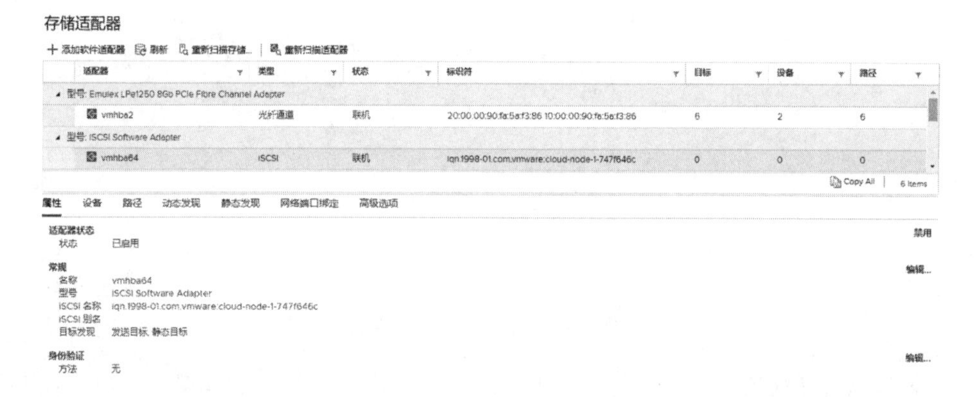

图 4-97　查看软件 iSCSI 适配器

4）选择添加软件 iSCSI 适配器，单击“动态发现”选项可查看配置 iSCSI 服务器信息，如图 4-98 所示。

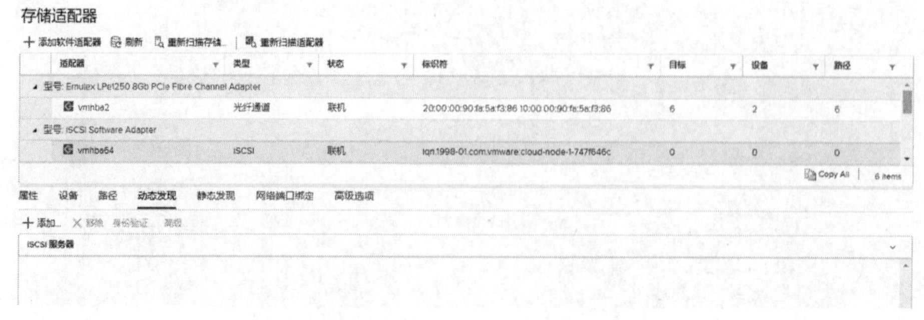

图 4-98　动态发现 iSCSI 服务器

5）在“动态发现”操作界面中，单击“+添加…”按钮，弹出 iSCSI 服务器添加界面，如图 4-99 所示。输入 iSCSI 服务器的 IP 地址，默认使用 3260 端口，单击“确定”按钮，完成发送目标服务器添加。

图 4-99　添加 iSCSI 服务器

6）添加发送目标服务器后，单击“重新扫描适配器”按钮进行适配器扫描。扫描完成后，可在“设置”界面中查看 iSCSI 存储设备的信息，如图 4-100 所示。

图 4-100　查看 iSCSI 服务器设备

7）在 VCSA 上完成对其他 ESXi 主机进行软件适配器、iSCSI 服务器配置。

（2）添加虚拟化存储。通过 VCSA 为 ESXi 主机添加虚拟化存储，其操作过程如下所述。

1）在 VCSA 数据中心右侧操作界面中，单击“操作”按钮，依次选择“存储”“新建数据存储...”，进入新建数据存储界面。

2）在“类型”界面中，选择指定的数据存储类型，本任务选择“VMFS”类型，单击“NEXT”按钮继续新建数据存储配置，如图 4-101 所示。

3）在“名称和设备选择”界面中，修改数据名称为“Datastore-iSCSI”，选择一个主机查看可访问磁盘，如图 4-102 所示，单击“NEXT”按钮继续进行新建存储操作。

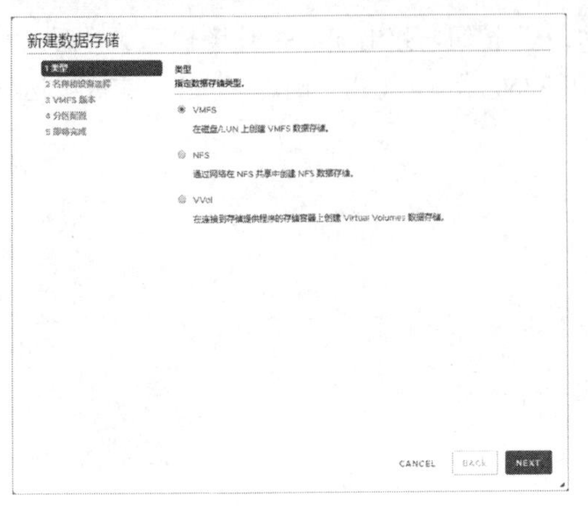

图 4-101　选择类型

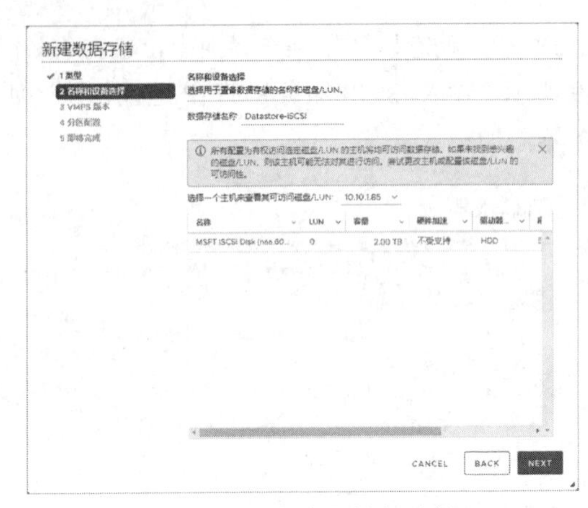

图 4-102　名称和设备选择

4）在“VMFS 版本”界面中，选择“VMFS 6”版本信息，如图 4-103 所示，单击“NEXT”按钮继续新建存储操作。

5）在“分区配置”界面中，选择“使用所有可用分区”，块大小为“1MB”，空间回收粒度为“1MB”，如图 4-104 所示，单击“NEXT”按钮继续新建存储操作。

图 4-103　VMFS 版本

图 4-104　分区配置

6）在“即将完成”界面中，查看新建 iSCSI 存储配置信息，核实无误后，单击“FINISH”按钮进行存储创建配置，如图 4-105 所示。

7）iSCSI 虚拟化存储创建完成后，查看 iSCSI 虚拟存储如图 4-106 所示。

3. 创建虚拟机并查看文件存储

（1）创建虚拟机。

1）在 VCSA 数据中心右侧操作界面中，单击“操作”按钮，选择“新建虚拟机...”，如图 4-107 所示，进入新建虚拟机配置界面。

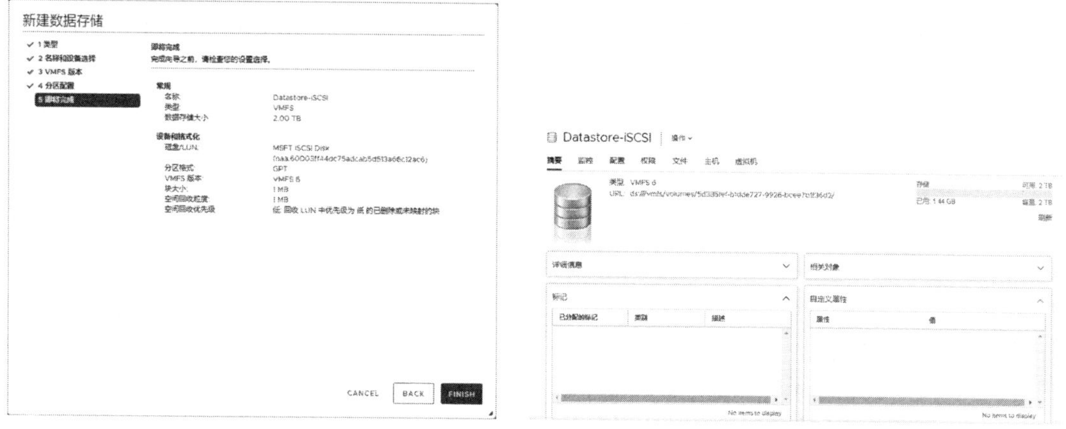

图 4-105　核查配置信息　　　　图 4-106　查看存储信息

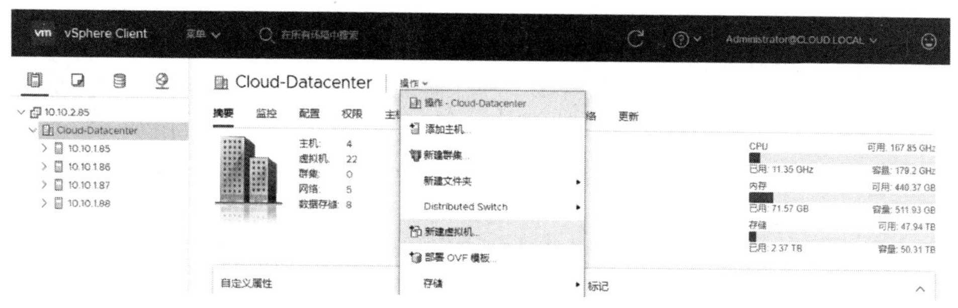

图 4-107　创建虚拟机操作

2）根据新建虚拟机向导配置，完成虚拟机创建。在选择存储时选择“Datastore-NFS”（NFS 虚拟存储），如图 4-108 所示。

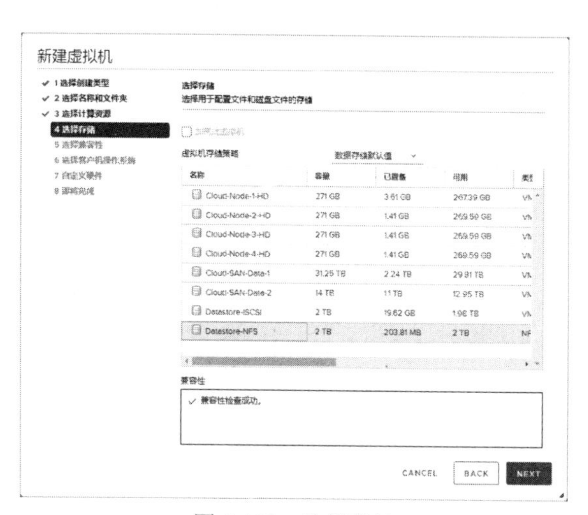

图 4-108　选择存储

（2）查看存储文件。创建完成后，登录存储服务器（10.10.1.89）查看 NFS 虚拟存储文件内容，如图 4-109 所示，该 NFS 共享目录中已经存在刚创建的虚拟机的目录信息。

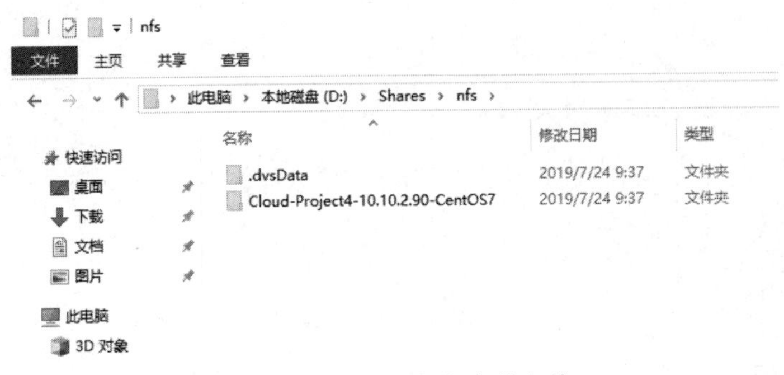

图 4-109　查看虚拟机存储文件

任务四　提升 vSphere 安全性

扫码看视频

【任务介绍】

通过之前的项目任务内容，读者可以搭建自己的虚拟化平台，搭建完成后，需要对 vSphere 安全进行一些了解，方便日常的运营管理。本任务将对 ESXi 主机和 VCSA 进行安全管理配置，从而提升 vSphere 的安全性。

【任务目标】

（1）在 ESXi 主机上添加用户并配置访问权限。
（2）在 ESXi 主机上进行防火墙规则配置。
（3）在 VCSA 上配置 ESXi 主机锁定模式。
（4）在 VCSA 上添加配置用户及角色权限。

【操作步骤】

1. *在 ESXi 上添加用户*

在 ESXi 上添加用户并将该用户赋予“虚拟机管理”角色权限，其操作过程如下所述。

（1）角色添加。

1）角色列表查看。ESXi 主机默认分为 6 种角色，分别为管理员、匿名、无权访问、无加密管理员、只读、查看，如图 4-110 所示。

2）角色添加。单击“添加角色”为 ESXi 主机新增一种角色，如图 4-111 所示。

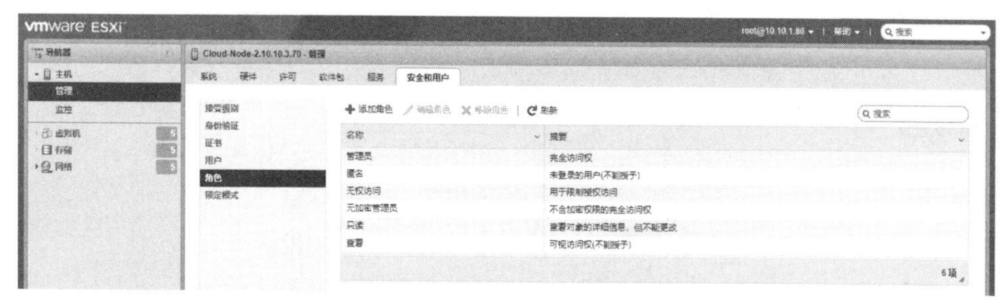

图 4-110 默认角色查看

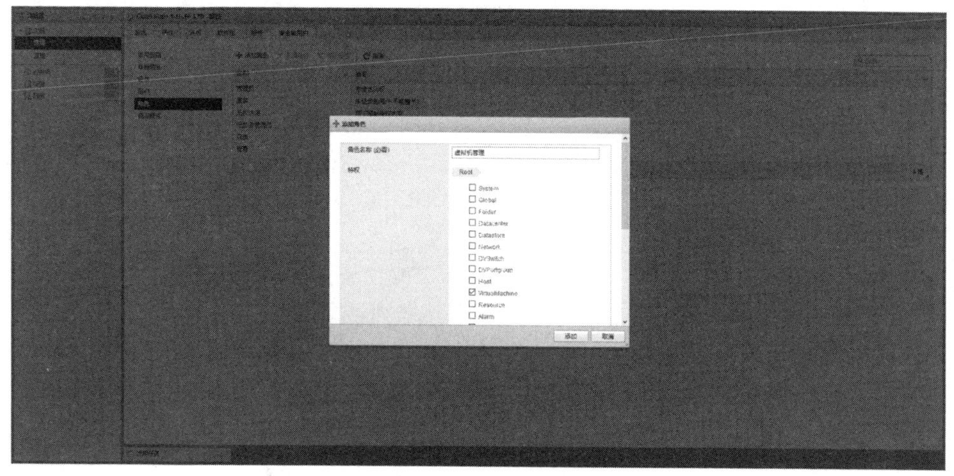

图 4-111 新增角色

（2）用户添加。

1）用户列表查看。选择左侧导航器中“管理”选项，在右侧操作界面中，依次选择“安全和用户”“用户”，进入用户操作界面，如图 4-112 所示。

图 4-112 默认用户列表

2）添加用户。单击“添加用户”操作按钮，弹出添加用户界面，如图 4-113 所示。根据提示填写用户名、描述、密码、确认密码信息后，单击“添加”按钮完成用户添加。

3）查看添加后列表。完成“vmadmin”用户添加后，查看用户列表信息如图 4-114 所示。

（3）分配权限。

1）在 ESXi 右侧操作界面中，单击“操作”按钮，选择“权限”，如图 4-115 所示。

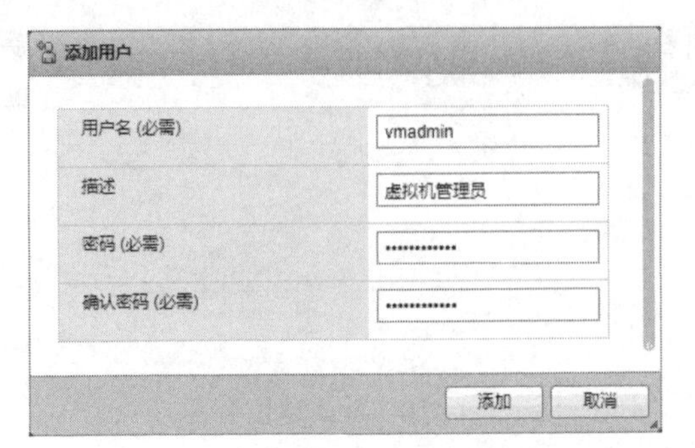

图 4-113　默认用户列表

图 4-114　用户添加后列表

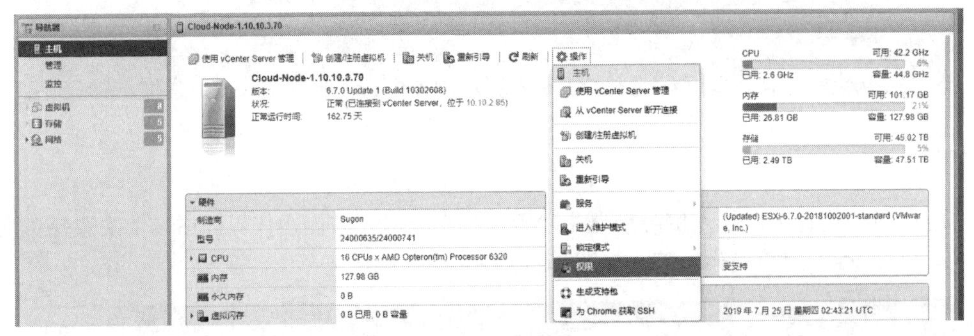

图 4-115　权限分配操作

2）在“管理权限”界面中，单击“添加用户”按钮，进行用户权限分配，如图 4-116 所示。

3）选择创建的“vmadmin”用户，并选择分配的角色信息后，单击“添加用户”，完成用户权限分配，如图 4-117 所示。

（4）权限验证。查看分配用户权限，用户列表如图 4-118 所示，使用“vmadmin”用户登录，其登录后总览页如图 4-119 所示，可以查看到该用户无管理等权限。

2. 配置 ESXi 防火墙

为了保证 ESXi 主机安全，ESXi 中相应服务继承了常用的防火墙功能，可以根据实际情况选择是否开启和进行防火墙策略配置，本任务将通过防火墙开启 SSH 来介绍如何修改 ESXi 主机防火墙，其操作过程如下所述。

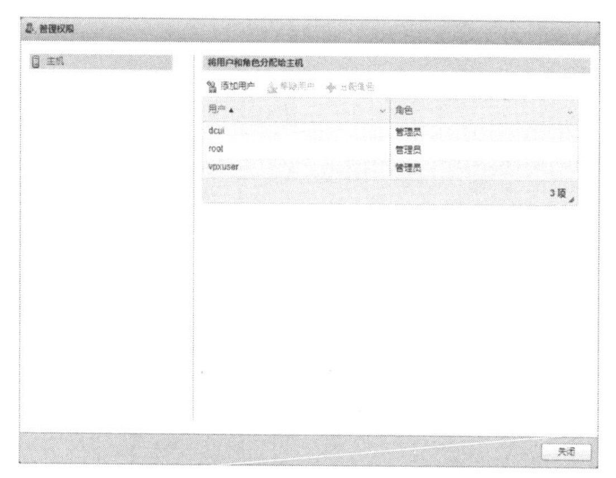

图 4-116　分配用户权限

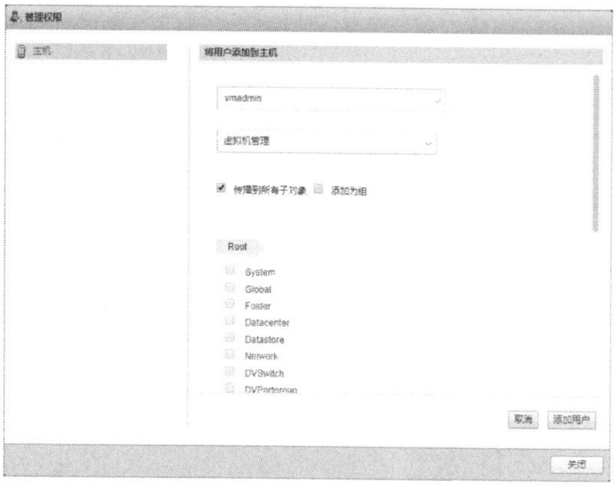

图 4-117　分配用户权限操作

图 4-118　分配用户权限列表

图 4-119　查看用户登录信息

（1）开启 SSH 服务。

1）选择左侧导航器中“管理”选项，在右侧操作界面中选择“服务”，查看当前正在运行以及停用的服务列表信息，如图 4-120 所示。

图 4-120　服务列表

2）选择 SSH 服务"TSM-SSH"，单击"启动"按钮对 SSH 服务进行开启。

3）右键单击该服务名称，可对该服务进行启动策略配置，如图 4-121 所示。

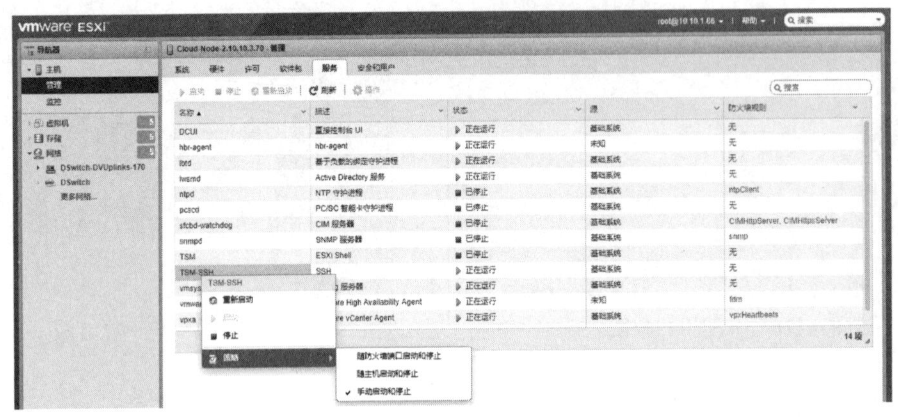

图 4-121　服务启动策略配置

4）SSH 服务启动完成后，可通过 PuTTY 等远程连接工具通过 SSH 协议登录 ESXi 主机，进行命令行管理，如图 4-122 所示。

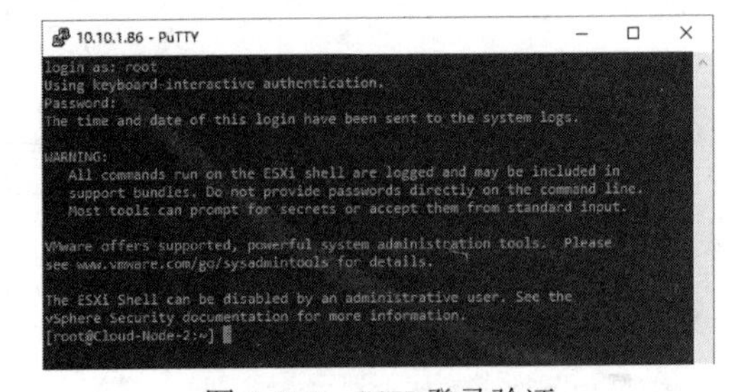

图 4-122　SSH 登录验证

（2）配置 SSH 服务防火墙规则。开启 SSH 服务后，默认允许所有地址登录访问，可针对该防火墙规则进行调整配置，限制为指定 IP 地址进行访问，具体操作如下所述。

1）在"网络"操作管理界面中，选择"防火墙规则"可查看目前存在的防火墙列表信息，如图 4-123 所示。

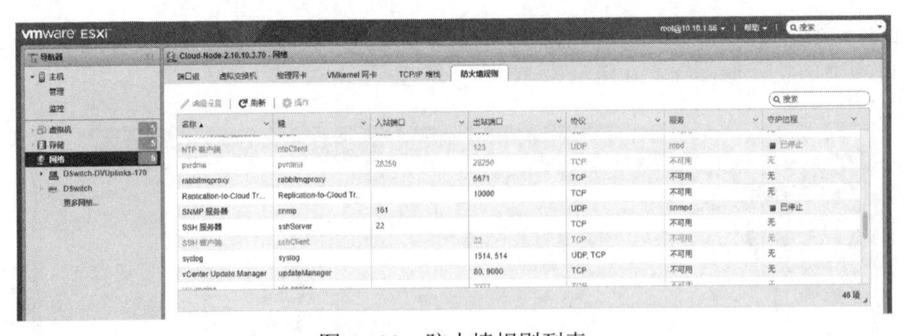

图 4-123　防火墙规则列表

2）选择"SSH 服务器"规则列表，单击"编辑设置"按钮对该规则进行配置。

3）根据用户实际网络 IP 地址规划进行配置，完成 IP 地址范围限制，单击"确定"按钮完成防火墙规则修改，如图 4-124 所示。

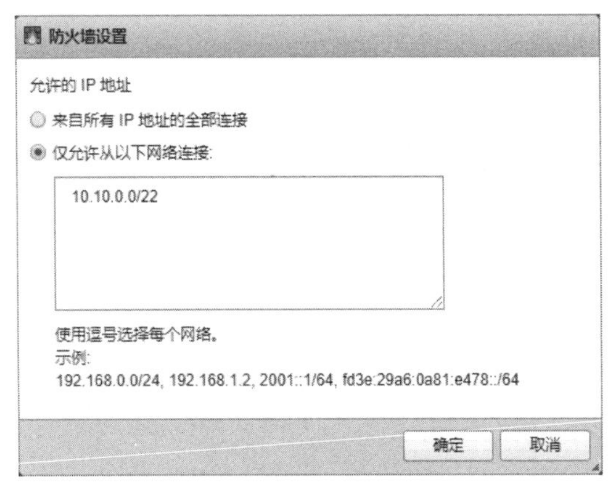

图 4-124　防火墙设置

4）通过对 SSH 服务允许访问的 IP 地址进行范围限制，提升 SSH 服务连接的安全性。

3. 配置 ESXi 主机锁定模式

vSphere 为了保证 ESXi 主机的安全，将 ESXi 主机添加到 vCenter Server 中进行统一集中管理后，可以选择锁定模式，从而无法单独登录 ESXi 主机进行管理，也无法将其添加到其他 vCenter Server 中进行管理，其操作过程如下所述。

（1）在 VCSA 上选择某一单独的 ESXi 主机，在右侧操作界面中，依次选择“配置”“安全配置文件”，可查看主机锁定模式，如图 4-125 所示。

图 4-125　主机锁定模式

（2）单击“编辑...”进行锁定模式更改，可设置为“禁用”“正常”“严格”，如图 4-126 所示，单击“OK”按钮完成配置修改。

（3）选择“异常用户”选项，添加 ESXi 主机锁定模式下不受影响的用户信息，如图 4-127 所示，单击“OK”按钮完成配置修改。

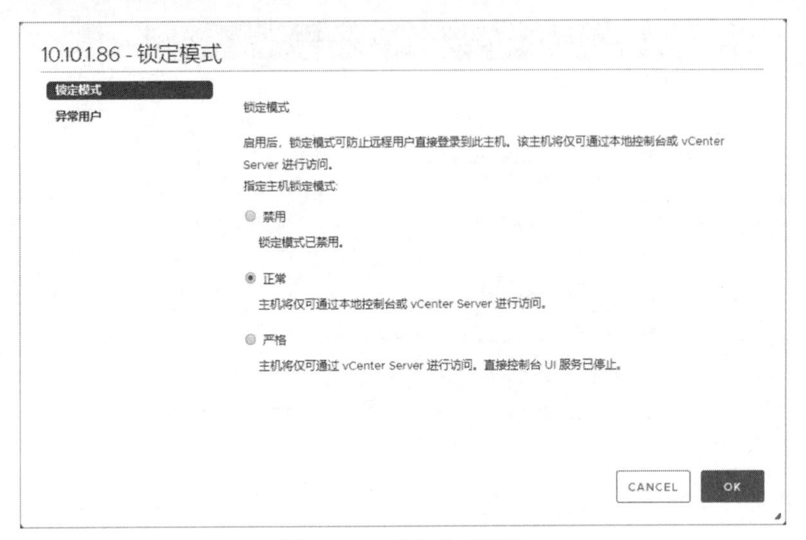

图 4-126　锁定模式配置

图 4-127　异常用户配置

4. 在 VCSA 上配置用户与角色

在日常管理工作中，通常是通过 VCSA 对 ESXi 主机进行管理的，VCSA 的权限设置基本和 ESXi 主机相同，只是 VCSA 的默认角色要比 ESXi 主机多一些，但是其操作流程基本一致。

通过 VCSA 添加用户并将该用户赋予“虚拟机管理”角色权限，其操作过程如下所述。

（1）角色添加。

1）在 VCSA 的快捷方式操作页面中，如图 4-128 所示，单击“系统管理”按钮进入系统管理配置界面，选择“角色”导航选项，可查看当前角色信息，如图 4-129 所示。

图 4-128　VCSA 快捷操作页面

图 4-129　默认角色

2）单击“+”按钮，进入“新建角色”页面，选择一个类别以查看其特权，本任务将创建“虚拟机管理员”角色，所以选择“虚拟机”类别，并根据需要选择相应特权信息，如图 4-130 所示。选择完成后单击“NEXT”按钮继续新建角色。

图 4-130　配置角色权限

3）填写角色名称以及描述信息，单击“FINISH”按钮完成角色添加，如图 4-131 所示。

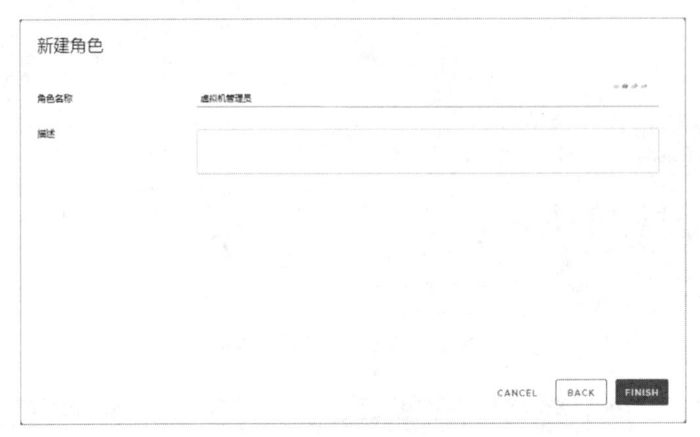

图 4-131　配置角色信息

（2）用户添加。

1）在“系统管理”界面中，依次选择“Single Sign On”“用户和组”，进入用户操作界面，如图 4-132 所示。

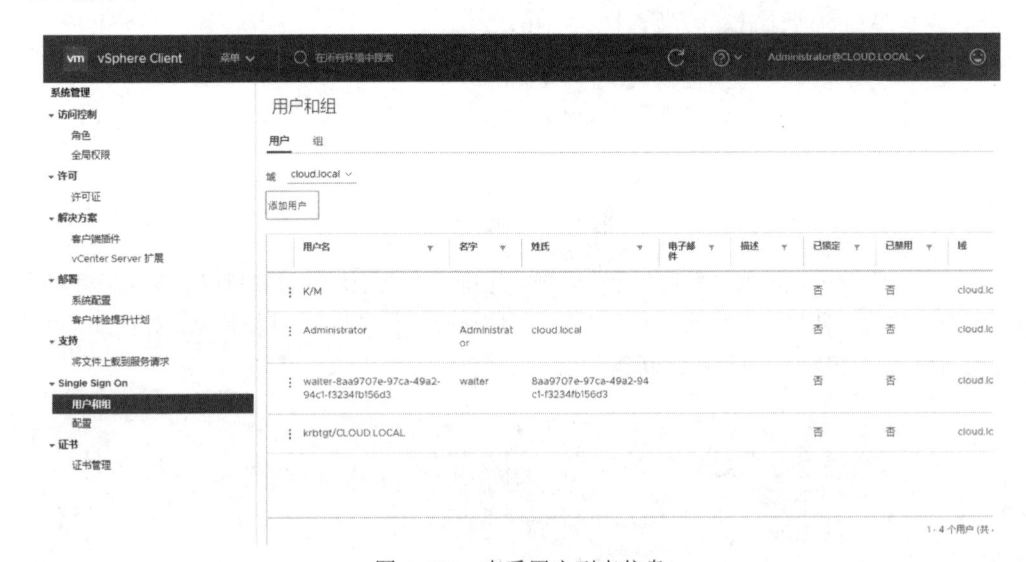

图 4-132　查看用户列表信息

2）单击“添加用户”按钮，弹出用户添加界面，根据提示内容填写相应用户信息，如图 4-133 所示。

（3）权限分配。

1）用户添加完成后，在“系统管理”界面中，依次选择“访问控制”“全局权限”，进入权限分配界面，如图 4-134 所示。

图 4-133　添加用户信息

图 4-134　全局权限列表信息

2）单击“+”按钮，进入“添加权限”界面，如图 4-135 所示。查找用户“vmadmin”并为其分配角色为“虚拟机管理员”，选中“传播到子对象”，配置完成后，单击“确定”按钮完成权限添加。

图 4-135　用户权限配置

（4）权限验证。查看全局权限列表信息如图 4-136 所示。退出当前用户登录，使用

"vmadmin@cloud.local"用户登录 VCSA。登录后可查看到"虚拟机管理员"角色允许的特权有操作权限，其余均无法进行操作，说明新用户权限授予正确，如图 4-137 所示，该用户有"关闭电源"等权限，无"挂起"和"重新启动客户机"权限。

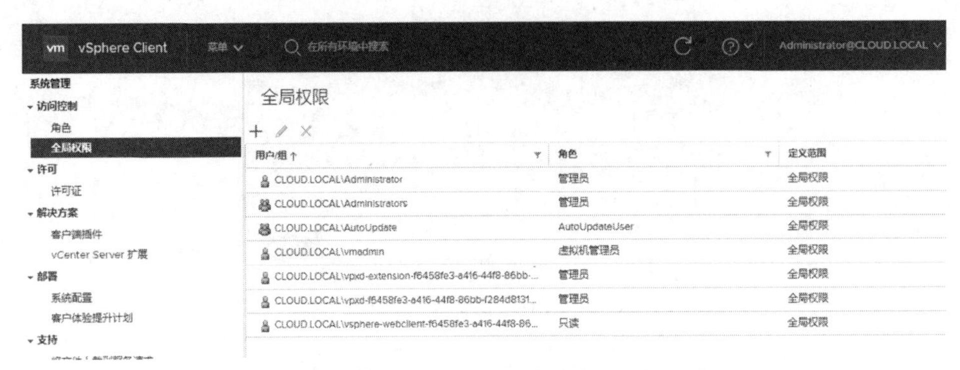

图 4-136　全局权限配置完成

图 4-137　vmadmin 用户角色查看

项目五 构建高可用的虚拟化

项目介绍

通过前述项目的讲解，已基本掌握了安装 VMware ESXi、配置 vSphere 虚拟网络、配置 NFS、iSCSI 共享存储的方法，同时能够通过 vCenter Server 创建数据中心、开展 ESXi 主机管理以及基本的安全配置等。

本项目将针对 vSphere vMotion（在线迁移）、vSphere DRS（分布式资源调度）、vSphere HA（高可用）等适应现代数据中心的高级特性进行介绍。

项目目的

- 配置 vSphere vMotion。
- 实现 vSphere 群集。
- 实现 vSphere DRS 与 HA。

项目需求

类型	详细描述
硬件	不低于双核 CPU、8G 内存、500GB 硬盘，开启硬件虚拟化支持
软件	Windows 10 Pro
网络	计算机使用固定 IP 地址接入局域网，并支持对互联网的访问

项目设计

本项目在前述四个项目的基础上开展，通过 VCSA 进行操作，并需要使用 1 台 CentOS 7 虚拟机，1 台 Windows Server 2016 虚拟机。

配置清单

<table>
<tr><td rowspan="5">VMware ESXi</td><td>节点名称</td><td colspan="2">节点地址</td><td>用户名</td><td>密码</td></tr>
<tr><td>Cloud-Node-1</td><td colspan="2">10.10.1.85</td><td>root</td><td>cloud@esxi01</td></tr>
<tr><td>Cloud-Node-2</td><td colspan="2">10.10.1.86</td><td>root</td><td>cloud@esxi02</td></tr>
<tr><td>Cloud-Node-3</td><td colspan="2">10.10.1.87</td><td>root</td><td>cloud@esxi03</td></tr>
<tr><td>Cloud-Node-4</td><td colspan="2">10.10.1.88</td><td>root</td><td>cloud@esxi04</td></tr>
<tr><td>Windows Server 2019</td><td>OS 权限</td><td>用户名</td><td>administrator</td><td>密码</td><td>cloud@data</td></tr>
<tr><td>vCenter Server Appliance</td><td>OS 权限</td><td>用户名</td><td>administrator@cloud.local</td><td>密码</td><td>cloud@vcsa01</td></tr>
<tr><td>Windows Server 2016</td><td>OS 权限</td><td>用户名</td><td>administrator</td><td>密码</td><td>cloud@winser</td></tr>
<tr><td>CentOS 7</td><td>OS 权限</td><td>用户名</td><td>root</td><td>密码</td><td>cloud@centos</td></tr>
</table>

项目记录

<table>
<tr><td rowspan="5">VMware ESXi</td><td>节点名称</td><td colspan="2">节点地址</td><td>用户名</td><td>密码</td></tr>
<tr><td></td><td colspan="2"></td><td></td><td></td></tr>
<tr><td></td><td colspan="2"></td><td></td><td></td></tr>
<tr><td></td><td colspan="2"></td><td></td><td></td></tr>
<tr><td></td><td colspan="2"></td><td></td><td></td></tr>
<tr><td>Windows Server 2019</td><td>OS 权限</td><td>用户名</td><td></td><td>密码</td><td></td></tr>
<tr><td>vCenter Server Appliance</td><td>OS 权限</td><td>用户名</td><td></td><td>密码</td><td></td></tr>
<tr><td>Windows Server 2016</td><td>OS 权限</td><td>用户名</td><td></td><td>密码</td><td></td></tr>
<tr><td>CentOS 7</td><td>OS 权限</td><td>用户名</td><td></td><td>密码</td><td></td></tr>
<tr><td colspan="6">问题记录</td></tr>
<tr><td colspan="6"></td></tr>
</table>

项目讲堂

1. vMotion

VMware vMotion 可以使运行中的虚拟机从一台 ESXi 主机实时迁移到另一台 ESXi 主机上，实现零停机时间和连续可用的服务，并能全面保证事务的完整性。

在使用 vMotion 之前，必须正确配置主机且满足如下需求：①必须针对 vMotion 正确许可给每台 ESXi 主机。②每台 ESXi 主机必须满足 vMotion 的共享存储需求。③每台 ESXi 主机必须满足 vMotion 的网络要求。

（1）vMotion 共享存储器要求。在通过 vMotion 迁移期间，所迁移的虚拟机必须位于源主机和目标主机均可访问的存储器上，请确保要进行 vMotion 操作的主机都配置为使用共享存储器。共享存储可以位于光纤通道存储区域网络（SAN）上，也可以使用 iSCSI 和 NAS 实现。

（2）vMotion 网络要求。通过 vMotion 迁移要求在源主机和目标主机上正确配置至少一个 vMotion 流量网络接口。为了确保数据传输安全，vMotion 网络必须是只有可信方有权访问的安全网络。如果在不使用共享存储的情况下通过 vMotion 迁移虚拟机，虚拟磁盘的内容也将通过网络进行传输。

详细网络配置要求如下：

1）并发 vMotion 迁移的要求。必须确保 vMotion 网络至少为每个并发 vMotion 会话提供 250 Mbps 的专用带宽。带宽越大，迁移完成的速度就越快。

2）远距离 vMotion 迁移的往返时间。对于 vMotion 迁移，支持的最大网络往返时间为 150 毫秒。此往返时间允许将虚拟机迁移到距离较远的其他地理位置。

3）多网卡 vMotion。可通过将两个或更多网卡添加到所需的标准交换机或分布式交换机，为 vMotion 配置多个网卡。

4）网络配置。在每台 ESXi 主机上，为 vMotion 配置 VMkernel 端口组。如果使用标准交换机实现联网，需确保用于虚拟机端口组的网络标签在各主机间一致。在通过 vMotion 迁移期间，vCenter Server 根据匹配的网络标签将虚拟机分配到相应端口组

2. EVC

增强型 vMotion 兼容性（Enhanced vMotion Compatibility，EVC）是 VMware 群集中的一个功能参数，确保群集内 ESXi 主机 vMotion 的兼容性。EVC 可以确保群集内所有 ESXi 主机向虚拟机提供相同的 CPU 功能集，可避免因 CPU 不兼容而导致 vMotion 迁移失败。

在配置 EVC 时，将群集中的所有主机 CPU 配置为提供基准处理器的功能集，这种基准功能集称为 EVC 模式。EVC 利用 AMD-VExtended Migration 技术（适用于 AMD 主机）和 Intel FlexMigration 技术（适用于 Intel 主机）屏蔽处理器功能，以便主机可提供早期版本处理器的功能集。

在启用 EVC 后，将向群集中正在运行的所有虚拟机提供由用户选择的处理器类型的 CPU 功能。这可确保 vMotion 的 CPU 兼容性，即使由于 ESXi 主机基础硬件不同，但也将会向虚拟机公开相同的 CPU 功能，因此虚拟机可以在群集中的任何 ESXi 主机之间进行迁移。

在群集上启用 EVC，群集必须满足以下要求：

（1）在启用 EVC 之前，必须关闭群集中运行的所有虚拟机的电源，或者将这些虚拟机迁移出群集。

（2）群集中的所有主机必须具有单个供应商（AMD 或 Intel）的 CPU。

（3）群集中的所有主机必须运行 ESX/ESXi 3.5 update 2 或更高版本。

（4）群集中的所有主机都必须与 vCenter Server 系统连接。

（5）群集中的所有主机必须具备高级 CPU 功能，如硬件虚拟化支持（AMD-V 或 IntelVT）和 AMDNoeXecute（NX）或 InteleXecute Disable（XD）。

（6）群集中的所有主机必须配备要启用的 EVC 模式支持的 CPU。

3. DRS

分布式资源调度（Distributed Resource Scheduler，DRS）是 vCenter Server 在群集中的一项功能，用来跨越多台 ESXi 主机进行负载均衡，vSphere DRS 有以下两个方面的作用。

（1）当虚拟机启动时，DRS 会将虚拟机放置在最适合运行该虚拟机的主机上。

（2）当虚拟机运行时，DRS 会为虚拟机提供所需要的硬件资源，同时尽量减少虚拟机之间的资源争夺。当一台主机的资源占用率过高时，DRS 会使用一个内部算法将一些虚拟机移动到其他主机。DRS 会利用前面介绍的 vMotion 动态迁移功能，在不引起虚拟机停机和网络中断的前提下快速执行这些迁移操作。

要使用 vSphere DRS，多台 ESXi 主机必须加入到一个群集中。一旦将 ESXi 主机加入到群集中，就可以使用 vSphere 的一些高级特性，包括 vSphere DRS 和 vSphere HA 等。

DRS 有以下三种自动化级别：

（1）手工。当虚拟机打开电源时以及 ESXi 主机负载过重需要迁移虚拟机时，vCenter 都将给出建议，由管理员确认后执行操作。

（2）半自动。虚拟机打开电源时将自动置于最合适的 ESXi 主机上。当 ESXi 负载过重需要迁移虚拟机时，vCenter 将给出迁移建议，由管理员确认后执行操作。

（3）全自动。虚拟机打开电源时将自动置于最合适的 ESXi 主机上，并且将自动从一台 ESXi 主机迁移到另一台 ESXi 主机，以优化资源使用情况。

4. HA

当 ESXi 主机出现故障时，vSphere HA 能够让该主机内的虚拟机在其他 ESXi 主机上重新启动，与 vSphere DRS 不同，vSphere HA 没有使用 vMotion 技术作为迁移手段。vMotion 只适用于预先规划好的迁移，而且要求源和目标 ESXi 主机都处于正常运行状态。

（1）vSphere HA 的必备组件。从 vSphere 5.0 开始，VMware 重新编写了 HA 架构，使用了 Fault Domain 架构，通过选举方式选出唯一的 Master 主机，其余为 Slave 主机。

vSphere HA 有以下必备组件：

1）故障域管理器（Fault Domain Manager，FDM）代理：FDM 代理的作用是与群集内其他主机交流有关主机可用资源和虚拟机状态的信息。它负责心跳机制、虚拟机定位和与 hostd 代理相关的虚拟机重启。

2）hostd 代理：hostd 代理安装在 Master 主机上，FDM 直接与 hostd 和 vCenter Server 通信。

3）vCenter Server：负责在群集 ESXi 主机上部署和配置 FDM 代理。vCenter Server 选举出的 Master 主机发送群集的配置修改信息。

（2）Master 和 Slave 主机。创建一个 vSphere HA 群集时，FDM 代理会部署在群集的每台 ESXi 主机上，其中一台主机被选举为 Master 主机，其他主机都是 Slave 主机。Master 主机的选举依据是哪台主机的存储最多，如果存储的数量相等，则比较哪台主机的管理对象 ID 最高。

1）Master 主机的任务。Master 主机负责在 vSphere HA 的群集中执行以下任务：①负责监控 Slave 主机，当 Slave 主机出现故障时，在其他 ESXi 主机上重新启动虚拟机。②负责监控所有受保护虚拟机的电源状态。如果一个受保护的虚拟机出现故障，Master 主机会重新启动虚拟机。③负责管理一组受保护的虚拟机。它会在用户执行启动或关闭操作之后更新这个列表。即当虚拟机打开电源，该虚拟机就要受保护，一旦主机出现故障就会在其他主机上重新启动虚拟机。当虚拟机关闭电源时，就没有必要再进行保护。④负责缓存群集配置。Master 主机会向 Slave 主机发送通知，告诉群集发生的变化。⑤负责向 Slave 主机发送心跳信息，告诉它们 Master 主机仍然处于正常激活状态。如果 Slave 主机接收不到心跳信息，则重新选举出新的 Master 主机。⑥向 vCenter Server 报告状态信息。vCenter Server 只和 Master 主机通信。

2）Master 主机的选举。Master 主机的选举在群集中 vSphere HA 第一次激活时发生，在以下情况，也会重新选举 Master：①Master 主机故障；②Master 主机与网络隔离或者被分区；③Master 主机与 vCenter Server 失去联系；④Master 主机进入维护模式；⑤管理员重新配置 vSphere HA 代理。

3）实施 vSphere HA 的条件。在实施 vSphere HA 时，必须满足以下条件：①群集。vSphere HA 依靠群集实现，需要创建群集，然后在群集上启用 vSphere HA。②共享存储。在一个 vSphere HA 群集中，所有主机都必须能够访问相同的共享存储。③虚拟网络。在一个 vSphere HA 群集中，所有 ESXi 主机都必须有完全相同的虚拟网络配置。④心跳网络。vSphere HA 通过管理网络和存储设备发送心跳信号，因此管理网络和存储设备最好都有冗余，否则 vSphere 会给出警告。⑤充足的计算资源。每台 ESXi 主机的计算资源都是有限的，当一台 ESXi 主机出现故障时，该主机上的虚拟机需要在其他 ESXi 主机上重新启动。如果其他 ESXi 主机的计算资源不足，则可能导致虚拟机无法启动或启动后性能较差。vSphere HA 使用接入控制策略来保证 ESXi 主机为虚拟机分配足够的计算资源。⑥VMware Tools。虚拟机中必须安装 VMware Tools 才能实现 vSphere HA 的虚拟机监控功能。

任务一　配置 vSphere vMotion

【任务介绍】

要使 vMotion 正常工作，必须在执行 vMotion 的 ESXi 主机上添加支持 vMotion 的 VMkernel 端口，本任务中将数据中心下 4 台 ESXi 主机进行端口配置允许支持 vMotion 并实现虚拟机的热迁移。

【任务目标】

（1）配置 VMkernel 接口支持 vMotion。

（2）使用 vMotion 迁移正在运行的虚拟机。

【操作步骤】

1. 配置 VMkernel 接口支持 vMotion

在 vCenter Server 上对 VMkernel 接口进行配置支持 vMotion，其操作过程如下所述。

（1）查看 VMkernel 适配器。在 VCSA 中选择其中一台主机（如 10.10.1.85），在右侧操作页面中依次选择“配置”“网络”“VMkernel 适配器”，可查看到默认 VMkernel 适配器信息，如图 5-1 所示。

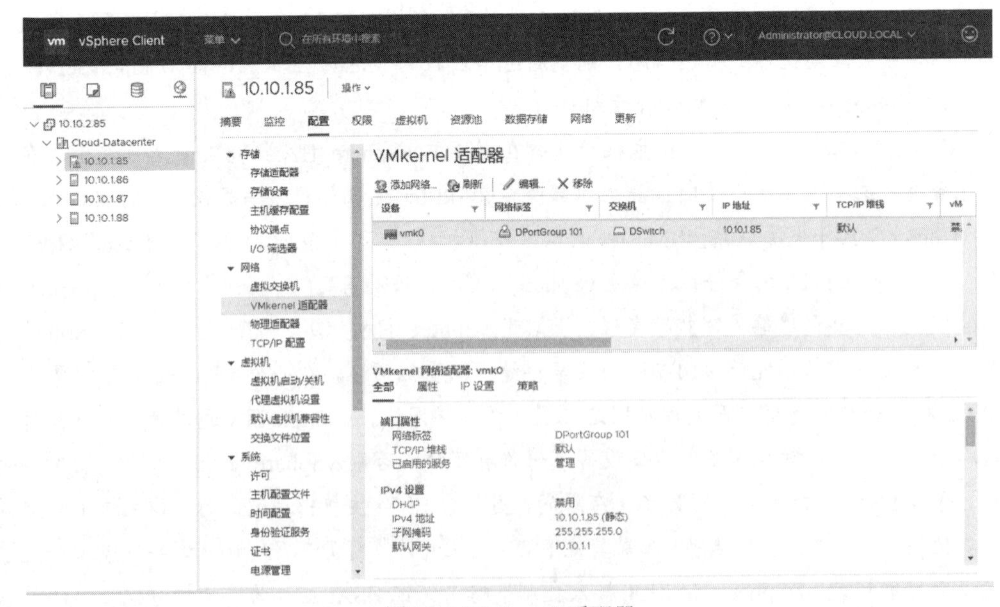

图 5-1　VMkernel 适配器

（2）配置端口属性。选中名称为“vmk0”的 VMkernel 适配器，单击“编辑”按钮进入适配器端口属性配置界面。在“可用服务”列表中，勾选“vMotion”服务进行开启，其他保持默认，如图 5-2 所示。

图 5-2　端口属性配置

（3）设置端口 IP 地址。在“IPv4 设置”界面中，可对端口 IP 地址进行修改配置，从而更改 ESXi 主机 IP 地址，本任务中保持原有 IP 地址不进行更改，如图 5-3 所示。

图 5-3　IP 地址配置

（4）查看配置信息。在“端口属性”和“IPv4 设置”编辑修改后，单击“OK”按钮，完成 VMkernel 适配器配置，查看适配器信息如图 5-4 所示。

（5）其他主机配置。根据 ESXi 主机（10.10.1.85）VMkernel 适配器配置过程，完成其他三台主机 VMkernel 适配器的配置。

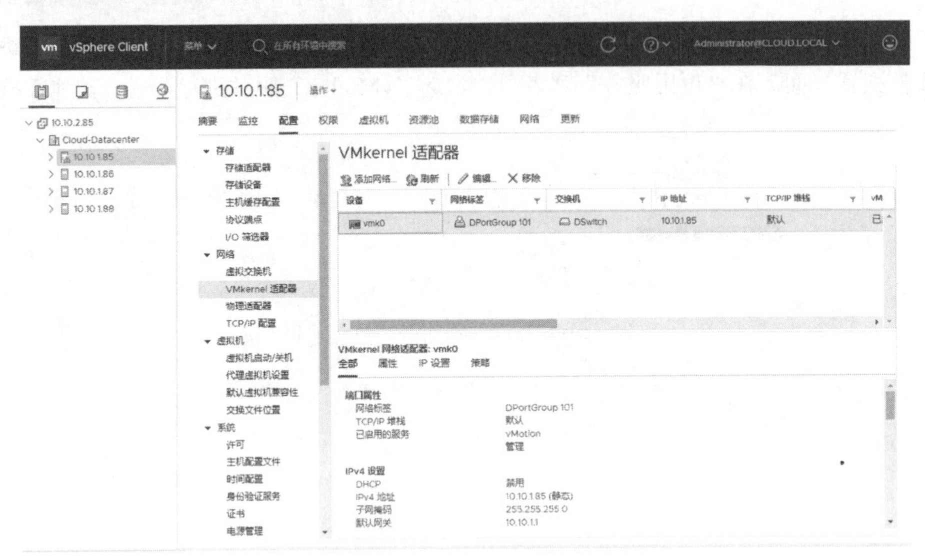

图 5-4 VMkernel 适配器 vMotion 配置

2. 使用 vMotion 迁移正在运行的虚拟机

把正在运行的虚拟机 A（名称为 Cloud-Project-10.10.2.98-CentOS）从一台 ESXi 主机迁移到另一台 ESXi 主机中，通过持续 ping 虚拟机的 IP 地址，测试虚拟机在迁移的过程中是否持续访问。

（1）持续 ping 虚拟机。在本机打开命令行工具，输入“ping 10.10.2.98 -t”持续 ping 虚拟机 A，如图 5-5 所示。

（2）打开迁移虚拟机向导。在虚拟机 A 上单击右键，在快捷菜单中选择单击“迁移”选项，进入虚拟机迁移向导界面，如图 5-6 所示。

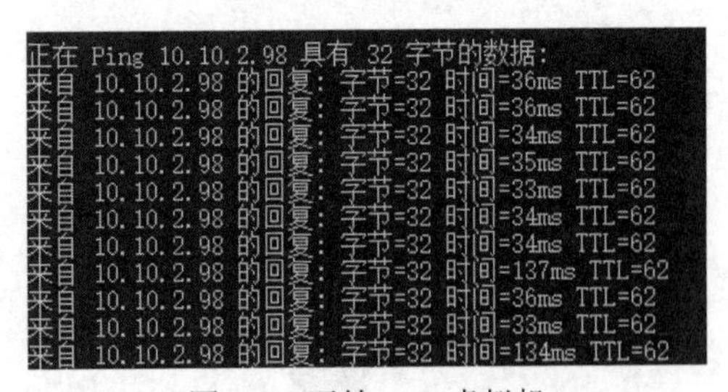

图 5-5 开始 ping 虚拟机

图 5-6 迁移虚拟机操作

（3）迁移虚拟机。

1）在“选择迁移类型”界面中，指定虚拟机迁移为“仅更改计算资源”，从而仅更换 ESXi 主机，如图 5-7 所示，单击“NEXT”按钮继续进行迁移操作。

2）在“选择计算资源”界面中，选择迁移的目标 ESXi 主机（10.10.1.87），如图 5-8 所示，单击“NEXT”按钮继续进行迁移操作。

图 5-7 选择迁移类型

图 5-8 选择计算资源

3）在“选择网络”界面中，配置迁移的虚拟机目标网络信息，如图 5-9 所示，单击“NEXT”按钮继续进行迁移操作。

图 5-9 选择网络

4）在“选择 vMotion 优先级”界面中，默认选择“安排优先级高的 vMotion（建议）”选项，如图 5-10 所示，单击“NEXT”按钮继续进行迁移操作。

5）在“即将完成”界面中，检查迁移配置信息，检查无误后单击“FINISH”按钮进行虚拟机迁移，如图 5-11 所示。

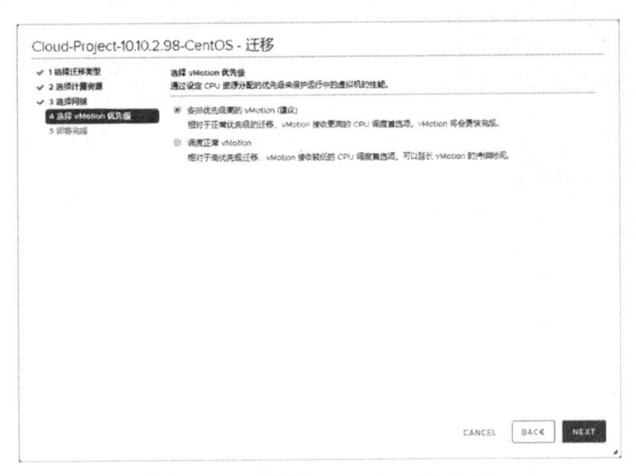

图 5-10　选择 vMotion 优先级

图 5-11　即将完成

6）在虚拟机迁移过程中，可在“近期任务”中查看迁移进程，如图 5-12 所示。等待一段时间后，查看虚拟机摘要信息如图 5-13 所示，可发现虚拟机已经迁移到 IP 地址为 10.10.1.87 的 ESXi 主机上。

图 5-12　查看近期任务

图 5-13　查看虚拟机摘要信息

7）在虚拟机迁移过程中，一直持续 ping 该虚拟机 IP 地址，其过程如图 5-14 所示。因此，在使用 vMotion 迁移正在运行中的虚拟机时，虚拟机一直在正常运行，其上所提供的服务一直处于可用状态。

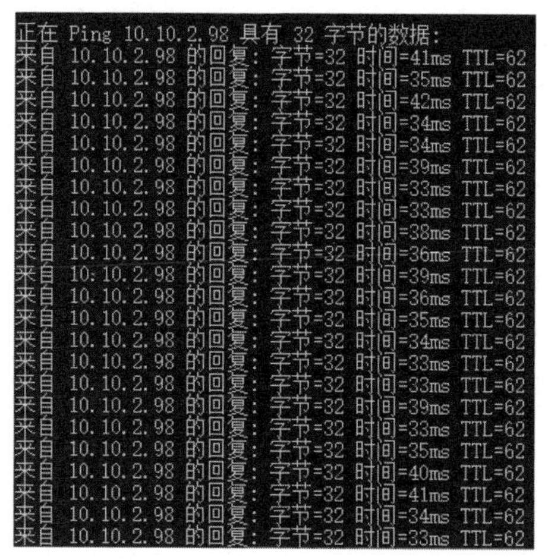

图 5-14　持续 ping 虚拟机结果

任务二　实现 vSphere 群集

扫码看视频

【任务介绍】

在 vSphere 中，vCenter Server 将多台 ESXi 主机组织起来，作为一个群集（Cluster）来组成一个更大的资源池，从而实现 ESXi 主机资源的有效统一调用。本任务将在数据中心下创建群集并将 4 台 ESXi 主机放入群集并进行相应配置。

【任务目标】

（1）创建 vSphere 群集。

（2）配置 vSphere 群集 EVC。

（3）为 vSphere 群集添加 ESXi 主机。

【操作步骤】

1. 创建 vSphere 群集

通过 VCSA 在数据中心创建“Cloud-Cluster”群集，其操作过程如下所述。

（1）打开创建群集向导。在 VCSA 上单击“Cloud-Datacenter”数据中心，在右侧操作界面中，依次选择“操作”“新建群集...”，打开创建群集向导，如图 5-15 所示。

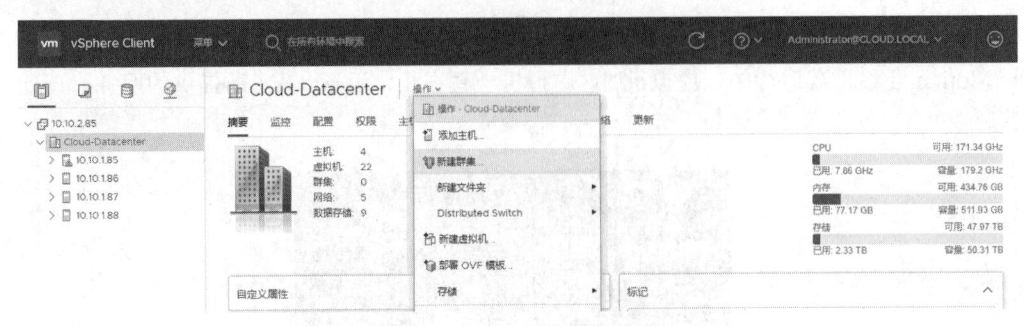

图 5-15　打开创建群集向导

（2）创建群集。在“新建群集”界面中，输入群集名称为 Cloud-Cluster，如图 5-16 所示。在创建群集时，可以选择是否启用 DRS 和 vSphere HA 等功能，在这里暂不启用，在任务三中将详细介绍。单击“确定”按钮完成群集创建，如图 5-17 所示。

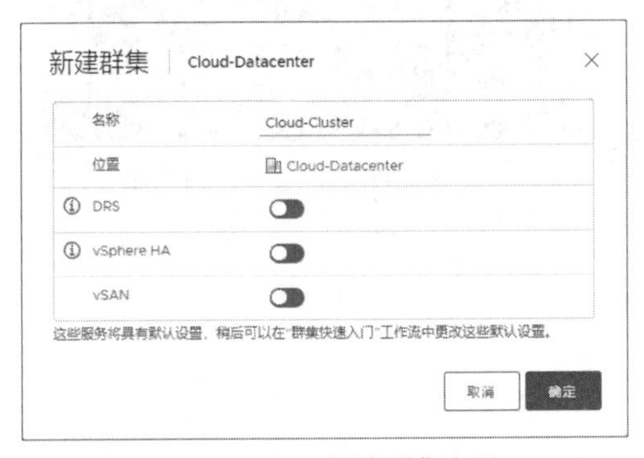

图 5-16　打开创建群集向导

图 5-17　群集创建完成

2. 配置 vSphere 群集 EVC

在 Cloud-Cluster 群集中配置 EVC，其操作过程如下所述。

（1）查看 EVC 状态。在 Cloud-Cluster 群集右侧操作界面中，依次选择“配置”“VMware EVC”，查看 VMware EVC 的状态信息，如图 5-18 所示。

图 5-18　查看 EVC 状态信息

（2）配置 EVC。单击“编辑...”按钮，进入“更改 EVC 模式”界面，如图 5-19 所示。本项目中使用 ESXi 主机 CPU 类型均为“AMD Opteron(tm) Processor 6320”，所以将 EVC 模式配置为“为 AMD 主机启用 EVC”，然后选择“AMD Opteron™Generation 4”。单击“确定”按钮完成 EVC 模式更改配置，配置完成后查看 EVC 状态信息如图 5-20 所示。

图 5-19　更改 EVC 模式

3. 群集添加 ESXi 主机

（1）拖曳添加。在 VCSA 上单击单个 ESXi 主机，将其拖动到“Cloud-Cluster”群集中，如图 5-21 所示。

图 5-20　查看 EVC 状态信息

图 5-21　拖曳添加 ESXi 主机

（2）向导操作添加。

1）在“Cloud-Cluster”群集右侧操作界面中，依次选择“操作”“添加主机”，如图 5-22 所示，进入主机添加向导界面。

图 5-22　添加主机操作

2）在“添加主机”界面中，选择现有数据中心下 3 台 ESXi 主机，单击“下一页”按钮继续进行主机添加，如图 5-23 所示。

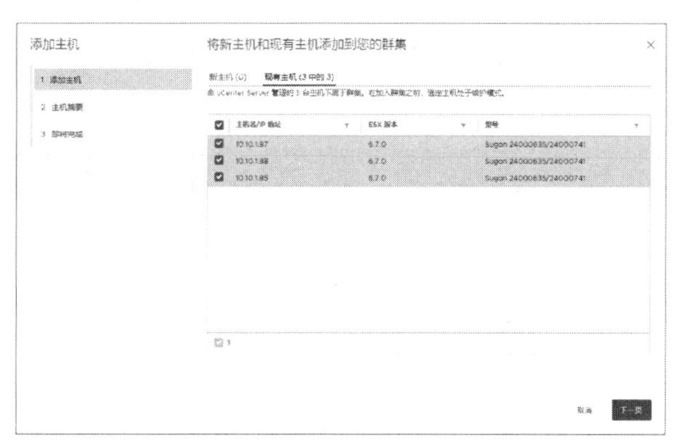

图 5-23　选择主机

3）在“主机摘要”界面中，查看主机迁移的网络、存储以及打开电源的虚拟机信息，如图 5-24 所示，单击“下一页”按钮继续主机添加。

图 5-24　主机摘要

4）在“即将完成”界面中，可检查迁移主机信息，如图 5-25 所示，检查无误后单击“完成”按钮完成主机添加。

图 5-25　即将完成

5）添加完成后查看 Cloud-Cluster 群集信息，所有 ESXi 主机均已添加到群集中，如图 5-26 所示。

图 5-26　查看群集信息

提醒　请在虚拟机关机情况下进行 ESXi 主机添加。

任务三　实现 vSphere DRS 与 HA

扫码看视频

【任务介绍】

构建高可用的 vSphere 虚拟化，需要将 ESXi 主机的资源合理利用，并且虚拟机业务能够持续高可用运行，需要将 vSphere DRS 和 vSphere HA 有效结合。本任务将配置群集的 DRS 和 HA，从而实现虚拟化群集的高可用。

【任务目标】

（1）在 vCenter Server 上实现 vSphere DRS。

（2）在 vCenter Server 上实现 vSphere HA。

【操作步骤】

1．在 vCenter Server 上实现 vSphere DRS

在 Cloud-Cluster 群集中启动并配置 vSphere DRS 规则，具体操作步骤如下所述。

（1）启用 DRS。

1）选中群集“Cloud-Cluster”，在右侧操作界面中，依次选择“配置”“服务”“vSphere DRS”，可查看 vSphere DRS 默认配置信息，如图 5-27 所示。

图 5-27　查看 DRS 默认信息

2）单击“编辑”按钮进入编辑群集设置界面，选择打开“vSphere DRS”按钮，自动化级别选择“全自动”，如图 5-28 所示。

3）在“其他选项”界面中，选择“虚拟机分布”选项（为了确保可用性，请在各个主机之间更加均匀地分配虚拟机的数量），如图 5-29 所示。

图 5-28　进行 DRS 服务启用

图 5-29　虚拟机分布配置

4）编辑群集设置完成后，单击“确定”按钮完成 vSphere DRS 状态启用与属性配置，如图 5-30 所示。

（2）配置 DRS 规则。

1）选中群集“Cloud-Cluster”，在右侧操作界面中，依次选择“配置”“配置”“虚拟机/主机规则”，可查看 vSphere DRS 默认规则信息，如图 5-31 所示。

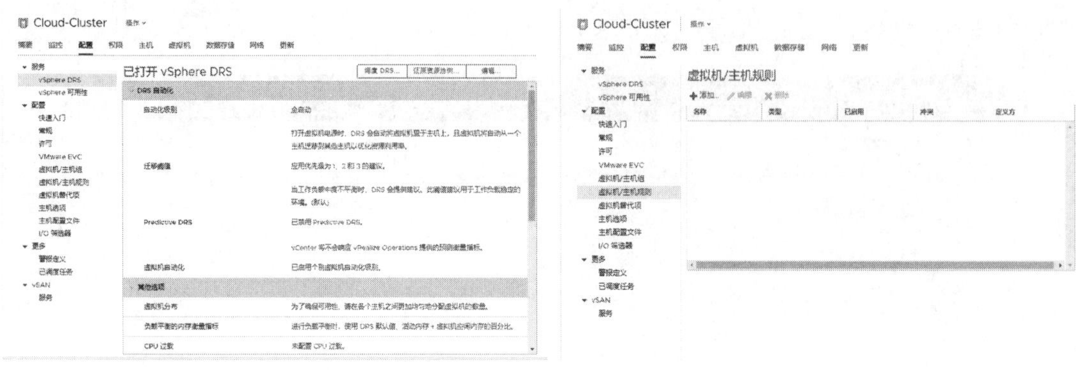

图 5-30　vSphere DRS 状态查看　　　　图 5-31　查看 DRS 默认规则

2）单击“添加”按钮进入“创建虚拟机/主机规则”界面，输入名称“Rule-VM-Together”，选择类型为“集中保存虚拟机”，单击“添加...”按钮选择必须在同一个主机上运行的虚拟机，单击“确定”按钮，如图 5-32 所示。

图 5-32　进行 DRS 服务启用

DRS 规则类型选项说明见表 5-1。

表 5-1　DRS 规则类型选项说明

选项类型	详细描述
集中保存虚拟机	允许实施虚拟机亲和性。这个选项确保使用 DRS 迁移虚拟机时，某些特性的虚拟机始终在同一台 ESXi 主机上运行。同一台 ESXi 主机上的虚拟机之间通信非常快，因为这种通信只发生在 ESXi 主机内部，不需要通过外部网络
分别保存虚拟机	允许实施虚拟机反亲和性。这个选项确保某些虚拟机始终位于不同的 ESXi 主机上。这种配置主要用于操作系统层面的高可用性场合。使用这种规则，多个虚拟机分别位于不同的 ESXi 主机上，若一个虚拟机所在的 ESXi 主机损坏，可以确保应用仍然运行在另一台 ESXi 主机的虚拟机上

续表

选项类型	详细描述
虚拟机到主机	允许实施主机亲和性。将指定的虚拟机放在指定的 ESXi 主机上，这样可以微调群集中虚拟机和 ESXi 主机之间的关系
虚拟机到虚拟机	限制虚拟机迁移的选择和放置位置，需先进行虚拟机组建立，将虚拟机与虚拟机之间放置在同一虚拟机组中，用于虚拟机组的统一管理与资源调度分配

3）规则添加完成后，查看虚拟机/主机规则，如图 5-33 所示。

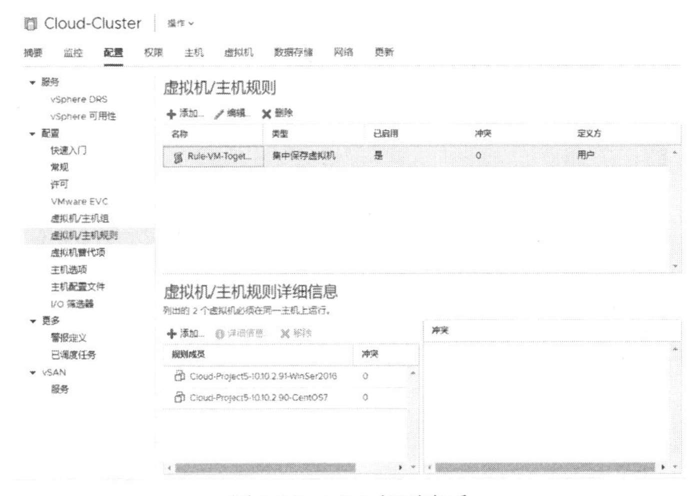

图 5-33　DRS 规则查看

（3）验证 DRS 规则。

1）查看虚拟机默认主机。在步骤（2）中选择两台虚拟机“Cloud-Project5-10.10.2.90-CentOS7”和“Cloud-Project5-10.10.2.91-WinSer2016”查看其所在主机信息如图 5-34 和图 5-35 所示。

图 5-34　虚拟机 1 摘要信息

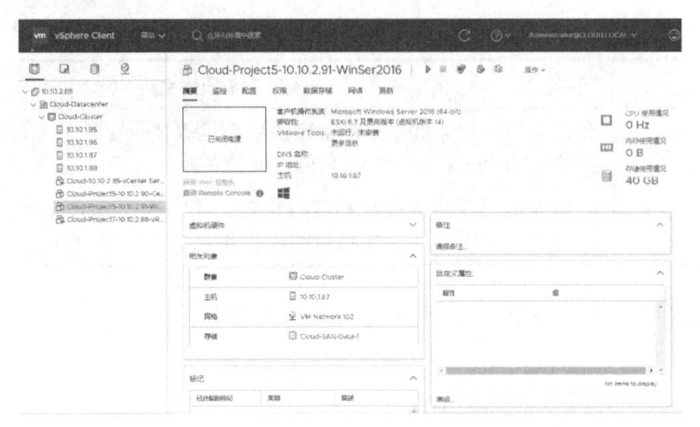

图 5-35　虚拟机 2 摘要信息

2）将两台虚拟机打开电源，由于 vSphere DRS 自动化级别为“全自动”，所以可查看两台虚拟机开机后是否会自动迁移到同一台 ESXi 主机上来验证规则，如图 5-36 和图 5-37 所示。

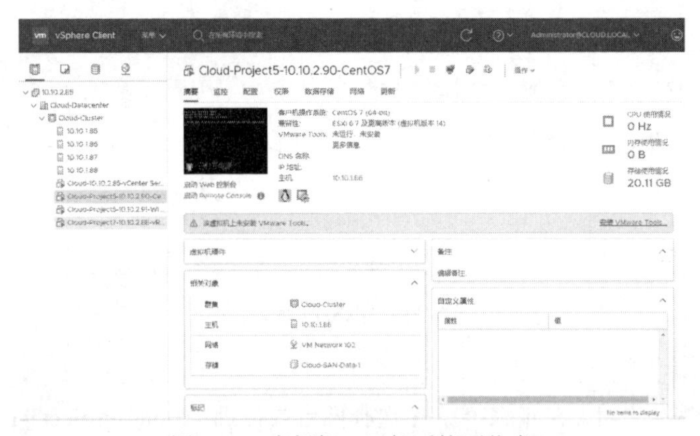

图 5-36　虚拟机 1 开机后摘要信息

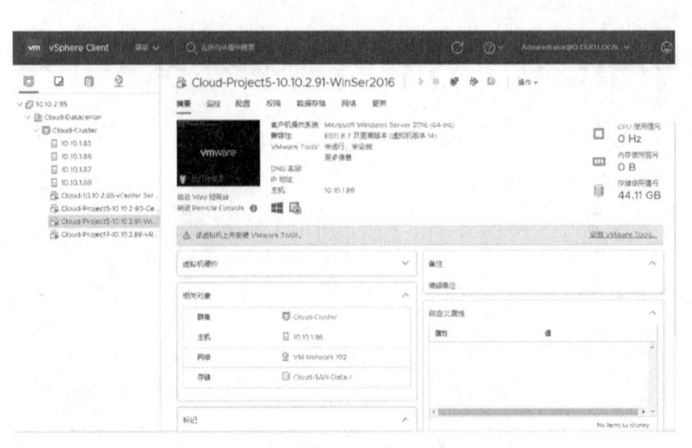

图 5-37　虚拟机 2 开机后摘要信息

可以查看到两个虚拟机均迁移到同一台 ESXi 主机（10.10.1.86）上，说明 vSphere DRS 规则已经起作用。

（4）设置虚拟机禁用规则。虽然多数虚拟机都应该允许使用 DRS 的负载均衡行为，但是管理员可能需要特定的关键虚拟机不使用 DRS，然而这些虚拟机却应该留在群集内，以利用 vSphere HA 提供的高可用性功能，其操作过程如下。

1）选中 Cloud-Cluster 群集，在右侧操作界面中，依次单击“配置”“虚拟机替代项”，可查看 vSphere DRS 默认虚拟机替代项信息，如图 5-38 所示。

2）单击“添加...”按钮进入“添加虚拟机替代项”界面，选择需要替代项虚拟机，如图 5-39 所示，单击“NEXT”按钮继续进行操作。

图 5-38　虚拟机替代项

图 5-39　选择虚拟机

3）在“添加虚拟机替代项”界面中，将 DRS 自动化级别替代为“禁用”状态，其他选项保持默认即可，则 DRS 规则不针对该虚拟机起作用，如图 5-40 所示。

4）单击“FINISH”按钮完成虚拟机替代项配置，完成配置后如图 5-41 所示。

图 5-40　添加虚拟机替代项

图 5-41　查看虚拟机替代项配置

2. 在 vCenter Server 上实现 vSphere HA

在 Cloud-Cluster 群集中启动并配置 vSphere HA，具体操作步骤如下所述。

（1）启用并配置 vSphere HA。

1）在 Cloud-Cluster 群集右侧操作界面中，依次选择“配置”“服务”“vSphere 可用性”，可查看 vSphere HA 默认配置信息，如图 5-42 所示。

2）单击 vSphere HA“编辑”按钮进入编辑群集设置界面，选择打开“vSphere HA”按钮，并启用主机监控，如图 5-43 所示，详细配置如下所述。

图 5-42　查看 HA 默认信息

图 5-43　故障和响应配置

主机故障响应：针对 vSphere HA 群集中发生的主机故障设定特定响应，详细配置选项见表 5-2。

表 5-2　vSphere HA 主机故障响应选项说明

选项	详细描述
故障响应	如果选择已禁用，发生主机故障时，此设置会关闭主机监控，且不会重新启动虚拟机。如果选择重新启动虚拟机，发生主机故障时，虚拟机会基于重新启动优先级进行故障切换
默认虚拟机重新启动优先级	重新启动优先级用于确定主机发生故障时虚拟机的重新启动顺序。优先级高的虚拟机将首先启动。如果多个主机发生故障，将首先迁移优先级最高的主机上的所有虚拟机，然后迁移优先级第二高的主机上的所有虚拟机，以此类推
虚拟机依赖关系重新启动条件	必须选择特定条件以及满足该条件后的延迟，然后才允许 vSphere HA 继续下一个虚拟机重新启动优先级

针对主机隔离的响应：针对 vSphere HA 群集中发生的主机隔离设置特定响应，可选择“禁用”“关闭虚拟机电源并重新启动虚拟机”和“关闭再重新启动虚拟机”三种选项。

处于 PDL 状态的数据存储：针对 ESXi 主机永久无法使用某个存储设备，则会将其视为处于永久设备丢失（PDL）状态，针对该状态设置特定响应，可选择“禁用”“发布事件”和“关闭虚拟机电源再重新启动虚拟机”三种选项。

处于 APD 状态的数据存储：针对 ESXi 主机上的存储全部路径异常（APD）状态，进行设置特定响应，可选择“禁用”“发布事件”“关闭虚拟机电源并重新启动虚拟机-保守的重新启动策略”和“关闭虚拟机电源并重新启动虚拟机-激进的重新启动策略”四种选项。

虚拟机监控：设置 vSphere HA 群集的监控敏感度，可选择“禁用”“虚拟机监控”和“应用程序监控”三种选项，如果开启监控，则会分别启用 VMware Tools 检测信号和应用程序监控信号。

3）在“准入控制”界面中，可以配置准入控制，以指定虚拟机违反可用性限制时是否可以启动虚拟机。群集会预留资源，以便在指定数量的主机上对所有正在运行的虚拟机进行故障切换，如图 5-44 所示，详细配置选项见表 5-3。

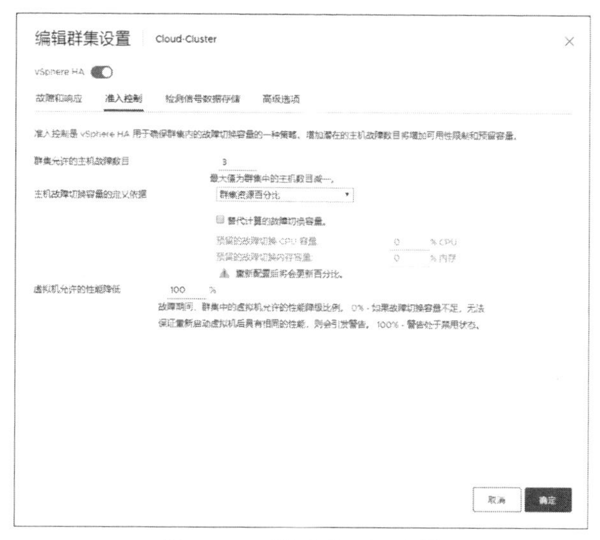

图 5-44　“准入控制”配置

表 5-3　“准入控制”配置

<table>
<tr><th>选项</th><th colspan="2">详细描述</th></tr>
<tr><td>群集允许的主机故障数目</td><td colspan="2">选择一个数字。这是群集能够进行恢复或者确保进行故障切换所允许的最大主机故障数</td></tr>
<tr><td rowspan="4">主机故障切换容量的定义依据</td><td>禁用</td><td>选择此选项将禁用准入控制，并允许在违反可用性限制时打开虚拟机电源</td></tr>
<tr><td>插槽策略</td><td>选择可覆盖所有打开电源的虚拟机或为固定大小的插槽大小策略。还可以计算有多少个虚拟机需要多少个插槽</td></tr>
<tr><td>群集资源百分比</td><td>指定为了支持故障切换而作为备用容量保留的群集 CPU 和内存资源的百分比</td></tr>
<tr><td>专用故障切换主机</td><td>选择要用于进行故障切换操作的主机。默认故障切换主机没有足够的资源时，仍可在群集内的其他主机上进行故障切换</td></tr>
<tr><td>虚拟机允许的性能降低</td><td colspan="2">为虚拟机允许的性能降低设置百分比。此设置确定故障期间群集中的虚拟机允许的性能降低百分比</td></tr>
</table>

4）在“检测信号数据存储”界面中，指定“检测信号数据存储选择策略”为“使用指定列表中的数据存储并根据需要自动补充”，并选择可用检测信号的数据存储，如图 5-45 所示。

图 5-45　检测信号数据存储

5）在“高级选项”界面中，保持默认不进行高级选项设置。

6）编辑群集 vSphere HA 设置修改后，单击“确定”按钮完成 vSphere HA 状态启用与应用配置。

（2）配置 Proactive HA。Proactive HA 为管理员配置当提供程序通知 vCenter 其运行状况降级（表示主机出现部分故障）时的主动式响应方式，当启用 vSphere DRS 后才能编辑配置此选项。

在 Cloud-Cluster 群集右侧操作界面中，依次选择“配置”“服务”“vSphere 可用性”，单击 Proactive HA 右侧“编辑...”按钮，进入编辑 Proactive HA 界面，如图 5-46 所示。单击“保存”按钮完成配置，如图 5-47 所示。

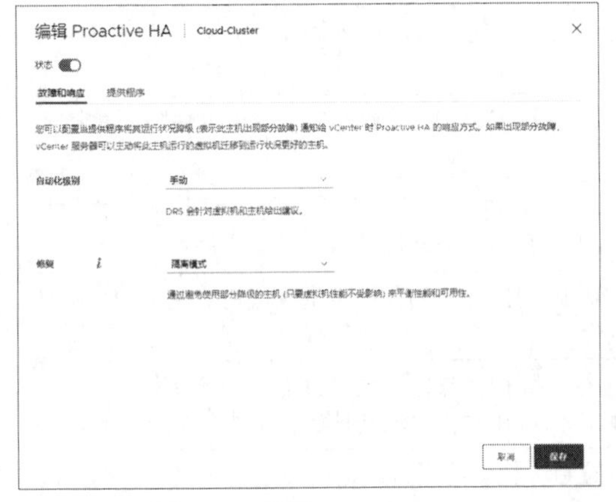

图 5-46　编辑 Proactive HA

图 5-47　vSphere 可用性配置查看

（3）查看 vSphere HA 主/从机。vSphere HA 配置完成后，经过一段时间选举后可查看群集下 ESXi 主机主从关系。本任务中可查看到 ESXi 主机 10.10.1.87 身份为主机，如图 5-48 所示，其他 ESXi 主机身份为从属，如图 5-49 所示。

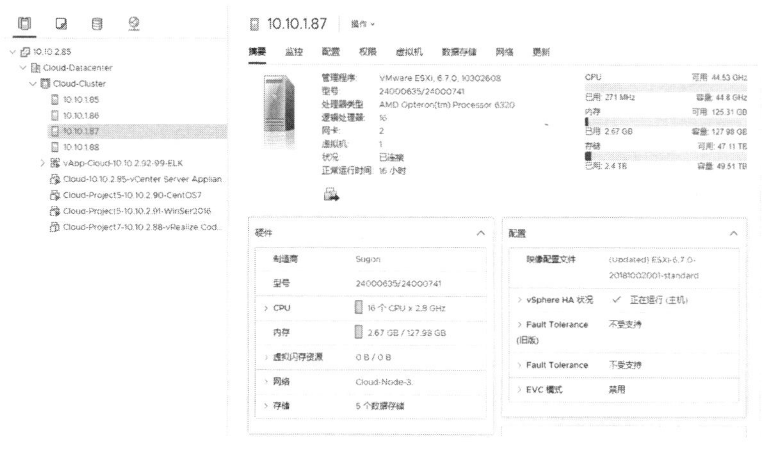

图 5-48　vSphere 主机

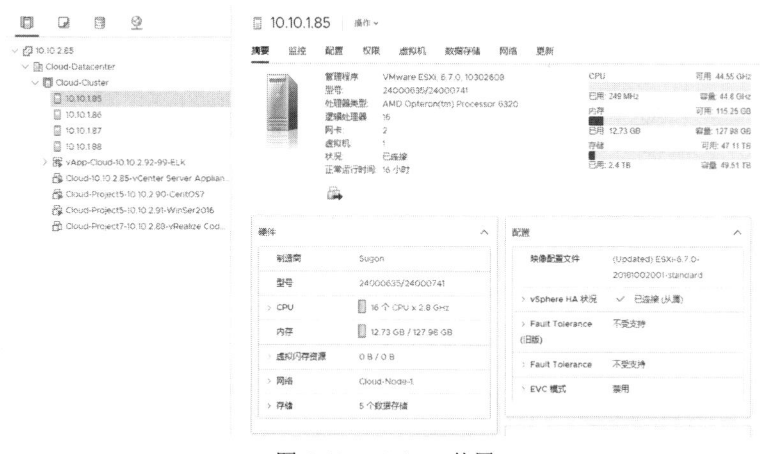

图 5-49　vSphere 从属

（4）调整优先级。对于群集中某些重要的虚拟机，需要将“虚拟机重新启动优先级”设置为“高”，这样当 ESXi 主机发生故障时，这些重要的虚拟机就可以优先在其他 ESXi 主机上重新启动。下面把 VCSA 虚拟机的“虚拟机重新启动优先级”设置为“高”，其操作过程如下所述。

1）选中 Cloud-Cluster 群集，在右侧操作界面中，依次选择“配置”“配置”“虚拟机替代项”，如图 5-50 所示。

2）单击“添加...”按钮进入“添加虚拟机替代项”界面，选择需要替代项虚拟机，如图 5-51 所示，单击“NEXT”按钮继续进行操作。

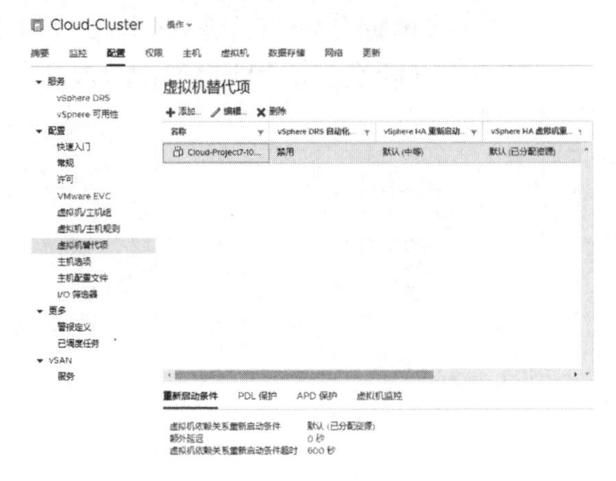
图 5-50　选择虚拟机

图 5-51　选择虚拟机

3）在“添加虚拟机替代项”界面中，将 vSphere HA 下虚拟机重新启动优先级替代为“最高”状态，其他选项保持默认即可，如图 5-52 所示。

图 5-52　添加虚拟机替代项

4）单击“FINISH”按钮完成虚拟机替代项配置，完成配置后如图 5-53 所示。

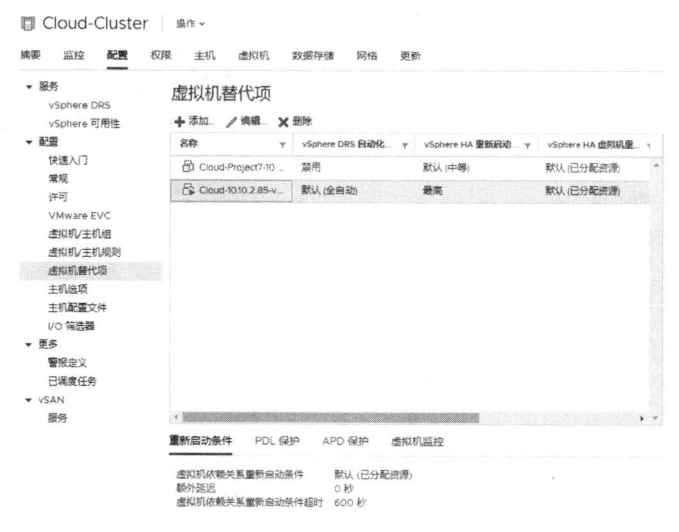

图 5-53　查看虚拟机替代项配置

（5）验证 vSphere HA。针对虚拟机（Cloud-Project5-10.10.2.90-CentOS7）验证 vSphere HA 是否能够起作用，实现 vSphere 的高可用，其操作过程如下所述。

1）查看虚拟机摘要信息，如图 5-54 所示，查看到该虚拟机存在于 10.10.1.86 主机上，且 IP 地址为 10.10.2.90。

图 5-54　查看虚拟机摘要信息

2）在本机输入“ping 10.10.2.90 -t”持续 ping 虚拟机 IP 地址，以验证虚拟机是否能够访问，如图 5-55 所示。

3）将 10.10.1.86 主机重新引导或者关机，模拟 ESXi 主机故障，并持续观察 ping 虚拟机测试结果，如图 5-56 所示。

图 5-55　持续验证虚拟机

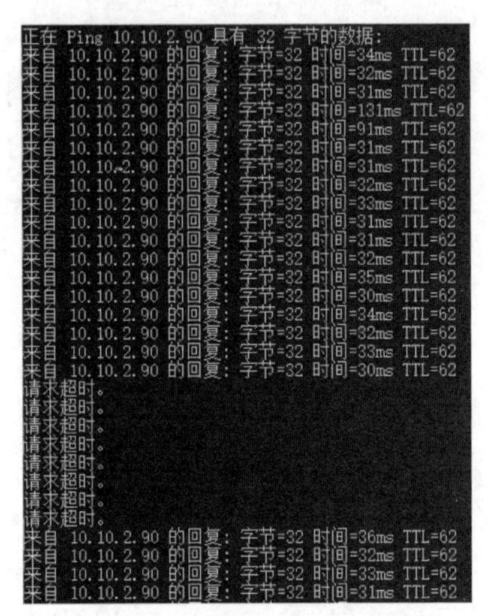

图 5-56　持续观察 ping 命令

4）待虚拟机能重新访问时，查看虚拟机的摘要信息，可以看到虚拟机已经迁移到另一台 ESXi 主机上了，则说明 vSphere HA 应用配置成功，如图 5-57 所示。

图 5-57　查看虚拟机迁移后摘要

在使用 vSphere HA 时，一定要注意 ESXi 主机故障期间会发生服务中断。如果物理主机出现故障，vSphere HA 会重启虚拟机，而在虚拟机重启过程中，虚拟机所提供的应用会中止服务。如果用户需要实现比 vSphere HA 更高要求的可用性，可以使用 vSphere FT（容错）。

项目六

虚拟机管理

项目介绍

虚拟机管理是虚拟化数据中心日常应用中的主要业务，目的是完成虚拟机管理并保障虚拟机正常稳定运行。

本项目讲授虚拟机的管理，包括创建、编辑、安装、导入、导出；VMware Tools 的安装与使用；RP 与 vApp 的创建与使用；虚拟机的克隆，包括快速克隆、完全克隆、配置文件克隆；虚拟机模板的使用，包括转换为模板、从模板创建；vSphere Replication 的配置与使用。

项目目的

- 虚拟机管理。
- VMware Tools 的安装与使用。
- Resource Pool 与 vApp 的使用。
- 虚拟机的克隆。
- 虚拟机模板的使用。
- vSphere Replication 的使用。

项目需求

类型	详细描述
硬件	不低于双核 CPU、8G 内存、500GB 硬盘，开启硬件虚拟化支持
软件	Windows 10 Pro 64 位、CentOS 7 64 位、vSphere Replication 8.2.0
网络	计算机使用固定 IP 地址接入局域网，并支持对互联网的访问

项目设计

本项目在前期项目完成的基础上，通过 VCSA 进行操作与项目开展。本项目需使用 1 台 Windows Server 2016 虚拟机、1 台 CentOS 7 虚拟机、1 台 vSphere Replication 虚拟机。

配置清单

<table>
<tr><th></th><th>节点名称</th><th colspan="2">节点地址</th><th>用户名</th><th>密码</th></tr>
<tr><td rowspan="4">ESXi</td><td>Cloud-Node-1</td><td colspan="2">10.10.1.85</td><td>root</td><td>cloud@esxi01</td></tr>
<tr><td>Cloud-Node-2</td><td colspan="2">10.10.1.86</td><td>root</td><td>cloud@esxi02</td></tr>
<tr><td>Cloud-Node-3</td><td colspan="2">10.10.1.87</td><td>root</td><td>cloud@esxi03</td></tr>
<tr><td>Cloud-Node-4</td><td colspan="2">10.10.1.88</td><td>root</td><td>cloud@esxi04</td></tr>
<tr><td>vCenter Server</td><td>OS 权限</td><td colspan="2">10.10.2.85</td><td>administrator@
cloud.local</td><td>cloud@vcsa</td></tr>
<tr><td>Windows Server 2016</td><td>OS 权限</td><td>用户名</td><td>administrator</td><td>密码</td><td>cloud@winser</td></tr>
<tr><td>CentOS 7</td><td>OS 权限</td><td>用户名</td><td>root</td><td>密码</td><td>cloud@centos</td></tr>
<tr><td>VMware vSphere Replication</td><td>OS 权限</td><td>用户名</td><td>root</td><td>密码</td><td>cloud@vr</td></tr>
</table>

项目记录

<table>
<tr><th></th><th>节点名称</th><th colspan="2">节点地址</th><th>用户名</th><th>密码</th></tr>
<tr><td rowspan="4">vCenter Server</td><td></td><td colspan="2"></td><td></td><td></td></tr>
<tr><td></td><td colspan="2"></td><td></td><td></td></tr>
<tr><td></td><td colspan="2"></td><td></td><td></td></tr>
<tr><td></td><td colspan="2"></td><td></td><td></td></tr>
<tr><td>vCenter Server Appliance</td><td>OS 权限</td><td>用户名</td><td></td><td>密码</td><td></td></tr>
<tr><td rowspan="4"></td><td></td><td colspan="4"></td></tr>
<tr><td></td><td colspan="4"></td></tr>
<tr><td></td><td colspan="4"></td></tr>
<tr><td></td><td colspan="4"></td></tr>
<tr><td colspan="6">问题记录</td></tr>
<tr><td colspan="6"></td></tr>
</table>

项目讲堂

1. 虚拟机概述

虚拟机（Virtual Machine，VM）是一个由主机物理资源提供支持的可运行且受支持的操作系统和应用程序的虚拟硬件集。每个虚拟机都有一些虚拟设备，这些设备可提供与物理硬件相同的功能，但更易移植、更易管理、更加安全。组成虚拟机的文件见表 6-1。

表 6-1 虚拟机的组成文件

文件类型	文件后缀名	详细描述
配置文件	vmx	记录虚拟机的版本、内存大小、硬盘类型及大小、虚拟网卡、MAC 地址信息等
交换文件	vswp	主要用于虚拟机开关机时内存交换使用
BIOS 文件	nvram	存储虚拟机的 BIOS 信息
日志文件	log	操作用于记录系统操作事件的记录文件或文件集合
硬盘描述文件	vmdk	虚拟硬盘的描述文件
硬盘数据文件	flat.vmdk	虚拟机使用的虚拟硬盘，实际所使用虚拟硬盘的容量就是此文件的大小
挂起状态文件	vmss	存储虚拟机在挂起状态时的信息
快照数据文件	vmsd	存储虚拟机快照的相关信息和元数据
快照状态文件	vmsn	当虚拟机建立快照时，就会自动创建该文件。有几个快照就会有几个此类文件，这是虚拟机快照的状态信息文件，记录了在建立快照时虚拟机的状态信息
快照硬盘文件	delta.vmdk	当使用快照时，复制 vmdk 文件生成的文件，之后的所有操作均是在此文件基础上
模板文件	vmtx	存储虚拟机模板信息

通常情况下，请勿更改、移动或删除虚拟机文件。

2. 虚拟磁盘格式

在进行虚拟机导入时，需要设置虚拟机虚拟磁盘的磁盘格式，格式共有厚置备延迟置零（Thick Provision Lazy Zeroed）、厚置备置零（Thick Provision Eager Zeroed）、精简置备（Thin Provision）三种，各虚拟磁盘格式说明见表 6-2。

3. VMware Tools

VMware Tools 是一套实用程序套件，是 VMware 提供的增强虚拟显卡和硬盘性能以及同步虚拟机与主机时钟的驱动程序。使用 VMware Tools 可更好地控制虚拟机界面，实现与虚拟机操作系统的无缝交互，提高虚拟机操作系统性能，增强虚拟机管理。

表 6-2 虚拟磁盘格式说明

格式	详细描述
厚置备延迟置零	以默认的厚格式创建虚拟磁盘。 创建虚拟磁盘时分配虚拟磁盘所需的空间。创建时不会擦除物理设备上保留的数据，但是从虚拟机首次执行写入操作时会按需要将其置零，即立即完全分配指定的磁盘空间给虚拟机，并立即清零磁盘空间
厚置备置零	创建支持群集功能（如 Fault Tolerance）的厚磁盘。 在创建时为虚拟磁盘分配所需的空间。与平面格式相反，在创建过程中会将物理设备上保留的数据置零。创建这种格式的磁盘所需的时间可能会比创建其他类型的磁盘长。 简单地说就是立刻分配指定大小的空间，并将该空间内所有数据清空，即立即完全分配指定的磁盘空间给虚拟机，并立即清零磁盘空间
精简置备	使用此格式可节省存储空间 对于精简磁盘，可以根据输入的磁盘大小值置备磁盘所需的任意数据存储空间。精简磁盘开始时很小，只使用与初始操作所需的大小完全相同的存储空间，即按实际磁盘使用量动态增长分配磁盘空间，但最大不能超过指定的最大磁盘分配空间

VMware Tools 解决的问题以及提升的性能、包含的组件以及提供的格式介绍如下。

（1）解决的问题以及提升的性能。

- 解决视频分辨率低以及色彩不足。
- 网速显示错误。
- 鼠标移动受限。
- 不能复制、粘贴和拖放文件。
- 提供创建虚拟机操作系统静默快照的能力。
- 将虚拟机操作系统中的时间与主机上的时间保持同步。

（2）包含的组件。

- VMware Tools 的服务。
- VMware 的设备驱动程序。
- VMware 的用户进程。
- VMware Tools 的控制面板。

（3）提供三种格式的 VMware Tools 程序。

- **ISO**（包含安装程序）：VMware 提供 ISO 镜像文件，其随产品一起打包封装并以多种方式进行安装，其中具体文件取决于虚拟机的操作系统。VMware Tools 支持的操作系统有 Linux、Windows、MacOS、FreeBSD、NetWare 和 Solaris。

- **Open VM Tools**(OVT): OVT 是面向 Linux 分发包维护人员和虚拟设备供应商的 VMware Tools 开源工具。OVT 可使最终用户获得最佳的“开箱即用”体验；OVT 的更新随操作系统维护更新和补丁一起被提供，这样可减少 VMware Tools 更新的单独维护周期；无需再进行兼容性的矩阵检查以及针对不同的操作系统版本实现更紧凑的占用空间。
- **操作系统特定软件包**（OSP）: OSP 是 VMware Tools 的打包和分发机制，它使用支持虚拟机操作系统的本机包格式和标准，例如 Linux 中的 RPM 和 DEB 等。VMware 也为特定 Linux 分发包版本构建和提供可下载的二进制软件包。Linux 的大多数版本都包含 Open VM Tools，无需再单独安装 OSP。

4. Open VM Tools

Open-VM-Tools 支持的操作系统见表 6-3。

表 6-3　具有 Open-VM-Tools 的操作系统列表

系统	版本
CentOS	7 及更高版本
Ubuntu	14.04 及更高版本
Red Hat Enterprise Linux	7.0 及更高版本
SUSE Linux Enterprise	12 及更高版本
FreeBSD	10.3、10.4 和 11.1
Debian	7.x 及更高版本
Oracle Linux	7 及更高版本
Fedora	19 及更高版本
openSUSE	11.x 及更高版本

Open-VM-Tools 包含的软件包及其介绍见表 6-4。

表 6-4　Open-VM-Tools 包含的软件包

软件包	作用
open-vm-tools	包含核心的用户空间程序和库，必选
open-vm-tools-desktop	用于以改进虚拟机的交互功能
open-vm-tools-debuginfo package	用于调试 open-vm-tools 的其他二进制文件和源代码

5. 资源池

资源池（Resource Pools，RP）是灵活管理资源的一种逻辑抽象。RP 可进行层次化分组，并对可用的 CPU 和内存资源进行分层分区管理。

每台独立主机和每个 DRS 群集都具有一个根 RP，此 RP 对该主机或群集的资源进行分组。根 RP 之所以不显示，是因为主机或群集与根 RP 的资源是相同的。

用户可创建根 RP 的子 RP，也可创建任何子 RP 的子 RP。每个子 RP 都拥有部分父级资源，然而子 RP 也可以具有各自的子 RP 层次结构，每个层次结构代表更小部分的计算容量。

一个 RP 可包含多个子 RP 或虚拟机。用户可创建共享资源的层次结构，处于较高级别的 RP 称为父 RP，如果不创建子 RP，则只存在根 RP。

（1）RP 的使用优势。通过 RP 可委派对主机或群集的控制权，使用 RP 划分群集内的所有资源时，其优势会得到体现。可创建多个 RP 作为主机或群集的直接子级，并进行配置，然后便可向其他个人或组织委派对 RP 的控制权，存在以下四个优点。

- RP 之间资源相互隔离，但 RP 内部共享。
- 访问控制和委派。
- 资源与硬件分离。
- 管理运行多层服务的各组虚拟机。

（2）RP 的准入控制。准入控制（Admission Control）即 RP 的预留不是决定其中的虚拟机可使用的 CPU 或内存资源量，而是用来分配给虚拟机的预留使用。如果 RP 的可用保留（Available Reservation）不够虚拟机预留需要的量，vSphere 将阻止启动，或正在运行中的虚拟机不能被移动到该 RP 中。

当在 RP 中启动虚拟机或创建子 RP 时，系统会自动执行其他准入控制以避免 RP 的限制，因此建议在操作之前进行资源预留的确认。资源预留有两种类型，分别为固定（Fixed）和可扩展（Expandable），见表 6-5。

表 6-5　资源预留类型

预留类型	描述
固定（Fixed）	预留资源只能使用自身的预留资源，系统检查所选 RP 是否有足够的未预留资源，若无足够的未预留资源，将会有红色提示信息
可扩展（Expandable）	预留资源不仅可使用自身分配的资源，也可以递归的方式向其父 RP 以及祖先 RP 借用

6. vApp

vApp 是 VMware 对云操作系统进行优化的软件解决方案。一个 vApp 是由一个或者多个虚拟机构成的逻辑体，可作为一个单位管理。

vApp 是一种类似于 RP 的容器，将 *n* 层应用程序封装到一个 vApp 的实体中，可简化多个虚拟机中此类应用程序的部署和后续管理，同时 vApp 不仅封装虚拟机，还封装其相互依存关系和资源分配情况，实现了一步完成应用程序的电源、克隆、部署和监视操作。

vApp 允许不同的虚拟机作为应用程序在堆栈中协同工作，并支持云计算体系结构。vApp 以开放虚拟化格式（OVF）标准运行，支持 OVF 格式导出。vApp 还可定义有关设备的许多特定内容，例如性能、RP、IP 地址分配策略和防火墙要求等。

如果清除 vCenter Server 的数据库，或者从 vCenter Server 移除包含 vApp 的独立 ESXi 主机，则可能丢失 vApp 信息。

7. 虚拟机克隆

克隆虚拟机即创建虚拟机的副本，该副本与原始虚拟机的软硬件配置相同，因此克隆完成之后，需自定义克隆虚拟机的虚拟机操作系统，更改虚拟机名称、网络设置和其他属性，以防止克隆虚拟机和目标虚拟机产生冲突。

8. 虚拟机模板

VMware vSphere 支持将虚拟机转化为模板，并可通过模板创建新的虚拟机。但模板创建后不可修改，若需修改现有的模板，必须先将其转换为虚拟机，更改后再将虚拟机转换为模板。若需保留模板的原始状态，可将原始模板克隆为模板。

9. vSphere Replication

VMware vSphere Replication 是提供基于管理程序的虚拟机复制和恢复的 VMware vCenter Server 的扩展。

vSphere Replication 是基于存储的复制备用方案，可通过删掉以下方式保护虚拟机，避免部分或整个站点故障：

- 从源站点到目标站点。
- 单个站点中的一个群集到另一个群集。
- 多个源站点到一个共享远程目标站点。

与基于存储的复制相比较，vSphere Replication 提供了多项优势，具体如下：

- 单个虚拟机的数据保护成本更低。
- 复制解决方案允许灵活选择源站点和目标站点的存储供应商。
- 每次复制的总体成本更低。

任务一　管理虚拟机

【任务介绍】

虚拟机在整个 VMware vSphere 虚拟化架构中扮演着重要角色，如何进行虚拟机管理并通过 VMware 构建一个高可用的虚拟机对实施和管理人员来说相当重要。

本任务通过 VMware vSphere Web 客户端对虚拟机进行管理，包括虚拟机的创建、编辑、系统安装、导入、导出。

【任务目标】

（1）了解虚拟机配置参数。

（2）掌握创建虚拟机的流程。

（3）了解虚拟机的开、关机。

（4）掌握虚拟机的注册、移除、删除、修改操作。

【操作步骤】

1. 创建虚拟机

（1）创建虚拟机。

1）启动创建向导。右键单击目标群集，选择“新建虚拟机”，弹出“新建虚拟机”向导框，选择创建类型为“创建新虚拟机”，如图 6-1 所示，单击“NEXT”按钮进入下一步。

2）选择名称和文件夹。设置虚拟机名称为“Cloud-Project6-10.10.2.95-CentOS7”，并选择虚拟机位置，如图 6-2 所示，单击“NEXT”按钮进入下一步。

图 6-1　选择创建类型

图 6-2　选择名称和文件夹

3）选择计算资源。选择要运行的群集，同时进行兼容性校验，当提示兼容性检查成功后，如图 6-3 所示，单击“NEXT”按钮进入下一步。

4）选择存储。选择存储设备，设置虚拟机存储策略，其中选项有“数据存储默认值”、“VM Encryption Policy”（虚拟机加密策略）、“vSAN Default Storage Policy”（vSAN 默认存储策略）、“VVol No Requirements Policy”（虚拟卷无需求策略）。本任务选择第一项，如图 6-4 所示，单击“NEXT”按钮进入下一步。

5）选择兼容性。根据提示为虚拟机选择虚拟化版本兼容性支持，本任务设置的兼容性为“ESXi 6.7 及更高版本”，如图 6-5 所示，单击“NEXT”按钮进入下一步。

图 6-3　选择计算资源

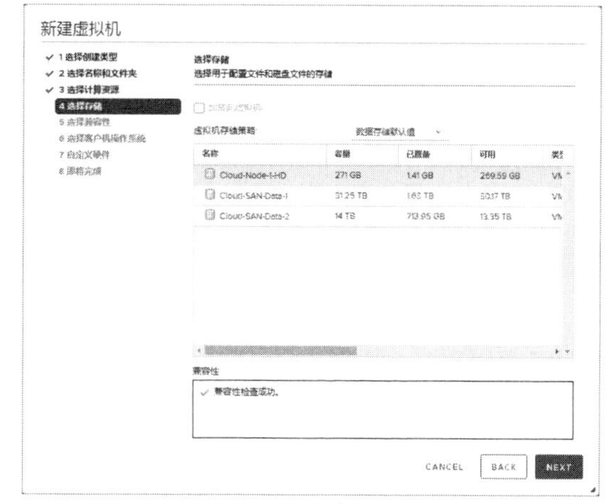

图 6-4　选择存储

6）选择虚拟机操作系统。选择将在虚拟机上安装的虚拟机操作系统类型，本任务依次选择“Linux”“CentOS 7（64 位）”，如图 6-6 所示，单击“NEXT”按钮进入下一步。

图 6-5　选择兼容性

图 6-6　选择虚拟机操作系统

7）自定义硬件。自定义配置虚拟机硬件，根据需求配置 CPU、内存以及硬盘存储，本任务的配置如图 6-7 所示，单击“NEXT”按钮进入下一步。

8）即将完成。检查详细的配置信息，确认无误后单击“FINISH”按钮完成创建，如图 6-8 所示。

（2）虚拟机开、关机。虚拟机电源状态修改共有 6 项不同的操作。右键单击虚拟机，选择“启动”显示其操作项内容，如图 6-9 所示。

1）打开电源（Power On）和关闭电源（Power Off），这两个功能的作用与名称相同，它们相当于直接按下虚拟机的虚拟电源按钮，而不会直接控制虚拟机操作系统。

图 6-7　自定义硬件　　　　图 6-8　即将完成

2）挂起（Suspend）命令会挂起虚拟机，在恢复虚拟机时，它会返回到挂起时的状态。

3）重置（Reset）命令将重启虚拟机。这不同于重启虚拟机操作系统，它相当于按下计算机前面的重启按钮。

4）关闭客户机操作系统（Shut Down Guest OS）命令只有在安装 VMware Tools 时才能使用，它通过 VMware Tools 调用虚拟机操作系统的关机命令。为了避免虚拟机操作系统实例的文件系统或数据损坏，关机时推荐可能使用该命令。

图 6-9　电源操作

5）重新启动客户机操作系统（Restart Guest OS）命令只有在安装 VMware Tools 时才能使用，它通过 VMware Tools 调用虚拟机操作系统的系统重启命令。

（3）为虚拟机安装操作系统。新建虚拟机如同一个无操作系统的物理计算机。所有的组件都已经准备就绪，在创建了虚拟机之后就可以开始安装支持的操作系统。ESXi 支持安装的虚拟机操作系统如下所示。

- Windows XP，Vista，7/8/10
- Windows Server 2000/2003/2008/2012/2016/2019
- Red Hat Enterprise Linux 3/4/5/6/7
- CentOS 4/5/6/7/8
- SUSE Linux Enterprise Server 8/9/10/11/12
- Debian Linux 6/7/8/9
- Oracle Linux 4/5/6/7
- Sun Solaris 10/11
- FreeBSD 7/8/9/10

- Ubuntu Linux
- CoreOS
- Apple OS X/Mac OS

1）安装介质准备。虚拟机操作系统的安装可以通过三种方式访问光盘，进行系统安装，分别为：

a．Client Device。虚拟机设备，该项允许将运行 vSphere Web 客户端的计算机本地光驱映射到虚拟机上。

b．Host Device。主机设备，该项可以将 ESXi 主机的光驱映射到虚拟机上。这里需将 CD/DVD 插入到服务器的光驱上，然后虚拟机才能访问磁盘。

c．Datastore ISO File。数据存储 ISO 文件，即将一个 ISO 镜像映射到虚拟机上。现在有越来越多的软件通过 ISO 镜像发布，而 vSphere 环境可以直接使用这些镜像。ISO 镜像是安装虚拟机操作系统的推荐方法，因为它们比实际光驱的读取速度更快，也更容易挂载或卸载。

本任务通过数据存储 ISO 文件方式获取 CentOS 7 ISO 镜像文件安装操作系统，具体操作为：①在 vSphere Web 客户端中，单击“菜单”，选择“存储”。②选择需要上传的存储，将本地的 ISO 文件上传，上传完毕后，刷新数据存储文件浏览器，查看列表中已上传的文件，如图 6-10 所示。

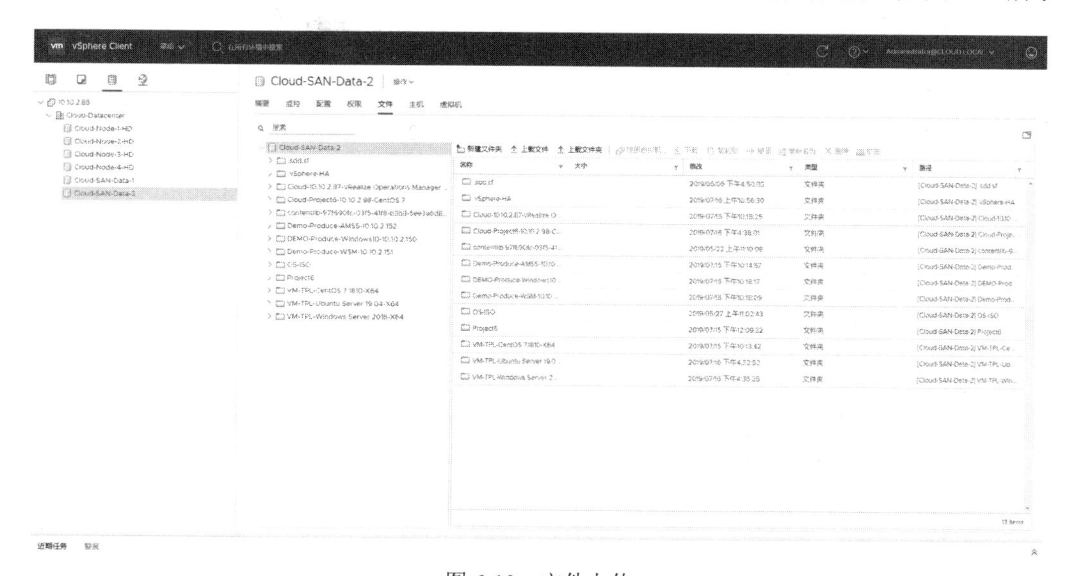

图 6-10　文件上传

2）系统安装。①设置 ISO 镜像安装介质。右键单击“Cloud-Project6-10.10.2.98-CentOS 7”虚拟机，选择“编辑设置”，设置“CD/DVD 驱动器 1”，选择“数据存储 ISO 文件”，弹出窗口选择已上传到数据存储的 ISO 文件，如图 6-11 所示，校验完毕后，单击“确定”按钮完成镜像挂载。②启动虚拟机。右键单击“Cloud-Project6-10.10.2.98-CentOS 7”虚拟机，选择“启动”中的“打开电源”启动虚拟机。打开 VMRC 客户端进行远程管理，进入 CentOS 7 安装界面，然后开始 CentOS 7 系统安装，如图 6-12 所示。

图 6-11　设置 ISO 镜像安装介质

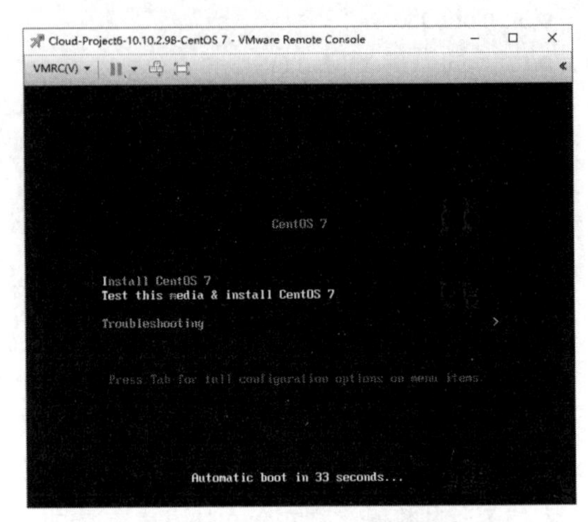

图 6-12　CentOS 7 安装界面

2. 管理虚拟机

除了创建虚拟机，还需要对虚拟机进行一系列地管理，让其更好地运行与服务。

（1）注册虚拟机。通过 vSphere 提供的虚拟机注册功能，可将其他环境下已创建好的虚拟机（包含 VMX、VMDK 文件）添加到 vCenter Server 群集上进行管理。

1）在 vSphere Web 客户端首页，单击“菜单”，选择“存储”，右键单击包含要注册虚拟机的数据存储，选择“注册虚拟机”，如图 6-13 所示。弹出“选择文件”窗口，如图 6-14 所示，通过文件浏览器找到需注册的虚拟机目录，选择对应的 VMX 文件后单击“OK”按钮进入下一步。

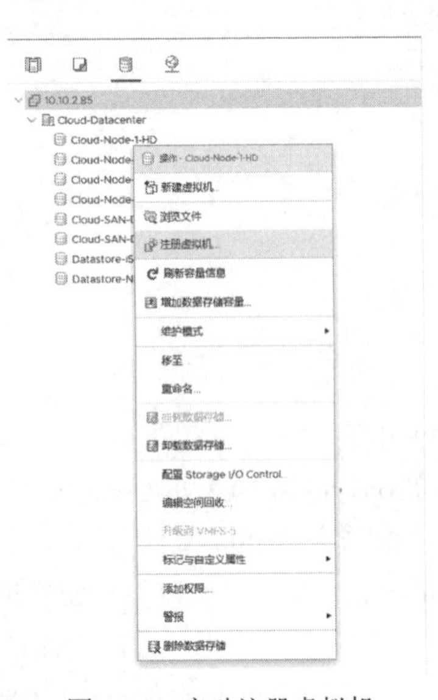

图 6-13　启动注册虚拟机

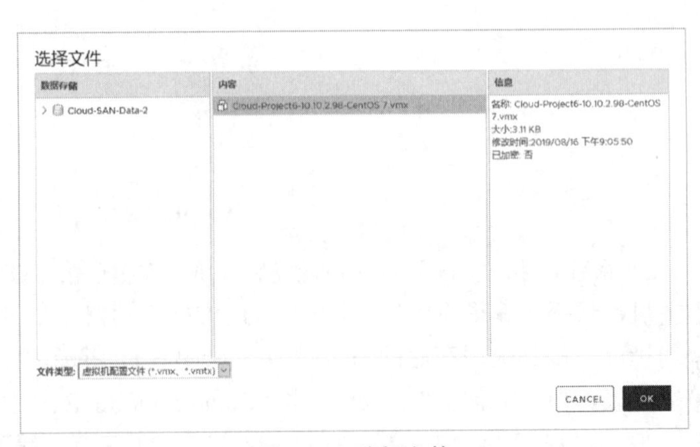

图 6-14　选择文件

2）弹出“注册虚拟机”向导框，如图 6-15 所示。注册虚拟机向导通过读取 VMX 文件的内容预先填充虚拟机的名称，接受默认名称或设置新名称，然后在向导内选择一个逻辑位置，单击“NEXT”按钮进入下一步。

图 6-15　注册虚拟机

3）选择运行虚拟机的特定主机，单击“NEXT”按钮进入下一步。

4）检查设置，若设置无误，单击“FINISH”按钮完成虚拟机注册。否则，根据提示返回并进行修改。

（2）移除虚拟机。如果想在列表中删除某个虚拟机，但又需要保留虚拟机文件，则可以通过虚拟机移除进行操作，如果需要再使用就可通过前面的注册虚拟机进行重新添加使用。在进行虚拟机移除操作前，需关闭虚拟机电源，具体操作为：右键单击目标虚拟机，选择“从清单中移除”，如图 6-16 所示。弹出确认操作框，单击“是”按钮开始虚拟机的移除。

（3）删除虚拟机。删除虚拟机即在虚拟机列表中删除，同时在数据存储上也进行删除，在进行虚拟机删除操作前，需关闭虚拟机的电源，具体操作为：

右键单击目标虚拟机，选择“从磁盘删除”，如图 6-16 所示，弹出操作确认框，选择“是”按钮即完成虚拟机的删除。

（4）修改虚拟机。在使用过程中，根据需求虚拟机的配置会进行修改。在通常情况下，修改虚拟机的配置要求关闭虚拟机电源。本任务是为虚拟机添加第二个网络适配器设备，具体操作如下。

图 6-16　移除虚拟机

1）右键单击目标虚拟机，选择“编辑设置”，弹出“编辑设置”向导。

2）单击右上角的“添加新设备”，弹出可添加硬件设备列表，选择“网络适配器”，如图 6-17 所示，可看到“网络适配器 1”下面新增一行“新网络*”。单击展开“新网络*”，配置新增网络适配器属性，如图 6-18 所示，单击“确定”按钮进行检查添加。

图 6-17　添加新设备

图 6-18　配置新网络

任务二　使用 VMware Tools

扫码看视频

【任务介绍】

VMware Tools 是一系列的服务和模块，可在 VMware 产品中实现多种功能，从而使用户更好地管理虚拟机操作系统，实现与虚拟机操作系统的无缝交互。

本任务旨在虚拟机上使用 VMware Tools，通过在不同操作系统下进行 VMware Tools 的安装、配置、升级、卸载等操作，了解并掌握 VMware Tools 的作用。

【任务目标】

（1）掌握在 Windows Server 操作系统上安装 VMware Tools。

（2）掌握在 CentOS 操作系统上安装 VMware Tools。

（3）掌握 VMware Tools 的升级。

【操作步骤】

1．VMware Tools 安装

VMware Tools 支持 Windows、Linux、NetWare、Solaris 和 FreeBSD 操作系统，但不同的操作系统安装方法各不相同，vSphere 官方提供 ISO 镜像进行安装，虚拟机操作系统可以访问挂载 CD-ROM 进行安装，下面讲述在 Windows、CentOS 两类操作系统上安装 VMware Tools。

（1）在 Windows Server 2016 上安装。

1）通过 VMRC 打开虚拟机并登录虚拟机操作系统。

2）右键单击目标虚拟机，选择“客户机操作系统”中的“安装 VMware Tools”，这时出现一个对话框，单击“挂载 VMware Tool 镜像”关闭对话框。此时会在 Windows Server 2016 中显示一个 AutoPlay 对话框，提示正在执行的操作，选择“Run setup64.exe”，如图 6-19 所示。若未见显示该对话框，则打开 Windows 资源管理器，双击 CD/DVD 驱动器，就会出现 AutoPlay 对话框。

3）右键单击选择安装，进入“VMware Tools 安装程序”向导，单击“下一步”开始安装，如图 6-20 所示。

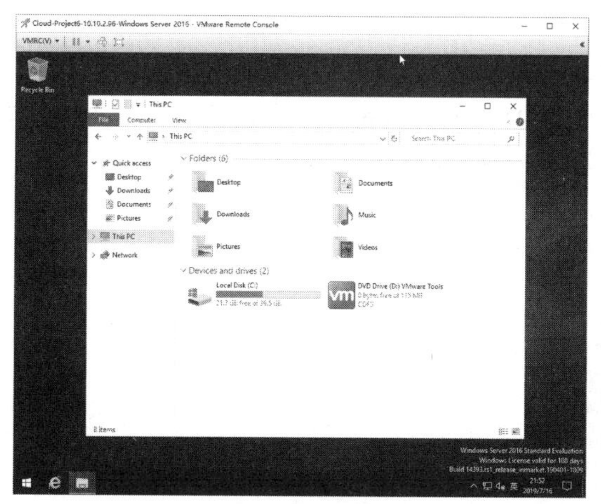

图 6-19　查看管理器

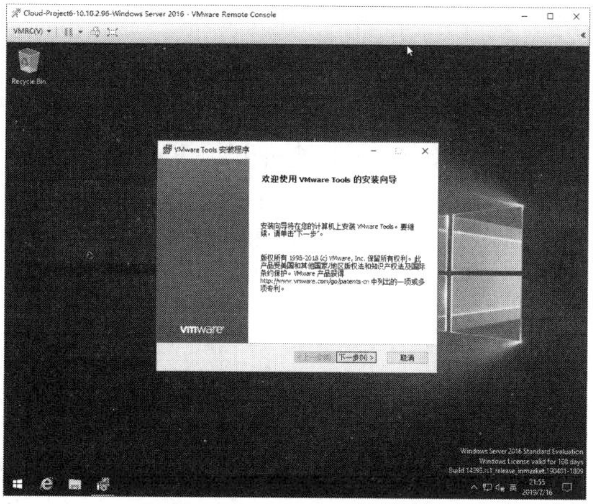

图 6-20　开始进行安装

4）选择 VMware 工具的安装类型为“Typical”，然后单击“Next”按钮进行下一步。

Typical（典型安装）模式已经能够满足大多数情况的要求；Complete（完全安装）模式将安装所有可用特性；Custom（自定义安装）模式则可以最大程度定制安装的特性。

5）在安装过程中，会出现若干次确认安装第三方设备驱动程序的提示，在这些提示中选择“Install”，继续安装。

6）安装完成后单击“FINISH”按钮，安装完毕后会提示“您必须重新启动系统，对 VMware Tools 进行的配置更改才能生效。”单击“Yes”立即重启虚拟机，或者单击“No”稍后再手动重启虚拟机。

（2）在 Linux 上安装。对于 Linux 操作系统，若其版本包含在表 6-5 中，即可直接执行安装命令进行安装。

1）打开并登录 Linux 虚拟机，升级权限至“root”，执行升级软件包管理器，例如 CentOS 系统是“yum update -y”。

2）执行安装命令进行安装。CentOS 与 Ubuntu 的安装命令如下所示。

```
yum install open-vm-tools –y                    // CentOS 操作系统
apt-get install open-vm-tools –y                // Ubuntu 操作系统
```

3）安装完成后，系统会提示需要重启系统，重启后在 vSphere Web 客户端会自动检测虚拟机的 VMware Tools 安装信息，单击“更多信息”可看到 VMware Tools 的信息，其界面如图 6-21 所示。

图 6-21　VMware Tools 状态

2. VMware Tools 升级

VMware 支持自动升级和手动升级两种方式，需要注意的是并非始终需要将 VMware Tools 升级至最新版本，需综合考虑 VMware Tools 与主机的版本兼容性。

（1）自动升级。VMware 自动升级的配置为：右键单击目标虚拟机，选择“编辑设置...”。弹出“编辑设置”窗口，选择“虚拟机选项”，单击展开“VMware Tools”配置，将“Tools 升级”中的“每次打开电源前检查并升级 VMware Tools”勾选上，如图 6-22 所示。

图 6-22　配置 VMware Tools 自动升级

（2）手动升级。选中目标虚拟机，右键单击虚拟机，依次选择“虚拟机操作系统”“升级 VMware Tools”。升级操作与安装操作的流程大致相同，在此不再赘述。

任务三　使用 Resource Pool 与 vApp

扫码看视频

【任务介绍】

本任务介绍 RP 与 vApp 的使用。通过 RP 的创建并在资源池下添加虚拟机，通过对 RP 的份额、预留等信息的配置，掌握使用 RP 管理虚拟机的方法；通过 vApp 的创建并配置进行 vApp 设置、vApp 下虚拟机的启动顺序、IP 分配等批量管理以及将 vApp 克隆为模板。

【任务目标】

（1）掌握 RP 的创建。

（2）掌握 RP 的配置。

（3）掌握 vApp 的创建。

（4）掌握 vApp 的配置。

【操作步骤】

1. 使用 RP

（1）创建 RP。资源池是一种特定的容器对象，与文件夹非常相似。可以在独立的主机上创建资源池，或者在启用 DRS 功能的群集中创建资源池作为管理对象。资源池的属性有两部分：一部分是 CPU 设置（份额、预留、预留类型和限制），另一部分是内存的设置。

右键单击目标群集，选择“新建 RP...”弹出“新建资源池”窗口，如图 6-23 所示。输入标识 RP 的名称，并指定相应的 CPU 和内存资源分配方式。对其包含的四个选项的参数解释见表 6-6。

图 6-23　新建资源池

创建资源池以后，可直接通过单击列表中的虚拟机将其拖到资源池中。

（2）配置资源池。

1）配置资源池要求在出现资源竞争时，确保资源池的 CPU 和内存资源，并且为该资源池分配更高的资源访问权限，配置参数如图 6-24 所示。

表 6-6　RP 配置选项详解

软件包	作用
份额（Shares）	指定此 RP 相对于父级的总资源的份额值，其分配参数为低、正常、高，对应的比值为 1:2:4
预留（Reservation）	为此 RP 指定保证的 CPU 或内存分配量。默认值为“0”
预留类型（Reservation Type）	勾选“可扩展”，会在准入控制过程中进行可扩展预留，若 RP 中运行的虚拟机且其总预留大于 RP 的预留，则该资源允许使用其父级的资源
限制（Limit）	指定此 RP 的 CPU 或内存分配量的上限

2）配置资源池，要求在出现资源竞争时，为资源池分配较低的 CPU 和内存访问优先级，配置参数如图 6-25 所示。

图 6-24　配置资源池（高）

图 6-25　配置资源池（低）

2. 使用 vApp

（1）创建 vApp。

1）启动新建向导。右键单击目标主机，选择“新建 vApp…”（若其父对象为 vApp，则选项为“新建子 vApp…”），弹出“新建 vApp”向导框，如图 6-26 所示。选择创建类型为“创建新 vApp”，然后单击“下一步”按钮。

2）选择名称和位置。设置 vApp 名称、选择文件夹或数据中心（这是一个逻辑位置，而非物理位置），如图 6-27 所示，然后单击“下一步”按钮进行下一步。

3）资源分配。配置 vApp 资源分配策略，如图 6-28 所示，单击“下一步”按钮进行下一步。

4）检查并完成。核对配置信息无误且无操作警告后，如图 6-29 所示，单击“完成”以完成创建。创建 vApp 后，可直接通过拖动列表中的虚拟机将其拖到 vApp 中。

图 6-26　选择创建类型

图 6-27　选择名称和位置

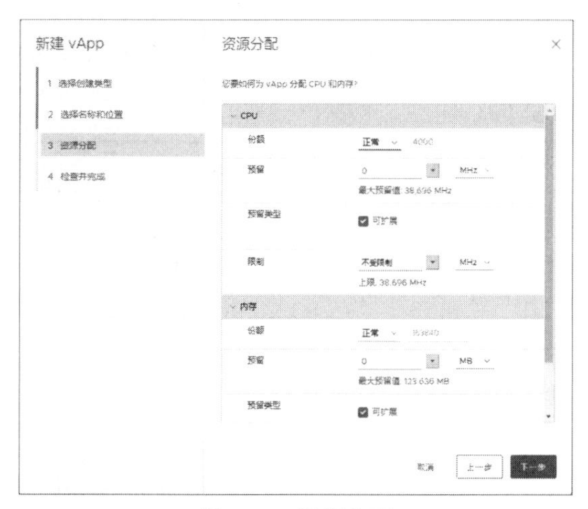

图 6-28　资源分配

图 6-29　检查并完成

（2）修改 vApp 配置。vApp 是一种容器，具有与虚拟机一样的属性和配置。修改 vApp 配置的两个前提条件是关闭 vApp 电源和具有 vApp 编辑权限。

1）资源分配。右键单击目标 vApp，选择“编辑设置...”，弹出“编辑 vApp”向导框，单击左上角的“资源”选项，在这里可以分配更高或者更低的资源访问优先级、预留 vApp 资源或者限制 vApp 资源使用，其配置如图 6-30 所示。

2）启动顺序。vApp 的优点之一是可以按照自定义的顺序、一次性启动或者关闭 vApp 中的所有虚拟机。

在“编辑 vApp”窗口中，单击“启动顺序”选项。启动顺序按组序号升序顺序进行启动/关机，同一组中的虚拟机和 vApp 同时启动，启动完毕后进行下一组，关机则采用相反顺序。

本任务将前两台虚拟机分别设置为两个组，启动操作延迟时间为 120s，关机操作延迟时间为 0s，如图 6-31 所示。

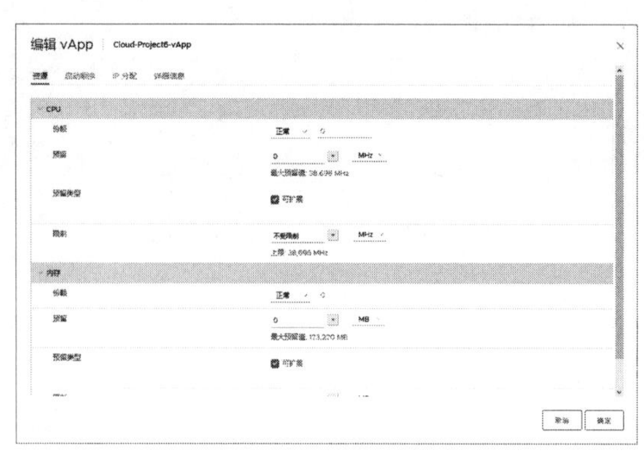

图 6-30　资源配置

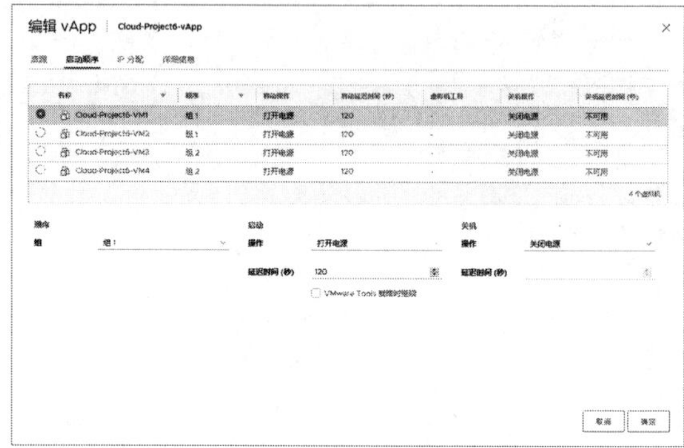

图 6-31　启动顺序

3）IP 分配。在“编辑 vApp”窗口中，单击“IP 分配”选项。其 IP 分配策略参数详解见表 6-7，这里设置 IP 协议为“IPv4”，IP 分配方案为“OVF 环境”，IP 分配为“静态-手动”，如图 6-32 所示。

表 6-7　IP 分配策略

选项	描述
静态-手动	手动配置 IP 地址
暂时-IP 池	利用 vCenter Server 创建和管理的 IP 池给 vApp 中的虚拟机分配 IP 地址。当虚拟机关闭时，IP 地址会自动释放
DHCP	通过外部的 DHCP 服务器给 vApp 中的虚拟机分配 IP 地址

图 6-32　IP 分配

4）详细信息。在“编辑 vApp”窗口中，单击“详细信息”选项，可以编辑 vApp 的其他信息。例如 vApp 名称、产品 URL、供应商和供应商 URL，如图 6-33 所示。配置完成后，可在虚拟机摘要选项卡中查看到该配置信息，如图 6-34 所示。

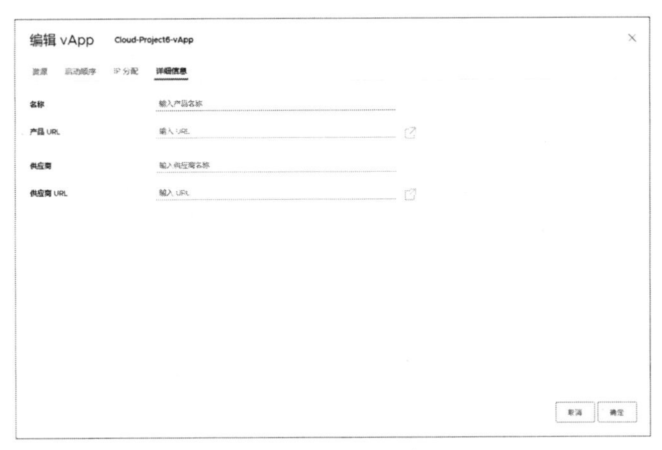

图 6-33　详细信息

图 6-34　vApp 摘要信息

任务四　虚拟机克隆

【任务介绍】

虚拟机克隆可实现对虚拟机的快速创建、备份，本任务通过完全克隆、配置文件克隆两种方法实现虚拟机克隆。

【任务目标】

（1）掌握虚拟机自定义规范的配置。

（2）掌握虚拟机的完全克隆。

（3）掌握虚拟机的批量克隆。

（4）掌握 vApp 的克隆。

【操作步骤】

1. 创建虚拟机自定义规范

vCenter Server 的“虚拟机自定义规范”与定制虚拟机克隆的工具一起使用，可有效避免克隆虚拟机与源虚拟机拥有相同的 IP 地址、相同的计算机名称、相同的 MAC 地址等系统冲突问题。

（1）策略和配置文件。在 vSphere Web 客户端，单击“菜单”下拉框，选择“策略和配置文件”进入配置界面，如图 6-35 所示。

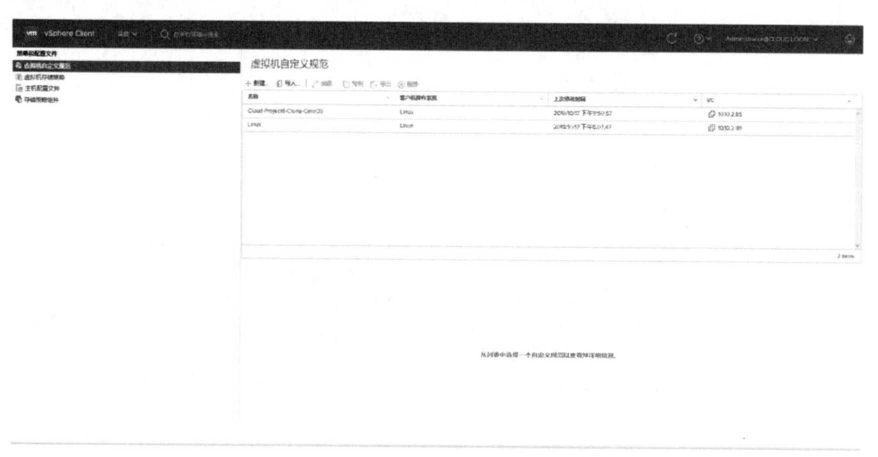

图 6-35　选择策略和配置文件

（2）启动新建向导。单击“虚拟机自定义规范”，然后单击右侧的“新建”按钮，弹出“新建虚拟机自定义规范”向导，如图 6-36 所示。

图 6-36　新建虚拟机自定义规范

（3）名称和目标操作系统。配置规范的名称为“Cloud-Project6-Standard-CentOS”，描述为可填项，选择应用的 vCenter Server 为“10.10.2.85”，选择目标客户机操作系统为“Linux”，如图 6-36 所示，然后单击“NEXT”按钮进行下一步。

（4）计算机名称。配置虚拟机的名称，四个选项的详解见表 6-8，选择“使用虚拟机名称”，同时设置域名为“Cloud-Project6”如图 6-37 所示，然后单击“NEXT”按钮进行下一步。

表 6-8 虚拟机名配置选项详解

选项	描述
使用虚拟机名称	将克隆虚拟机操作系统的计算机名设置为与源虚拟机名相同的值
在克隆/部署向导中输入名称	即在操作时进行命名
输入名称	手动指定名称，但只有附加唯一数值该项才有效
使用借助于 vCenter Server 配置的自定义应用程序生成名称	使用借助于 vCenter Server 配置的自定义应用程序生成名称

（5）时区。配置虚拟机的时区，设置区域为“亚洲”，位置为“上海”，硬件时钟设置为“本地时间”，如图 6-38 所示，然后单击“NEXT”按钮进行下一步。

图 6-37 计算机名称

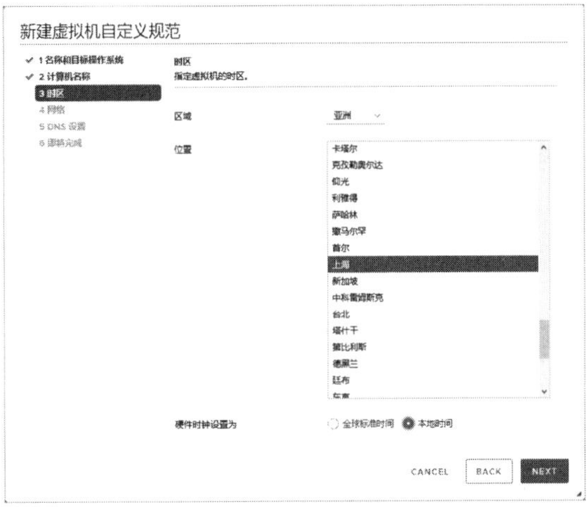

图 6-38 配置时区

（6）网络。配置虚拟机的网络，选择“手动选择自定义设置”，编辑“网卡 1”为 IPv4，设置为“当使用规范时，提示用户输入 IPv4”，如图 6-39 所示，然后单击“NEXT”按钮进行下一步。

（7）DNS 设置。配置虚拟机的 DNS 和域信息，该项为可填项，本任务不进行设置，如图 6-40 所示，然后单击“NEXT”按钮进行下一步。

（8）即将完成。确认无误后，单击“FINISH”按钮完成创建，如图 6-41 所示。

2. 克隆虚拟机

（1）启动克隆向导。右键单击目标虚拟机，依次选择“克隆”“克隆到虚拟机”，弹出“克隆现有虚拟机”向导框，设置克隆虚拟机的名称和目标位置，如图 6-42 所示，然后单击“NEXT”按钮进行下一步。

图 6-39　网络

图 6-40　DNS 设置

图 6-41　即将完成

图 6-42　克隆现有虚拟机

（2）选择计算资源。选择虚拟机的运行位置，兼容性窗口显示兼容性检查的结果，然后单击“NEXT”按钮进行下一步。

（3）选择存储。选择虚拟机的数据存储，然后单击“NEXT”按钮进行下一步。

（4）选择克隆选项。进行克隆虚拟机配置，勾选“自定义操作系统”，如图 6-43 所示。

（5）自定义客户机操作系统。选中前面创建的规范，如图 6-44 所示，然后单击“NEXT”按钮进行下一步。

图 6-43　选择克隆选项　　　　图 6-44　自定义客户机操作系统

（6）用户设置。左侧导航增加一个“用户设置”，提示用户设置克隆虚拟机的 IP 信息，如图 6-45 所示，然后单击“NEXT”按钮进行下一步。

（7）即将完成。确认无误后，如图 6-46 所示，单击“FINISH”按钮开始克隆。

图 6-45　用户设置　　　　图 6-46　即将完成

3. 克隆 vApp

克隆 vApp 的方法与克隆虚拟机的方法完全相同，克隆 vApp 会将其中所有的虚拟机和子 vApp 一同克隆。

开始克隆前，需要关闭目标 vApp 的电源，否则克隆操作功能被禁用。

（1）启动克隆。右键单击目标 vApp，依次选择“克隆”“克隆...”，弹出“新建 vApp”向导框，如图 6-47 所示。选择“克隆现有 vApp”，然后单击“下一步”按钮继续操作。

（2）选择目标。选择要运行该 vApp 的有效主机、vApp 或 RP，操作不正确会显示错误提示，如图 6-48 所示，本任务选择目标主机，然后单击“下一步”按钮继续操作。

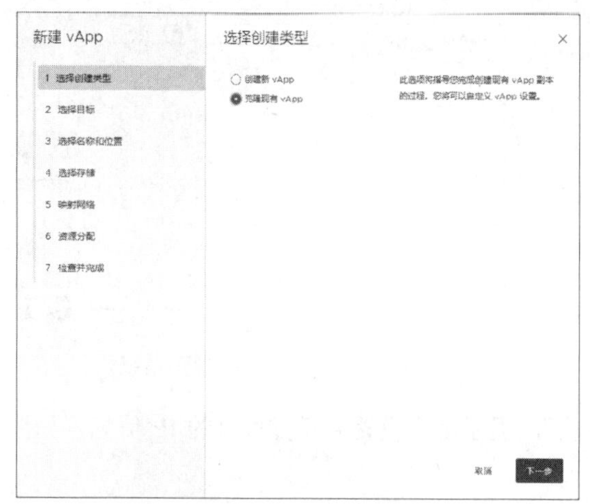

图 6-47　vApp 克隆

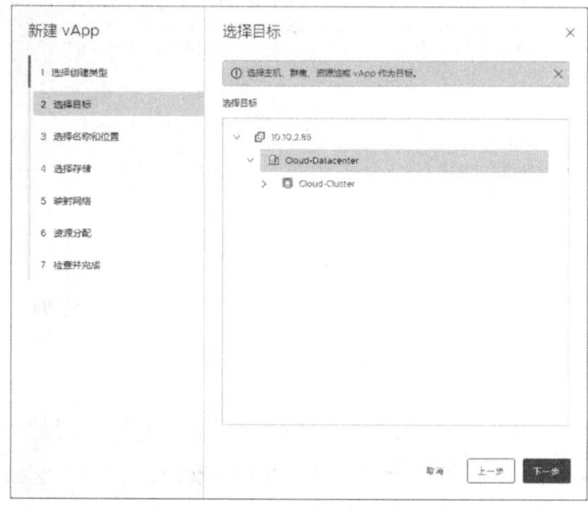

图 6-48　vApp 选择目标主机

（3）选择名称和位置。输入 vApp 的名称并选择位置，无提示错误后，单击“下一步”按钮，如图 6-49 所示。

（4）选择存储。选择虚拟磁盘格式和目标数据存储，如图 6-50 所示，然后单击“下一步”按钮继续操作。

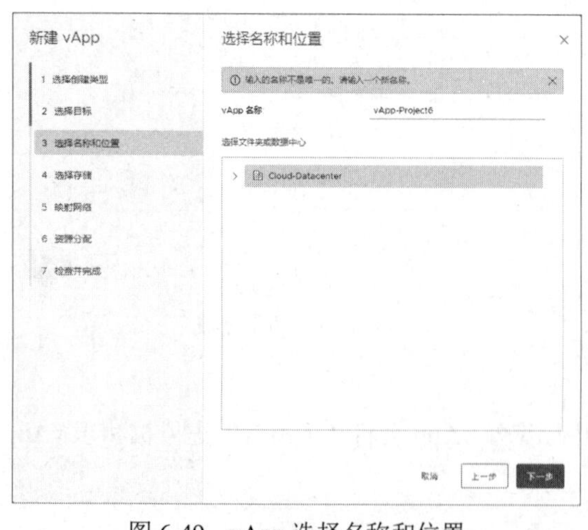

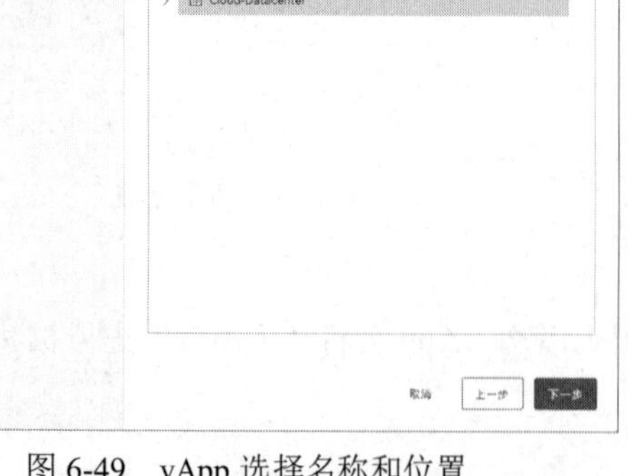

图 6-49　vApp 选择名称和位置

图 6-50　vApp 选择存储

（5）映射网络。配置 vApp 中虚拟机所使用网络的映射网络，如图 6-51 所示，然后单击“下一步”按钮继续操作。

（6）资源分配。向 vApp 分配 CPU 和内存资源，如图 6-52 所示，然后单击“下一步”按钮继续操作。

图 6-51　vApp 映射网络

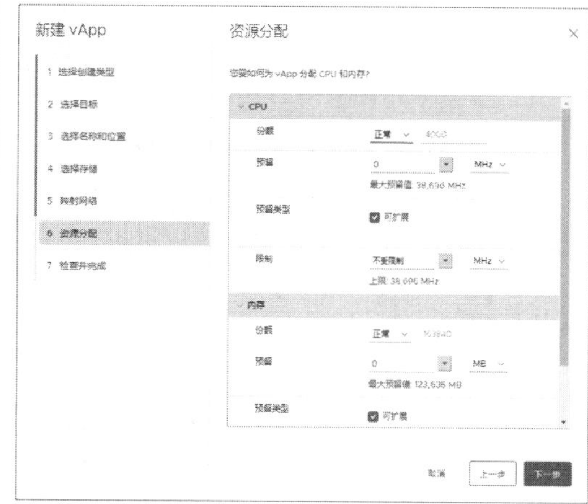

图 6-52　vApp 资源分配

（7）检查并完成。检查 vApp 设置后单击“完成”按钮，如图 6-53 所示，vApp 克隆任务启动，耐心等待完成即可。

图 6-53　vApp 检查并完成

任务五　使用虚拟机模板

扫码看视频

【任务介绍】

为方便运维工作，可将调优配置好的虚拟机转化为虚拟机模板，并以此创建各种不同用途的虚拟机模板，在虚拟机创建时可根据需求选择不同模板创建，有效提高数据中心的运维效率。

本任务介绍虚拟机转换为模板、使用虚拟机模板、虚拟机模板管理操作。

【任务目标】

（1）掌握创建模板的方法。

（2）掌握将虚拟机克隆为模板的方法。

（3）掌握从模板部署虚拟机。

（4）掌握使用 OVF 模板部署虚拟机。

【操作步骤】

1. 创建模板

（1）转换为模板。用户可将虚拟机直接转换成模板，虚拟机转换为模板后将不会在主机管理列表显示，而只能在模板中看到，且不能编辑或启动模板，其是一个受保护的格式。

右键单击目标虚拟机，依次选择“模板”“转换为模板”，如图 6-54 所示，即可转换为模板。

（2）导出 OVF 模板。虚拟机可导出开放式虚拟格式（OVF）和开放式虚拟设备（OVA）两种模板。vSphere 6.5 及更高版本中，仅支持 OVF 格式导出，不提供 OVA 格式导出支持。

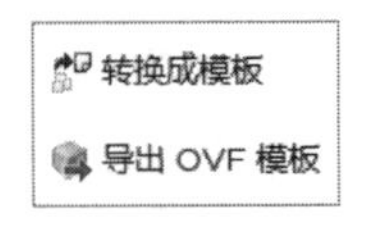

图 6-54　模板选项

1）右键单击目标虚拟机，依次选择“模板”“导出 OVF 模板”，弹出“导出 OVF 模板”配置窗口，如图 6-55 所示。

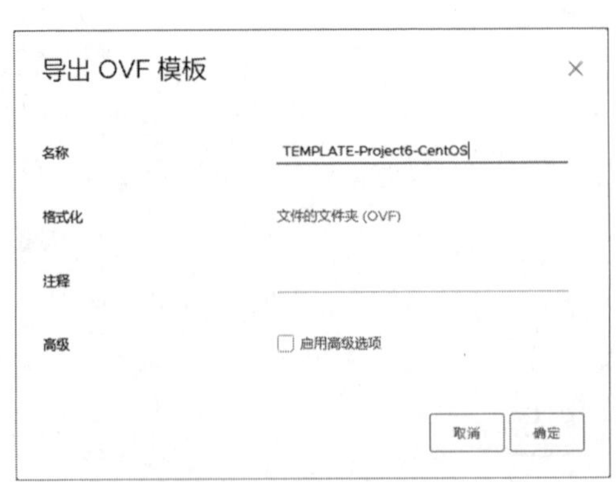

图 6-55　导出 OVF 模板

2）设置 OVF 模板的名称为“Template-Project6-CentOS”，其余项不进行配置，直接单击“确定”按钮进行虚拟机导出。

2. 将虚拟机克隆为模板

将虚拟机克隆为模板与创建虚拟机模板所使用的转换原理相同。执行下面的步骤将虚拟机克隆为模板格式，其操作过程如下。

（1）右键单击目标虚拟机，依次选择“克隆”“克隆为模板”，弹出“将虚拟机克隆为模板”向导，为模板指定唯一名称和目标位置，如图 6-56 所示，然后单击“NEXT”按钮进行下一步。

（2）依次配置“选择计算资源”“选择存储”“即将完成”，等待操作完成即可。

3. 从模板部署虚拟机

从模板部署虚拟机可依据模板创建虚拟机，创建的新虚拟机具有与模板一致的虚拟硬件、安装的软件和其他属性，其操作过程如下。

（1）单击首页导航栏中“菜单”下拉框，选择“虚拟机和模板”，右键单击目标虚拟机模板，选择“从此模板新建虚拟机”，弹出“从模板部署”向导框，如图 6-57 所示。然后单击“NEXT”按钮进行下一步。

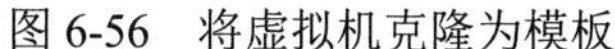

图 6-56　将虚拟机克隆为模板

图 6-57　从模板部署虚拟机

（2）该过程与虚拟机的克隆操作相似，在此对其配置不再赘述。依次配置“选择计算资源”“选择存储”“选择克隆选项”“即将完成”等，完成虚拟机克隆。

4. 使用 OVF 模板部署虚拟机

使用 OVF 部署模板是一种快速部署管理的方法，vCenter Server 支持本地存储的 OVF 模板部署，也支持通过 URL 访问的远程存储 OVF 模板进行部署，其操作过程如下。

（1）启动部署向导。右键单击目标群集，选择“部署 OVF 模板”，弹出“部署 OVF 模板”向导框，选择 OVF 模板源位置必须是 OVF 或者 OVA 格式，同时需要选择 OVF 模板和所有必须的文件，否则会有文件校验错误提示，如图 6-58 所示，然后单击“NEXT”按钮进行下一步。

（2）选择名称和文件夹。配置虚拟机名称和配置虚拟机的逻辑位置，然后单击“NEXT”按钮进行下一步。

（3）选择计算资源。配置虚拟机的计算资源，即运行虚拟机及保存虚拟硬盘文件的位置，然后单击“NEXT”按钮对 OVF 模板进行格式校验。

（4）查看详细信息。校验无误后，进入“查看详细信息”界面，这里汇总了有关 OVF 模板的信息，如图 6-59 所示，核对无误后单击“NEXT”按钮进行下一步。

图 6-58　选择 OVF 模板

图 6-59　查看详细信息

（5）选择存储。配置磁盘格式和存储策略，然后单击“NEXT”按钮进行下一步。

（6）选择网络。将 OVF 模板中定义的每个源网络映射到 vCenter Server 中的目标网络。IP 分配设置已默认且不可修改，如图 6-60 所示，然后单击“NEXT”按钮进行下一步。

（7）即将完成。检查模板信息无误，单击“FINISH”按钮开始部署虚拟机。部署完成后，如图 6-61 所示，在群集中可以看到新建的虚拟机。

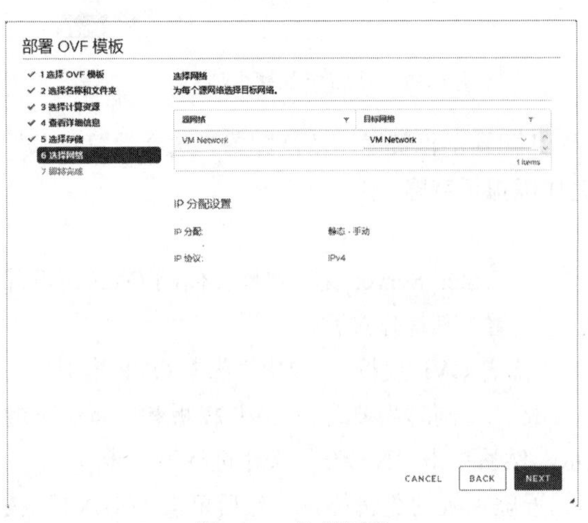

图 6-60　选择网络

图 6-61　即将完成

任务六　使用 vSphere Replication

扫码看视频

【任务介绍】

vSphere Replication（VR）可高效地复制和恢复虚拟机，本任务通过对 VR 的部署以实现虚拟机的复制以及恢复，实现数据的容灾与高可用，并增强对 VR 工作原理的理解。

【任务目标】

（1）了解 VR 工作原理。

（2）掌握 VR 部署。

（3）掌握 VR 编辑配置。

（4）掌握在同一 vCenter Server 中复制的方法。

【操作步骤】

1. 部署 VR

（1）安装前准备。需要准备 VR 的 ISO 文件，本项目采用的是 VMware-vSphere_Replication-8.2.0-13480246，下载地址为 https://my.vmware.com/web/vmware/searchresults。

（2）启动部署向导。进入 vSphere Web 客户端，右键单击目标群集，然后选择“部署 OVF 模板…”。弹出“部署 OVF 模板”操作框，首先“选择 OVF 模板”，单击“本地文件”，浏览并导航到 ISO 镜像中的“\bin”目录，然后选择“vSphere_Replication_OVF10.ovf”“vSphere_Replication-system.vmdk”和“vSphere_Replication-support.vmdk”文件，如图 6-62 所示，然后单击“NEXT”按钮进行下一步。

图 6-62　部署 OVF 模板

（3）选择名称和文件夹。设置唯一的名称和虚拟机位置，然后单击“NEXT”按钮进行下一步。

（4）选择计算资源。选择要运行的环境，然后单击“NEXT”按钮进行下一步。

（5）查看详细信息。可查看 vSphere 检测出来的 OVF 模板信息以及配置信息，如图 6-63 所示，然后单击“NEXT”按钮进行下一步。

图 6-63　查看详细信息

（6）许可协议。浏览协议信息，并勾选“我接受所有许可协议”，然后单击“NEXT”按钮进行下一步。

（7）配置。选择虚拟设备 vCPU 的数量，根据需求进行配置，然后单击“NEXT”按钮进行下一步。

（8）选择存储。选择目标数据存储和磁盘格式，然后单击“NEXT”按钮进行下一步。

（9）选择网络。配置目标网络并设置 IP 分配信息，本任务选择 IP 分配为“静态-手动”，IP 协议为“IPv4”，如图 6-64 所示，然后单击“NEXT”按钮进行下一步。

图 6-64　选择网络

（10）自定义模板。如图 6-65 所示，主要分为应用程序和网络属性，其中密码与 NTP 服务器为必填项，其余为选填项。其中，VCTA 服务（灾难恢复到云服务）若不使用需禁用，开启 VCTA 服务会消耗一定的内存，这里设置为禁用。配置管理所需的 IP 地址与子网掩码，然后单击“NEXT”按钮进行下一步。

（11）vService 绑定。绑定提供程序“vCenter Extension vService”，如图 6-66 所示，然后单击“NEXT”按钮进行下一步。

图 6-65　自定义模板

图 6-66　vService 绑定

（12）即将完成。检查配置信息无误后，然后单击“FINISH”按钮，等待完成部署任务。如图 6-67 所示。

图 6-67　即将完成

2. 配置 VR

部署 VR 设备后，使用虚拟设备管理界面（VAMI）向 vCenter Lookup Service 注册 VR 管理服务器的端点和证书，并向 vCenter Single Sign-On 管理服务器注册 VR，其操作过程如下。

（1）通过浏览器访问 VR VAMI，其访问地址为 https://部署时配置的 IP 地址:5480，使用 root 用户与部署时配置的密码登录 VAMI，其登录界面如图 6-68 所示。

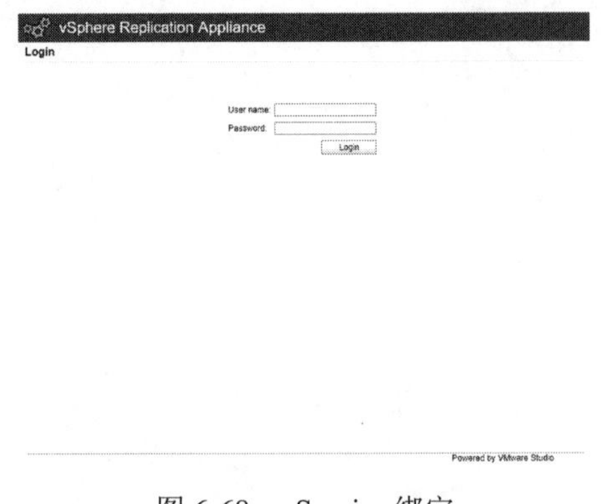

图 6-68 vService 绑定

（2）单击“VR”标签中的“Configuration”进行启动配置，其中“Configuration Mode”（配置模式）选择“Configure using the embedded database”（使用嵌入式数据库配置），下面依次根据需求进行配置，如图 6-69 所示。然后单击“Save and Restart Service”按钮保存配置并重新启动服务。

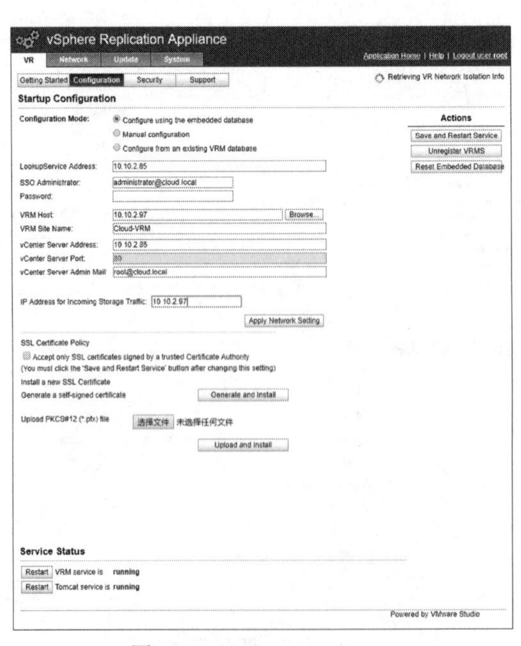

图 6-69 VR-Configuration

（3）进入 vSphere Web 客户端中，在菜单中的左侧导航中可看到新增有“Site Recovery”功能，如图 6-70 所示。

图 6-70　VSC-Site Recovery

3. 配置虚拟机复制

通过 Site Recovery 可实现 VR 的所有管理操作。在 vSphere Web 客户端主页上，单击“Site Recovery”，然后单击“打开 Site Recovery”，Site Recovery 主界面如图 6-71 所示。

图 6-71　VSC-Site Recovery

（1）新建。单击左上角的“复制”，进入已设置复制的虚拟机列表，单击“+新建”按钮，进行新建复制任务计划，弹出“配置复制”操作框，选择要保护的虚拟机，如图 6-72 所示，然后单击“下一步”按钮继续操作。

（2）目标站点。选择“自动分配 VR 服务器”并选择目标站点上的特定服务器，然后单击“下一步”按钮继续操作。

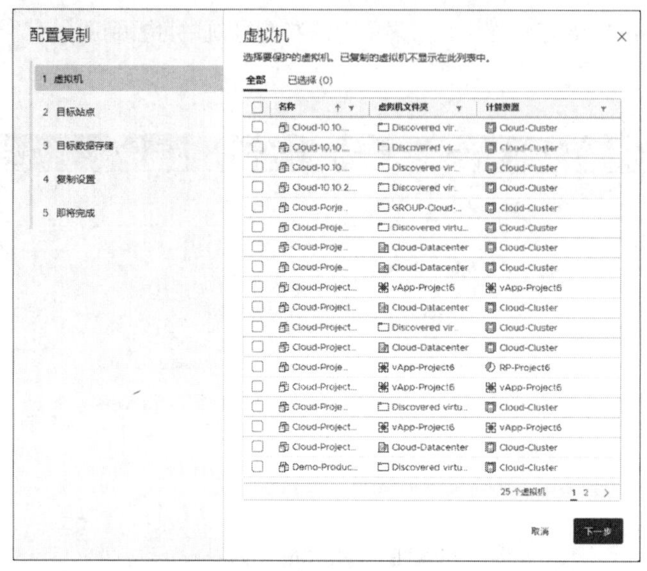

图 6-72　配置复制-虚拟机

（3）目标数据存储。配置要复制到的数据存储位置，也可对每个虚拟机分别配置数据存储，然后单击“下一步”按钮继续操作。

（4）复制设置。使用 RPO 滑块设置站点出现故障时可接受的数据丢失时间段，设置范围为 5 分钟到 24 小时，同时勾选“为 VR 数据启用网络压缩”，其余选项留空，下面对四个复选框选项进行介绍，如图 6-73 所示，然后单击“下一步”按钮继续操作。

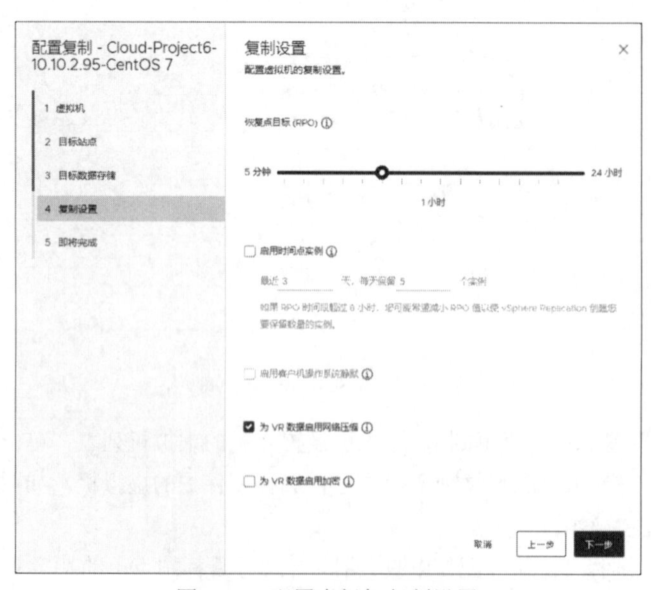

图 6-73　配置虚拟机复制设置

1）启用时间点实例。即在恢复期间保存可转换为源虚拟机快照的多个复制实例，然后调整要保留的实例数量。

2）启用客户操作系统静默。为源虚拟机的操作系统启用静默。静默选项仅适用于支持静默方法的虚拟机。VR 在 Virtual Volumes 上不支持 VSS 静默。

3）为 VR 数据启用网络压缩。设置网络压缩不仅在网络传输中节省网络带宽，还可有助于减少 VR 服务器上使用的缓冲区内存量。但是，压缩和解压缩数据要求源站点以及用于管理目标数据存储的服务器上拥有更多的 CPU 资源。

4）为 VR 数据启用加密。如果配置加密虚拟机的复制，此选项将自动启用且在之后将无法禁用。

（5）即将完成。查看复制信息无误，单击“完成”按钮完成配置复制。

4. *启动恢复*

通过 VR，可恢复在目标站点上成功复制的虚拟机，且一次只允许恢复一个虚拟机。

提醒 确认源站点上虚拟机的电源已关闭，如果虚拟机的电源未关闭，会有错误消息提醒关闭。

（1）启动复制向导。进入 Site Recovery 中的“复制”界面，选中复制的虚拟机，单击列表上方的“恢复”图标，然后弹出“恢复虚拟机”操作框。

（2）恢复选项。这里可配置使用所有最新数据来恢复虚拟机，也可使用目标站点上可用的最新数据来恢复虚拟机，如图 6-74 所示，然后单击“下一步”按钮继续操作。恢复选项具体内容见表 6-9。

图 6-74 恢复虚拟机-恢复选项

表 6-9 恢复选项

选项	描述
同步最新更改	恢复虚拟机前，虚拟机从源站点到目标站点的完全同步。选中此选项可避免数据丢失，但此选项仅在源虚拟机的数据可访问时才能选中。仅当关闭该虚拟机电源后才能选中此选项
使用最新可用数据	通过使用目标站点上的最新复制数据来恢复虚拟机，而不执行同步。选中此选项将导致丢失自最近一次复制后更改的所有数据。为避免无法访问源虚拟机，如果磁盘已损坏，选中此选项

（3）恢复文件夹。设置恢复的文件夹，然后单击“下一步”按钮继续操作。

（4）资源。设置目标计算资源，然后单击“下一步”按钮继续操作。

（5）即将完成。查看恢复信息，确认无误后，单击“完成”按钮完成恢复计划配置。

（6）恢复结果。如果恢复成功，在 Site Recovery 的列表中可看到该虚拟机的状态变为“已恢复”，且在 vSphere Web 客户端的目标站点清单中可查看到恢复的虚拟机；如果恢复失败，Site Recovery 的虚拟机复制将回归到恢复操作之前的复制状态。

项目七 虚拟化运维

项目介绍

VMware vRealize Suite 是一个企业级云计算管理平台，可帮助企业 IT 团队和服务提供商实现安全一致的运维，使开发人员能够在私有云、公有云或混合云中轻松快速地构建基于虚拟机和容器的应用，可为 VMware vSphere 和其他 hypervisor、物理基础架构、容器、OpenStack 以及外部云上的 IT 服务提供一套全面的管理体系，同时实现统一的管理体验。

本项目介绍 vRealize Operations、vRealize Log Insight 以及 VMware Convert 的安装与配置，并借此实现 vSphere 的运维管理。

项目目的

- vRealize Operations 的安装与配置。
- vRealize Operations 实现运维管理。
- vRealize Log Insight 的安装与配置。
- vRealize Log Insight 实现日志分析。
- VMware Convert 实现虚拟机迁移。

项目需求

类型	详细描述
硬件	不低于双核 CPU、8G 内存、500GB 硬盘
软件	Windows 10 Pro
网络	计算机使用固定 IP 地址接入局域网，并支持对互联网的访问

配置清单

vRealize Operations Manager	IP 地址	10.10.2.87	访问地址	https://10.10.2.87
	用户名	admin	密码	cloud@oper
vRealize Log Insight	IP 地址	10.10.2.88	访问地址	https://10.10.2.88
	用户名	admin	密码	cloud@log

项目记录

vRealize Operations Manager	IP 地址		访问地址	
	用户名		密码	
vRealize Log Insight	IP 地址		访问地址	
	用户名		密码	
问题记录				

项目讲堂

1. vRealize Operations Manager 的安装流程

vRealize Operations Manager 支持两种安装模式：全新安装与扩展现有安装，其安装流程如图 7-1 所示。

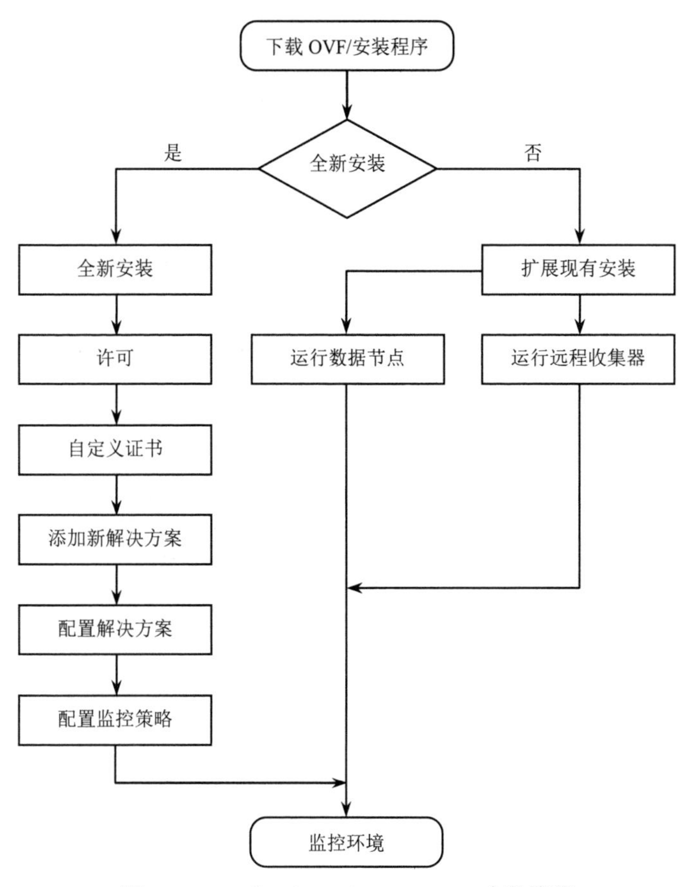

图 7-1　vRealize Operations Manager 安装流程

2. vRealize Operations Manager 节点类型

每个 vRealize Operations Manager 群集均由多个不同类型的 vRealize Operations Manager 群集节点构成，其节点类型见表 7-1。

表 7-1　vRealize Operations Manager 节点类型

节点类型	作用
主节点	vRealize Operations Manager 的主要节点，所有其他的节点都将由主节点管理。如果进行单节点安装则主节点实现对自身的管理，并安装适配器执行所有的数据收集与分析工作
数据节点	在大规模部署中，数据节点安装适配器并执行收集和分析工作
副本节点	vRealize Operations Manager 高可用时，需要将数据节点转换为主节点的副本
远程收集器节点	主要用于分布式部署模式，可在防火墙之间导航、与远程数据源链接、减少数据中心之间的带宽或降低 vRealize Operations Manager 分析群集的负载。远程收集器节点仅收集清单对象，而不存储数据或执行分析

任务一　安装 vRealize Operations Manager

【任务介绍】

vRealize Operations Manager 可通过预测分析和智能警示主动识别和解决新出现的问题，从而确保应用程序和基础架构的最佳性能与可用性。vRealize Operations Manager 实现了跨应用、存储和网络结构的全面监控，并可通过预安装与自定义的策略简化了关键过程，提高了运维效率。

本任务主要完成 vRealize Operations Manager 的安装、部署与初始化。

【任务目标】

（1）vRealize Operations Manager 的安装。

（2）vRealize Operations Manager 的初始化。

【操作步骤】

1. vRealize Operations Manager 安装前准备

（1）软件获取。vRealize Operations Manager 可通过其官网获得评估版，下载地址为 https://my.vmware.com/web/vmware/downloads。目前 vRealize Operations Manager 的最新版本为 7.5。

（2）平台准备。本任务在前期项目完成的基础上开展，需已经完成虚拟化平台的建设，并通过 VCSA 进行操作。

2. 部署 vRealize Operations Manager

（1）通过 VCSA 部署 OVF 模板，选择“本地文件”并浏览选中 vRealize Operations Manager 的 OVA 模板，单击“NEXT”按钮，如图 7-2 所示。

图 7-2　选择 OVF 模板

（2）填写虚拟机名称，并为虚拟机选择所在文件夹后单击“NEXT”按钮，如图 7-3 所示。

（3）选择计算资源并执行兼容性检查。兼容性检查需要一段时间，检查成功后可查看详细信息，此处的详细信息为 OVA 模板详细信息，如图 7-4 和图 7-5 所示。

（4）查看最终许可协议，并选择接受，单击“NEXT”按钮进行下一步，如图 7-6 所示。

图 7-3　选择名称和文件夹

图 7-4　选择计算资源

图 7-5　查看详细信息

图 7-6　许可协议

（5）选择部署配置，部署配置包括 7 个选项，分别为“小型”“中型”“大型”“远程收集器（标准）”“远程收集器（大型）”“超小型”“超大型”，本任务选择“小型”并单击“NEXT”按钮，如图 7-7 所示。部署配置类型的详细描述见表 7-2。

表 7-2　vRealize Operations Manager 部署类型

配置选项	详细描述
小型	支持不超过 3500 个虚拟机。需 4 个 vCPU 和 16G 内存
中型	支持 3500 以上，11000 个以内的虚拟机。需 8 个 vCPU 和 32G 内存
大型	支持 11000 以上个虚拟机。需 16 个 vCPU 和 48G 内存
远程收集器（标准）	在中小型环境中部署远程收集器。需 2 个 vCPU 和 4G 内存

续表

配置选项	详细描述
远程收集器（大型）	在大型环境中部署远程收集器。需 4 个 vCPU 和 16G 内存
超小型	单节点非 HA 和双节点 HA 设置时使用此配置。需 2 个 vCPU 和 8G 内存
超大型	支持 20000 以上，45000 个以内的虚拟机。需 24 个 vCPU 和 128G 内存

（6）选择虚拟磁盘格式为“精简置备”，并选择虚拟机的存储位置，如图 7-8 所示。

图 7-7　配置

图 7-8　选择存储

（7）选择网络，如配置有多个网络，需正确选择目标网络，如图 7-9 所示。

（8）自定义模板信息，选择时区、设置是否使用 IPv6，完成填写网络信息。本任务未搭建 DNS 服务器，仅填写“Default Gateway”、“Network 1 IP Address”、“Network 1 Netmask，如图 7-10、图 7-11 所示。

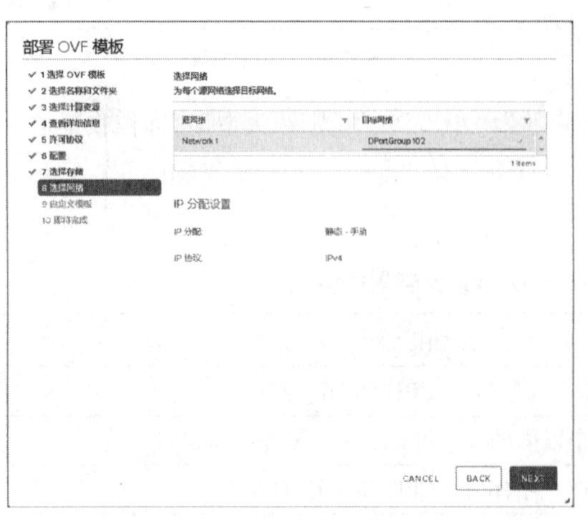

图 7-9　选择网络

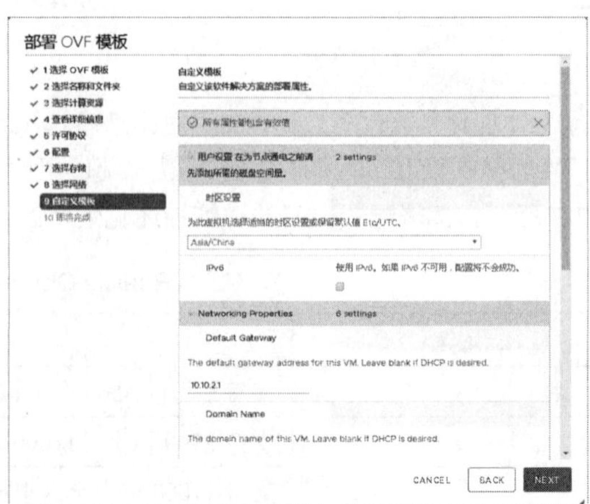

图 7-10　自定义模板时区设置

（9）查看配置信息，确定无误后单击“FINISH”开始安装，如图 7-12 所示。

图 7-11　自定义模板网络设置

图 7-12　查看配置信息

（10）VCSA 会上传 vRealize Operations Manager 的 OVA 程序，需要等待一段时间，文件上传成功后打开虚拟机电源自动安装，如图 7-13 所示。安装完成后，系统界面如图 7-14 所示。

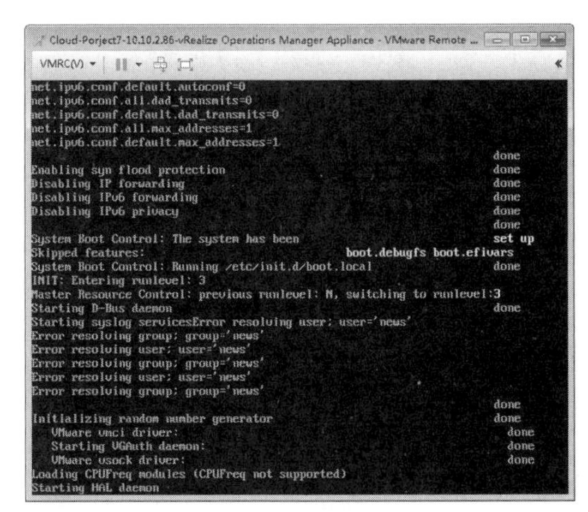

图 7-13　安装执行

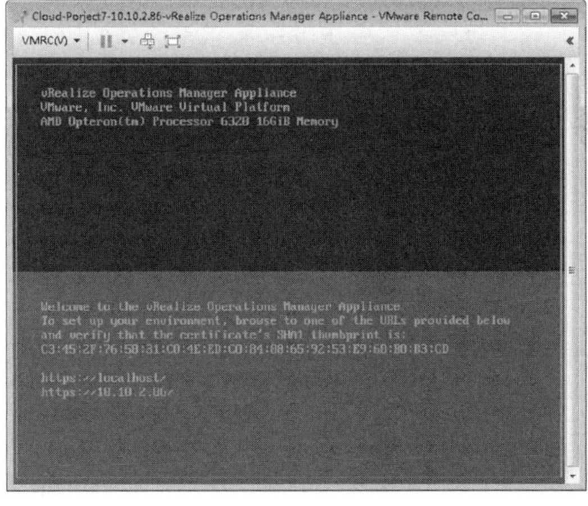

图 7-14　安装完成

3. *初始化* vRealize Operations Manager

（1）通过浏览器访问安装完成后提示的地址，出现如图 7-15 所示的界面，其中包含“快速安装”“新安装”与“扩展现有安装”三个选项，单击选择“快速安装”执行安装。

- 快速安装。快速安装可创建主节点、添加数据节点、构建群集并可测试连接状态。与全新安装相比，快速安装可节省安装时间，加快安装进程。快速安装时将使用默认证书，建议开发人员或管理人员使用。

- 新安装。可使用新安装创建 vRealize Operations Manager 节点来执行管理和数据处理。
- 扩展现有安装。可使用扩展现有安装向现有 vRealize Operations Manager 群集中添加节点。当需要为群集添加更多节点增加容量时，可使用此选项。

图 7-15　初始化设置

（2）查看“快速安装”的步骤提示，单击“下一步”按钮，如图 7-16 所示。

（3）按照密码强度要求输入管理员密码，单击“下一步”按钮，如图 7-17 所示。

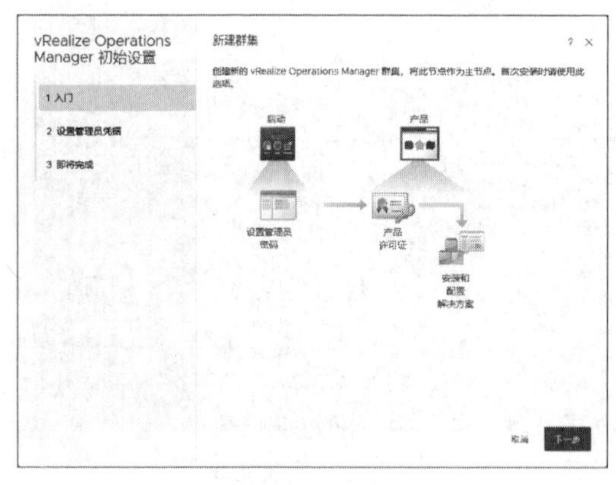

图 7-16　入门

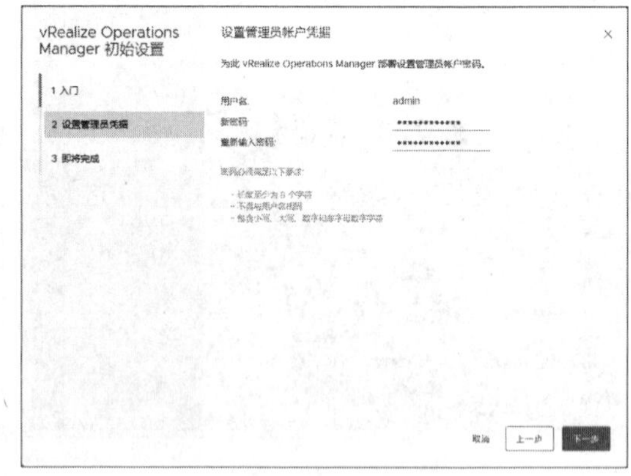

图 7-17　设置管理员凭据

（4）配置后单击“完成”开始安装，如图 7-18 所示。安装需要持续一段时间，安装过程如图 7-19 所示，安装成功界面如图 7-20 所示，输入之前配置的用户名和密码，完成 vRealize Operations Manager 初始化配置。

（5）登录成功后显示欢迎使用界面，单击“下一步”按钮，如图 7-21 所示。

（6）查看最终用户许可协议，并选择接受，单击“下一步”按钮，如图 7-22 所示。

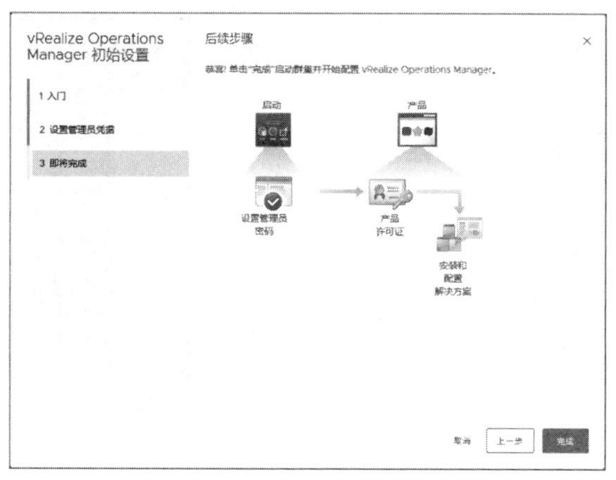

图 7-18　完成安装

图 7-19　安装过程

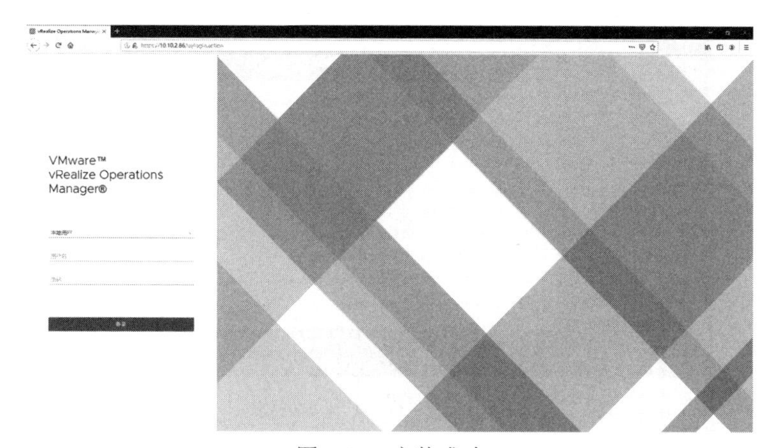

图 7-20　安装成功

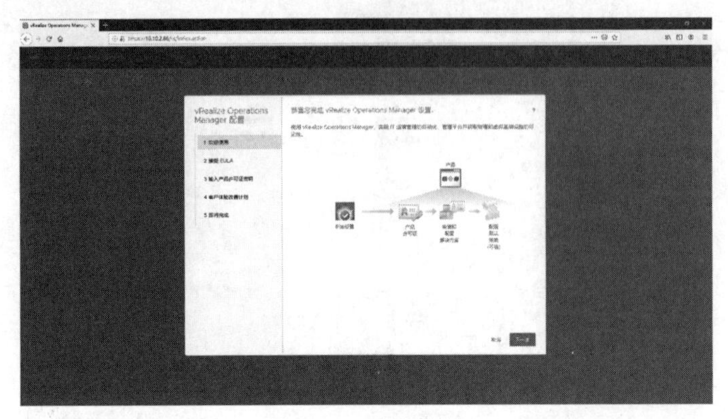

图 7-21　欢迎使用

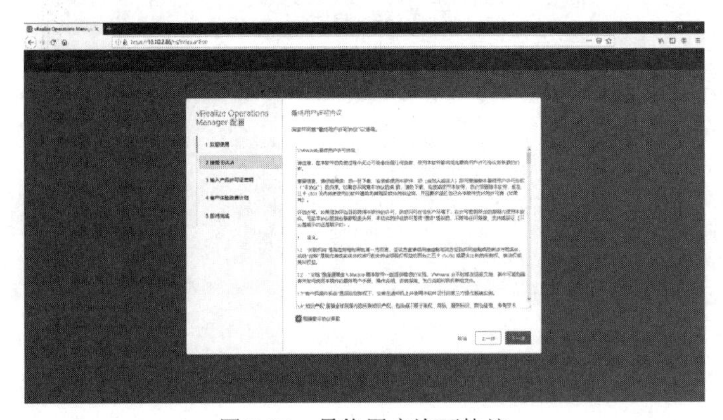

图 7-22　最终用户许可协议

（7）输入产品许可证密钥，可选择“产品评估（不需要任何密钥）”或者输入产品密钥，本任务选择“产品评估（不需要任何密钥）”，单击“下一步”按钮，如图 7-23 所示。

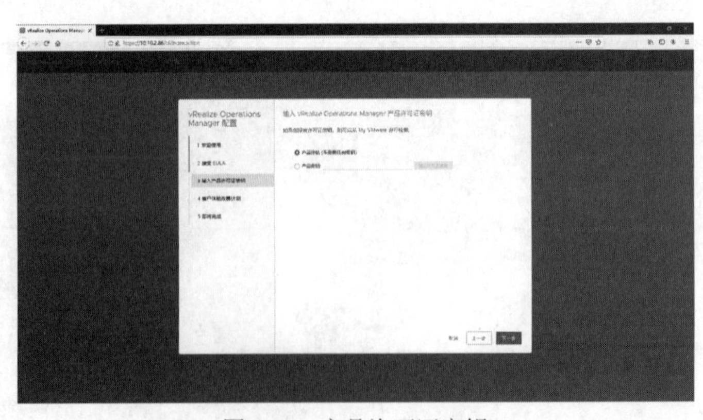

图 7-23　产品许可证密钥

（8）查看客户体验改善计划，选择后单击“下一步”按钮，如图 7-24 所示。

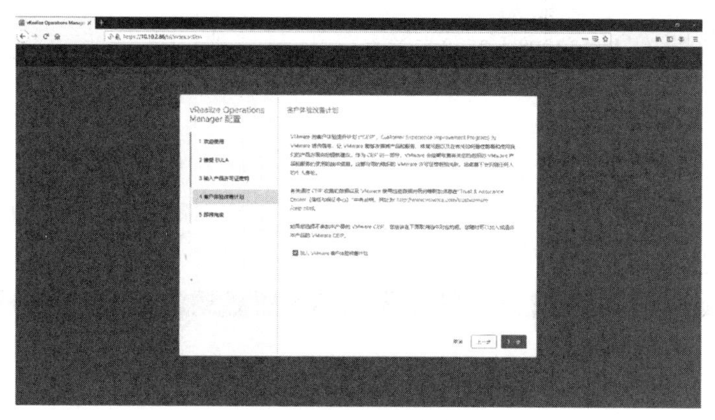

图 7-24　客户体验改善计划

（9）配置结束，单击“完成”按钮，如图 7-25 所示。至此，vRealize Operations Manager 的部署与初始化全部完成。

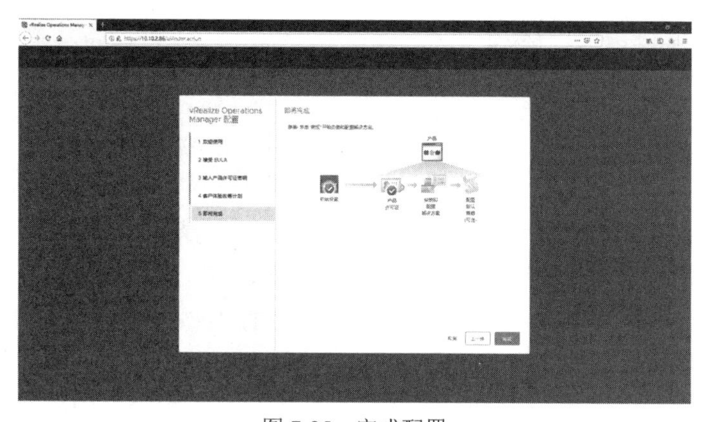

图 7-25　完成配置

任务二　使用 vRealize Operations 实现运维管理

【任务介绍】

本任务介绍如何使用 vRealize Operations 实现运维管理，如何使用 vRealize Operations 进行运维管理的方法，运维监控各个指标的含义等。

【任务目标】

（1）配置 vRealize Operations Manager 解决方案，实现对 vCenter 的运维监控。

（2）使用 vRealize Operations Manager 仪表盘观测运维数据。

（3）配置 vRealize Operations Manager 警示实现运维管理。

【操作步骤】

1. 配置解决方案

（1）访问 vRealize Operations Manager 并配置解决方案，依次选择“系统管理”“解决方案”“配置”，进行解决方案配置，如图 7-26 所示。

图 7-26　解决方案配置

（2）选择解决方案中的“VMware vSphere”，单击“配置的适配器实例”选项，选择配置器类型为“vCenter 适配器”选项，单击 按钮进行适配器配置。

（3）依次填写“显示名称”“描述”，基本设置部分的“vCenter Server”填写 vCenter Server 的 IP 地址。单击“凭据”后边的加号填写凭据信息如图 7-27 所示。单击“测试连接”测试管理凭据，如图 7-28 所示，提示检查并接受证书，如图 7-29 所示。如果配置正确，则显示测试连接成功，如图 7-30 所示。

图 7-27　管理解决方案

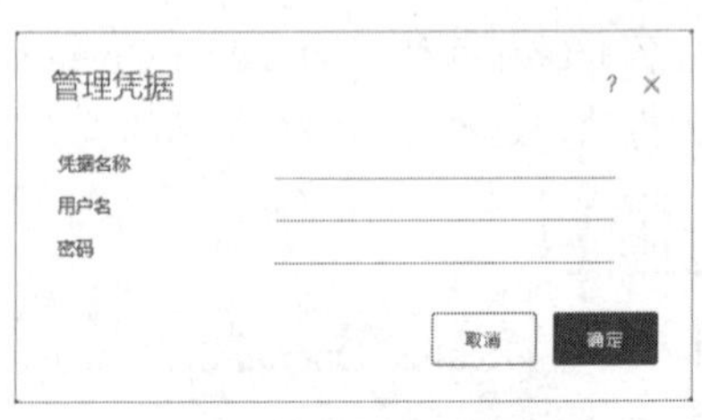

图 7-28　管理凭据

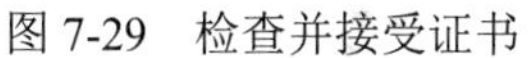
图 7-29　检查并接受证书

图 7-30　测试连接成功

（4）选择“启用”vCenter 操作，启用后可使用 vRealize Operations Manager 操作 vCenter Server 进行管理，以实现问题和警示的快速响应，如图 7-31 所示。在此可选择添加备用操作凭据。

图 7-31　启用 vCenter 操作

（5）单击“高级设置”可查看详细的配置信息，如图 7-32 所示。

图 7-32　高级设置

（6）单击“定义监控目标”可设置需要警示的对象、警示的类型以及是否启用《vSphere 强化指南》警示，如图 7-33 所示。

图 7-33　定义监控目标

（7）配置完成后，单击“保存设置”完成解决方案配置，单击“关闭”按钮关闭弹出框。此时配置的收集器实例的收集状况为“正在收集”，收集状态为“数据接收中”。解决方案 VMware vShpere 的适配器状态为“数据接收中”，如图 7-34 所示，解决方案已配置成功，数据已经开始采集，等待一段时间即可查看运维数据。

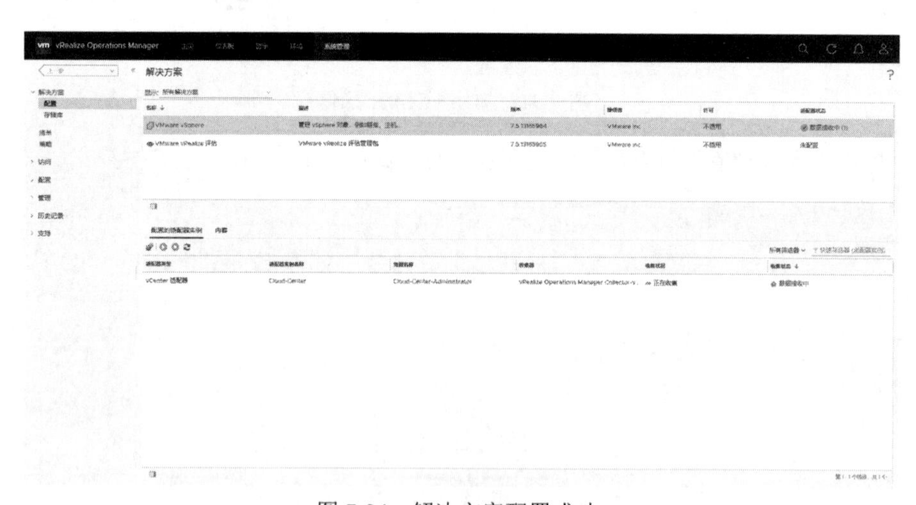

图 7-34　解决方案配置成功

2. 查看 vRealize Operations Manager 的主页信息

（1）单击“主页”，如图 7-35 所示，此时展示的是“快速启动”部分，此部分集成了“优化性能”“优化容量”“故障排除”“管理配置”“扩展监控”“了解和评估”“进行评估”七个模块的功能导航，可快速跳转至对应功能实现管理。

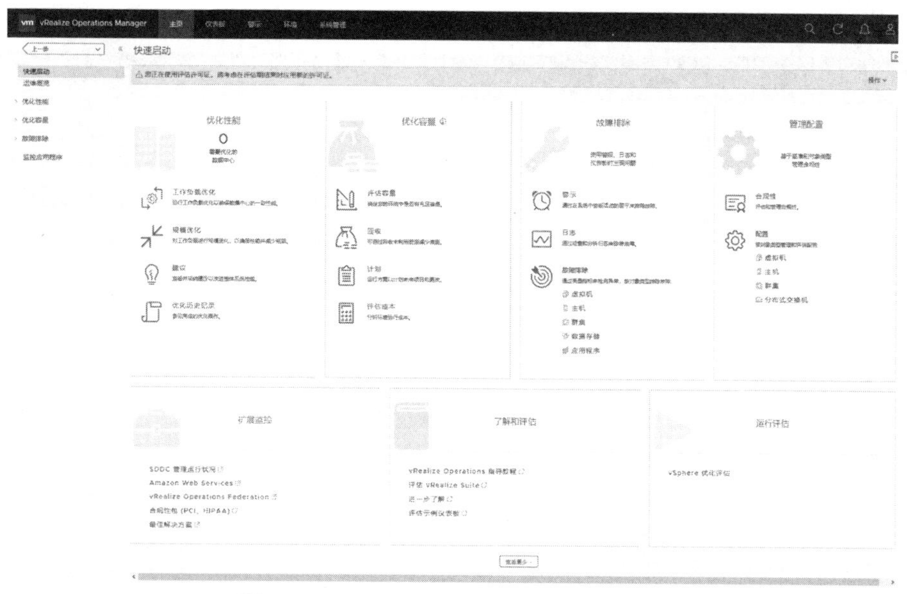

图 7-35　vRealize Operations Manager 主页

（2）单击“运维概览”查看运维数据，其中展示的有环境摘要、所有群集的累计正常运行时间、警示量、出现 CPU 争用的排名前 15 虚拟机、出现内存争用的排名前 15 虚拟机、出现磁盘延迟（ms）的排名前 15 虚拟机，如图 7-36 所示，此页面简要展示了当前 vCenter 的运行状况，可快速了解 VCSA 状态。

图 7-36　运维概览

（3）单击“优化性能”中的“工作负载优化”，查看工作负载优化情况，如图 7-37 所示，可依据提示信息优化群集性能。

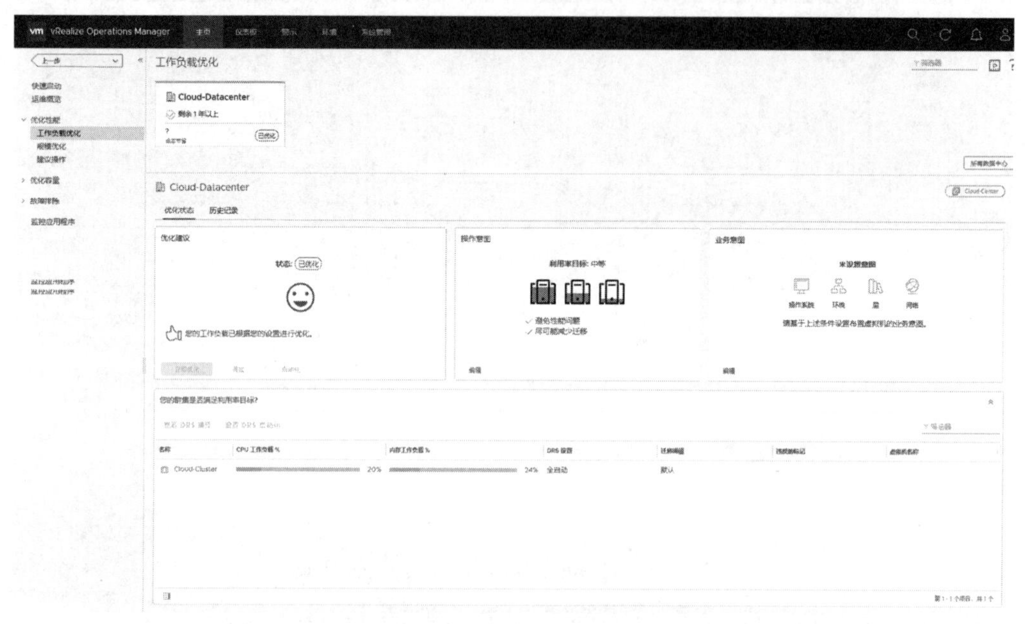

图 7-37　工作负载优化

（4）单击“规模优化”查看规模优化内容，如图 7-38 所示。

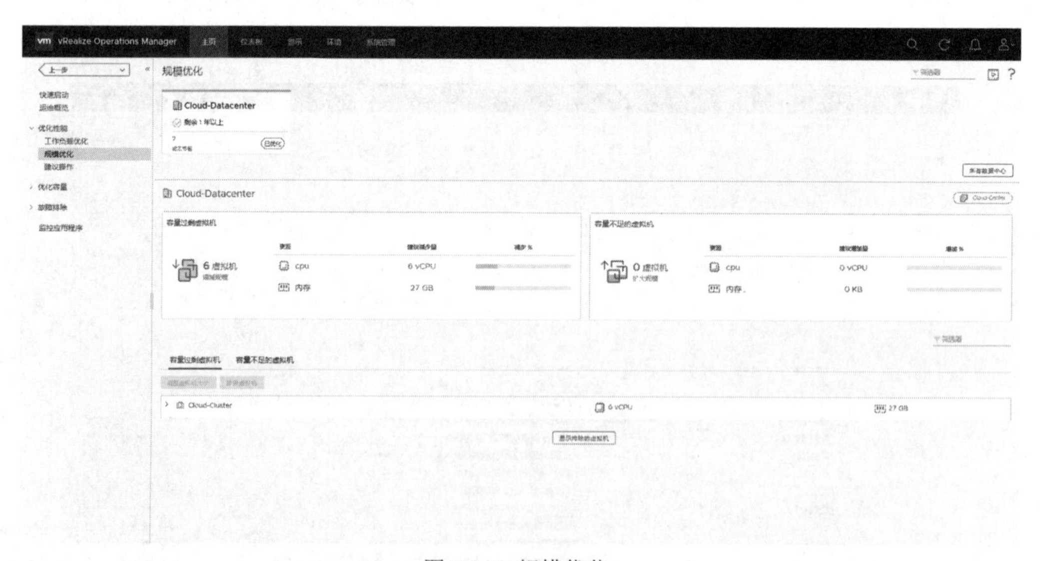

图 7-38　规模优化

（5）单击“建议操作”查看建议操作内容，如图 7-39 所示。

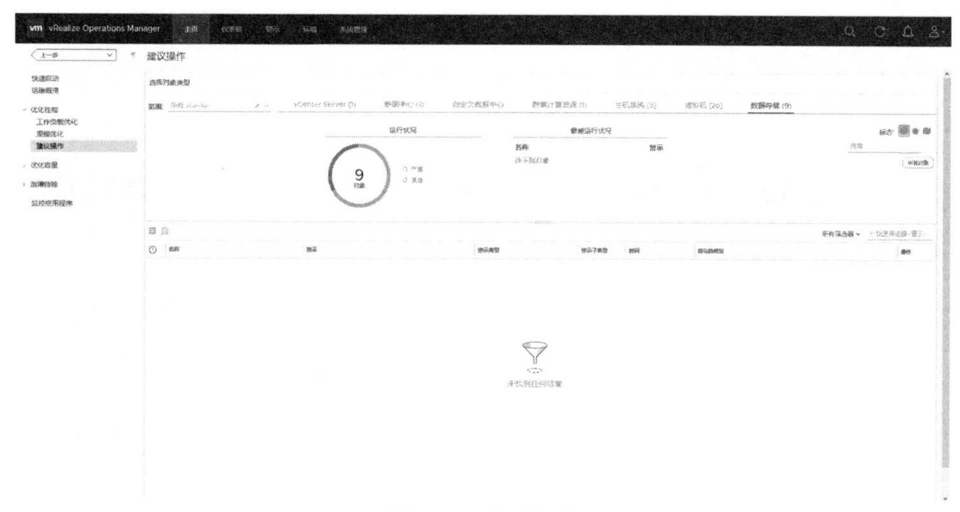

图 7-39 建议操作

（6）单击“故障排除”的“虚拟机”查看不同虚拟机的分析结果，如图 7-40 所示。

图 7-40 虚拟机故障排除

3. 使用仪表板

（1）单击“仪表板”如图 7-41 所示，其中内置了多个仪表板，如单击清单中的“运维概览”，即可获取整体运行状态，并了解数据中心的哪些虚拟机中可能存在性能问题，如图 7-42 所示。

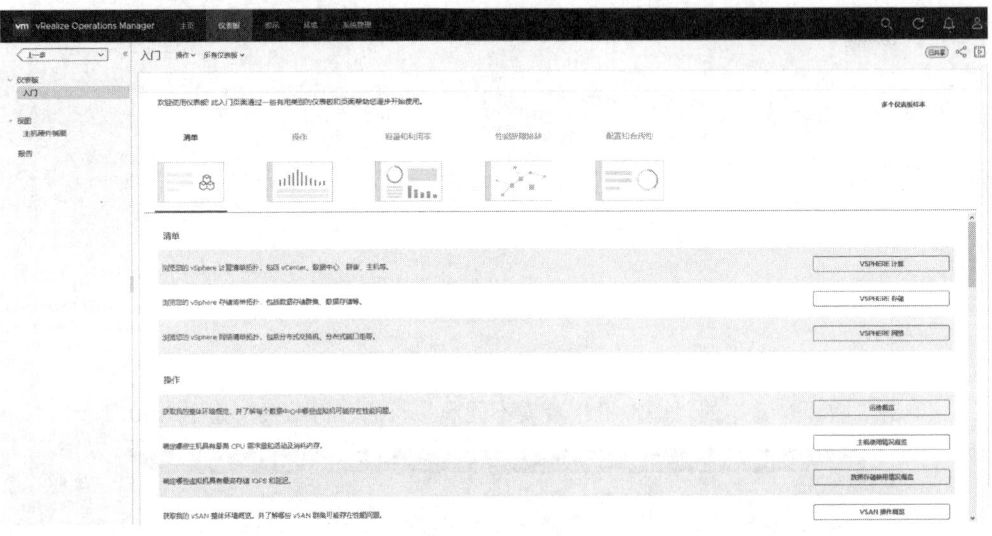

图 7-41　仪表板

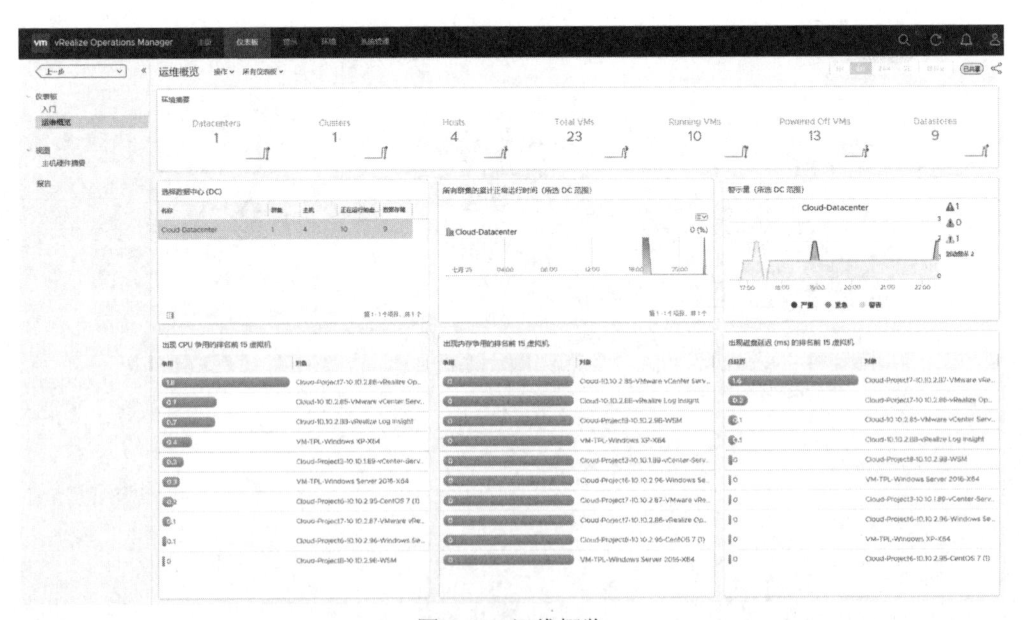

图 7-42　运维概览

（2）单击“操作”“创建仪表板”可新建仪表板，如图 7-43 所示，通过拖曳的方式将页面下方的小组件放至页面中，可搭配出不同应用场景的仪表板，实现自定义可视化监控。

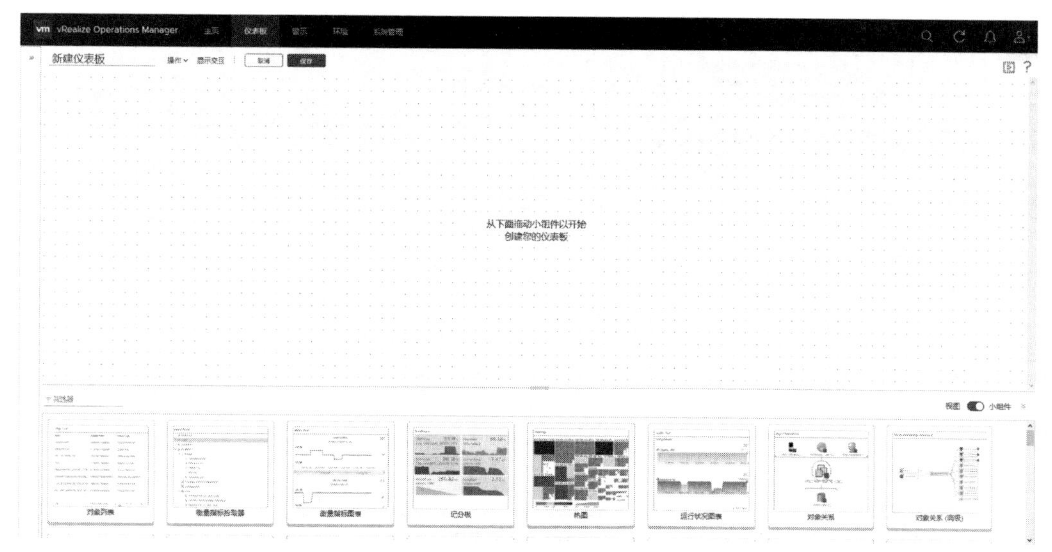

图 7-43　新建仪表板

（3）单击“视图”，查看系统内置视图信息，如图 7-44 所示，每个系统内置视图均实现某一方面的数据监控与分析，可快速创建数据分析结果，实现定点分析。

vRealize Operations Manager

视图

名称	类型	描述	主题	所有者
BIOS 版本	分布	显示有关您的环境中不同主机系统的 BIOS 版本的汇…	主机系统	admin
CPU 争用	趋势	显示您的群集中的虚拟机遭遇的 CPU 争用趋势。	群集计算资源	admin
CPU 需求最高的虚拟机	列表	列出您的环境中给定对象的 CPU 需求最高百分比。	虚拟机	admin
DRS 和非 DRS 迁移	趋势	显示您的环境中给定对象的 DRS 和非 DRS 迁移的趋…	vSphere World	admin
ESXi 基本清单	列表	出于清单目的列出 vSphere ESXi 主机以及必要信息。	主机系统	admin
ESXi 配置视图	列表	列出您的环境中不同主机系统的 ESXi 配置摘要。	主机系统	admin
MP 统计信息	列表	列出您的环境中给定对象的不同管理包的统计信息。	vRealize Operations Management Pack	admin
vCenter 主机增长趋势视图	趋势	vCenter 主机增长趋势视图	vCenter Server	admin
vCenter 清单	列表	环境中所有 vCenter Server 的列表。	vCenter Server	admin
vCenter 虚拟机增长趋势视图	趋势	vCenter 虚拟机增长趋势视图	vCenter Server	admin
VMware Tools 摘要	列表	VMware Tools 摘要。	虚拟机	admin
VMware Tools 版本分布	分布	VMware Tools 版本分布	虚拟机	admin
VMware Tools 状况	分布	显示有关您的环境中客户机操作系统虚拟机上的 VM…	虚拟机	admin
VMware Tools 状态分布	分布	VMware Tools 状态分布	虚拟机	admin
VMware vSphere 安全配置指南 - 非合规视图	列表	此视图显示所选资源及其后代系统（VMware vSphe…	症状	admin
vROps 节点磁盘分区利用率	列表	列出有关您的环境中不同节点之间的节点磁盘分区利…	vRealize Operations 节点	admin
vSphere HA 和 DRS 配置建议	文本	启用 vSphere 准入控制，以预留足够的资源用于 HA…		admin
vSphere World 虚拟机增长趋势视图	趋势	vSphere World 虚拟机增长趋势视图	vSphere World	admin
vSphere 主机 NTP 服务状态	分布	vSphere 主机 NTP 服务状态	主机系统	admin
vSphere 主机 SSH 已启用	分布	vSphere 主机 SSH 已启用	主机系统	admin

图 7-44　内置视图

视图根据视图类型用特定方式展示收集的对象信息。每一种视图类型可从不同角度解释属性、衡量指标、警示、策略和数据。

（4）单击图 7-44 中的加号，可自定义添加视图，如图 7-45 所示。

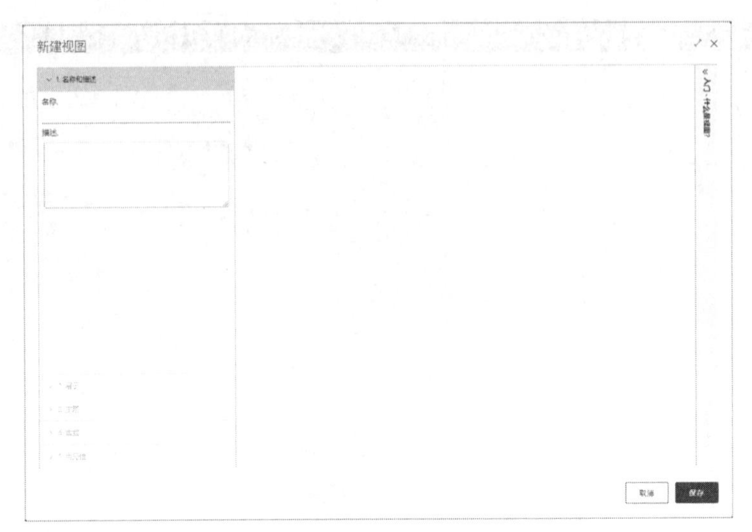

图 7-45　新建视图

（5）单击“报告”，查看报告模板与已生成的报告，如图 7-46 所示，系统中内置了多种不同的报告模板，每个报告模板均由多个视图组成。

图 7-46　报告模板

报告模板是按指定顺序排列的一个或多个视图及仪表板的预定义容器。可包含适用于各种对象的不同类型的视图，以及之前创建的仪表板。

（6）单击“报告模板”中的加号，可自定义报告模板，如图 7-47 所示。

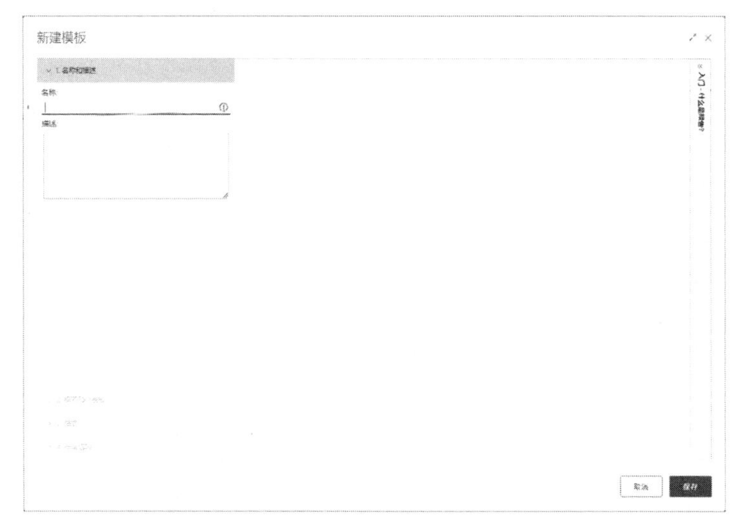

图 7-47　新建模板

（7）单击报告模板的“ ”显示“选择对象”对话框，如图 7-48 所示，选择对象后单击“确定”即可生成报告。单击“已生成报告”即可查看运行报告，如图 7-49 所示，单击 PDF 按钮即可下载已生成报告。

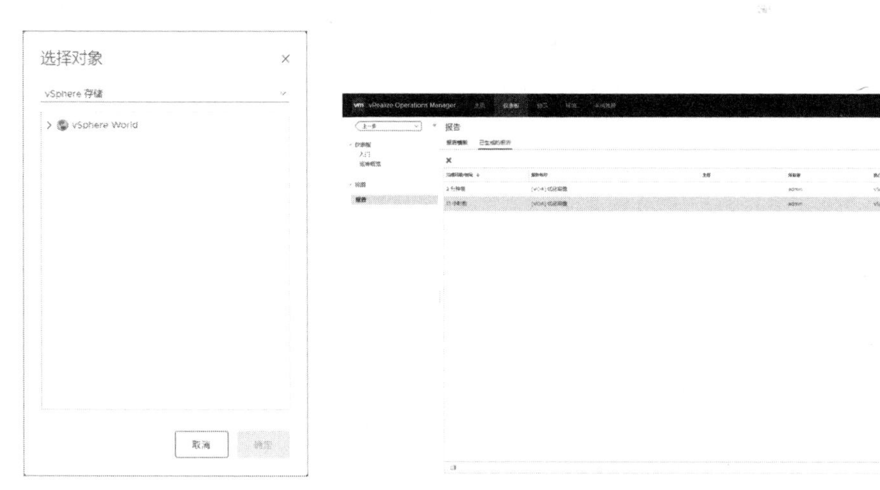

图 7-48　选择对象

图 7-49　已生成报告

（8）单击“报告模板”“设置”“调度报告”，配置报告模板的调度，选择对象后，单击“下一步”按钮，如图 7-50 所示。

（9）配置重复周期与发布内容，报告支持邮件与上传到外部位置两种方式实现推送，完成调度，如图 7-51 所示。

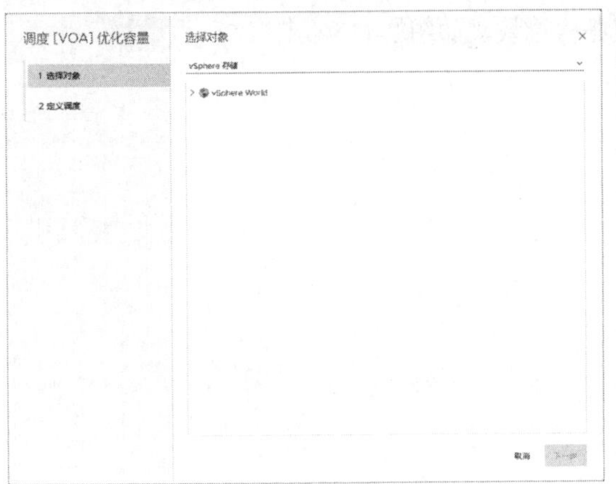

图 7-50　配置报告模板调度

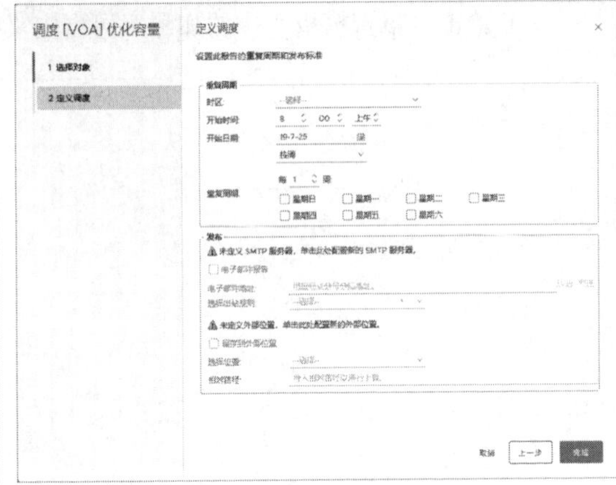

图 7-51　定义调度

4. 使用警示

（1）查看警示内容。单击“警示”如图 7-52 所示，该页面展示了所有的警示信息，可使用“筛选器”筛选，使用“分组依据”分组。每条警示中包含严重程度、警示、触发地址、创建时间、状态、警示类型、警示子类型信息。

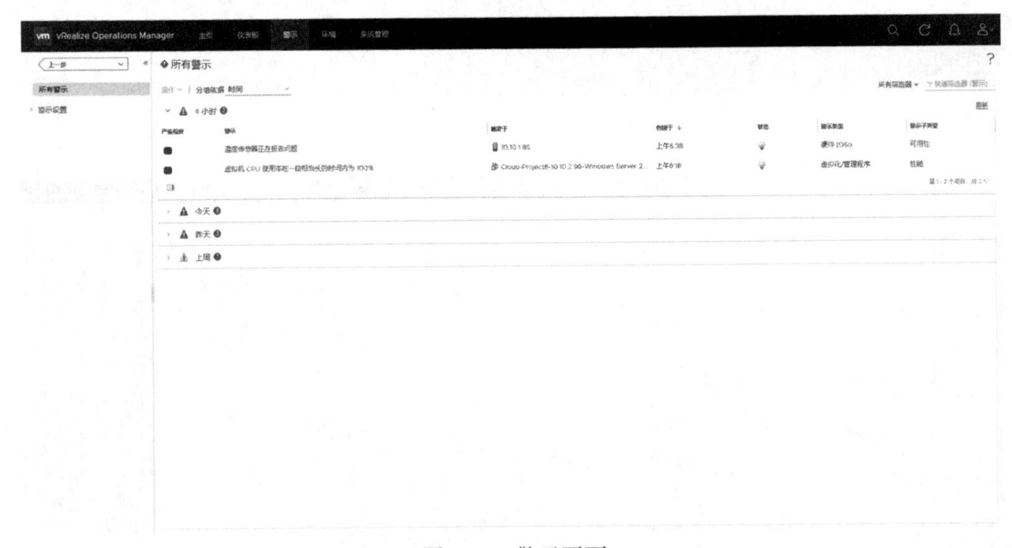

图 7-52　警示页面

每当环境中出现问题时，就会生成警示。可创建警示定义，生成警示展示监控的环境中存在的问题。

（2）定义警示症状。

1）症状定义。单击“警示设置”中的“症状定义”，定义警示症状，如图 7-53 所示。

图 7-53 症状定义

症状定义包括衡量指标/属性、消息事件、故障以及衡量指标事件，系统可对“症状定义”进行管理，当添加到警示定义中的症状触发时，将生成警示。症状的分类见表 7-3。

表 7-3 症状的分类

症状分类	详细描述
衡量指标	基于 vRealize Operations Manager 从环境中的目标对象中收集的操作值和性能值。可配置症状以评估静态阈值或动态阈值
属性	基于 vRealize Operations Manager 从环境中的目标对象所收集的配置属性
消息事件	基于从 vRealize Operations Manager 的组件或通过系统的 REST API 从外部受监控系统收到的消息形式的事件。可根据要在使用症状的警示定义中包括的消息事件定义这些症状。当配置的症状条件为 true 时，触发症状
故障	基于受监控系统发布的事件。vRealize Operations Manager 将这些事件的子集相关联，并将它们作为故障提供。故障旨在表示受监控系统中影响环境内对象可用性的事件。需根据要在使用症状的警示定义中包括的故障来定义这些症状。当配置的症状条件为 true 时，触发症状
衡量指标事件	基于受监控系统传送的事件，该系统上选定的衡量指标以指定方式违反阈值。该阈值由外部系统（而不是 vRealize Operations Manager）来管理

2）添加症状定义。单击症状定义下方的加号可添加不同分类症状，如图 7-54 所示。

（3）建议。

1）显示建议。依次单击“警示设置”“建议”，查看建议页面，如图 7-55 所示。

建议是给负责响应警示的用户提供的说明，可为 vRealize Operations Manager 的警示添加建议。

2）添加建议。单击建议下方的加号可添加建议，如图 7-56 所示。可输入建议内容，并为建议增加一部分操作。

图 7-54　添加症状定义

图 7-55　建议

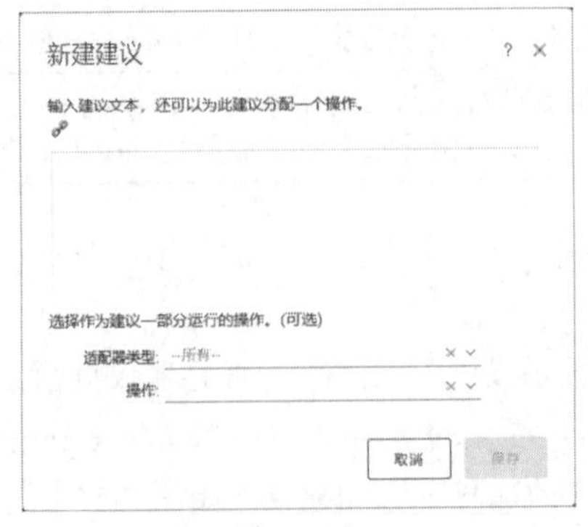

图 7-56　添加建议

（4）操作。依次单击“警示设置”“操作”，如图 7-57 所示。操作指的是能够更新或读取受监控系统中对象的相关数据，通常作为解决方案的一部分在 vRealize Operations Manager 中提供。由解决方案添加的操作在对象操作菜单、列表和视图菜单（包括某些仪表板小组件）中可用，并且可添加到警示定义建议中。

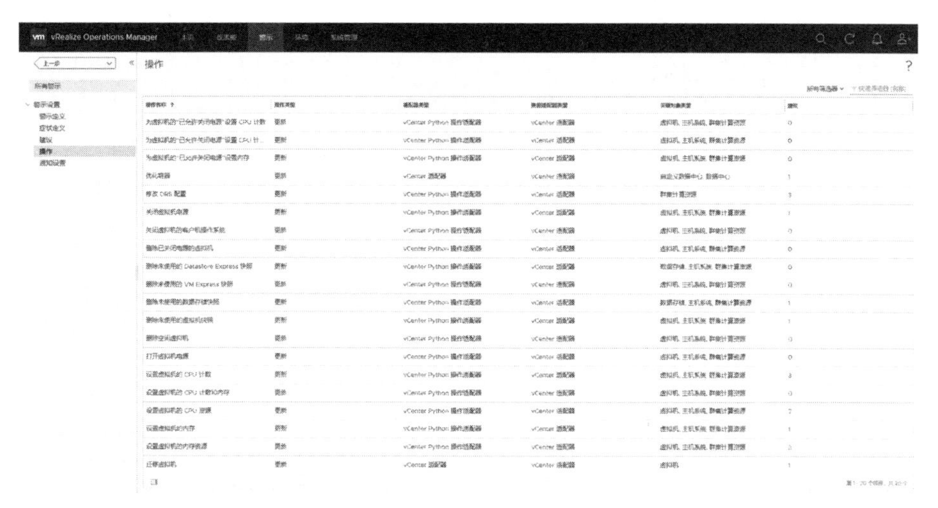

图 7-57　操作

（5）通知设置。

1）显示通知设置。单击“警示设置”中的“通知设置”，查看通知页面，如图 7-58 所示。

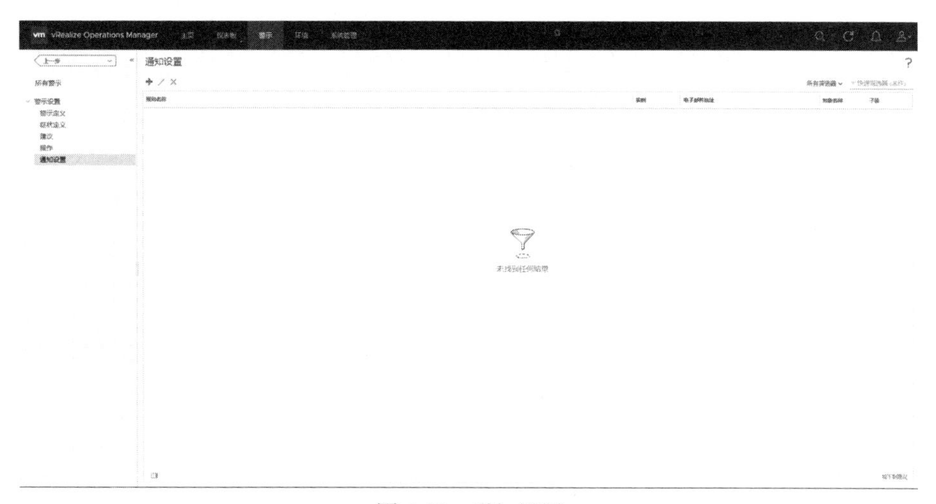

图 7-58　通知设置

通知是在满足通知规则中的筛选条件之后发送到 vRealize Operations Manager 外部的警示通知。可为受支持的出站警示配置通知规则，以便能够筛选发送到所选外部系统的警示。

2）添加通知设置。单击通知设置下方的加号可添加通知设置，如图 7-59 所示。

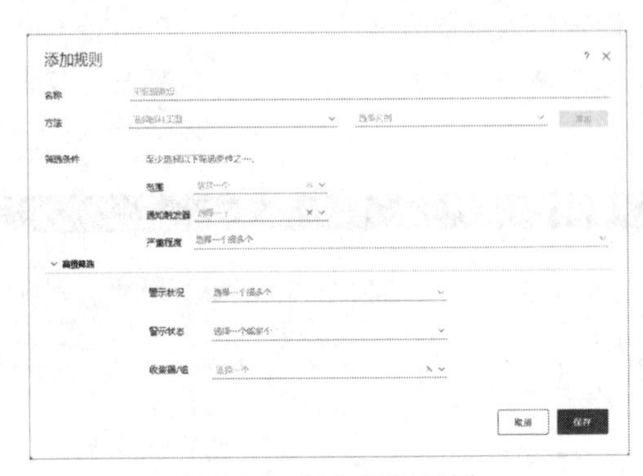

图 7-59　添加通知设置

3）添加警示定义。单击警示定义下方的加号可添加警示定义，如图 7-60 所示。定义完成的警示如图 7-61 所示。

图 7-60　添加警示定义

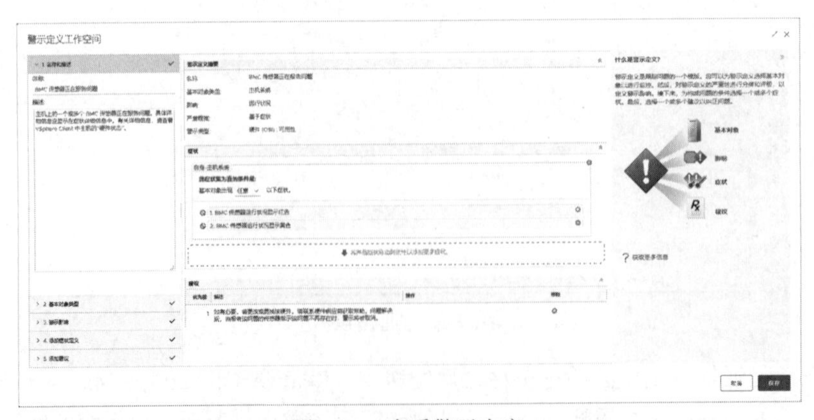

图 7-61　查看警示定义

任务三　安装 vRealize Log Insight

扫码看视频

【任务介绍】

vRealize Log Insight 提供了高度可扩展的异构日志管理功能，具有多个可在其中执行操作的直观仪表板、完善的分析功能和范围更广的第三方延展性。支持跨物理、虚拟和云计算环境提供深入的运维洞察信息并加快故障排除速度。

本任务讲解 vRealize Log Insight 的安装、部署与使用。

【任务目标】

（1）vRealize Log Insight 的安装。

（2）vRealize Log Insight 的初始化。

【操作步骤】

1．vRealize Log Insight 安装前准备

（1）软件获取。vRealize Log Insight 可访问 VMware 下载评估版，下载地址为 https://my.vmware.com/web/ vmware/downloads。目前 vRealize Log Insight 的最新版本为 4.8.0。

（2）平台准备。本任务在前期项目完成的基础上开展，需已经完成虚拟化平台的建设，并通过 VCSA 进行操作。

2．部署 vRealize Log Insight

（1）通过 VCSA 部署 OVF 模板，选择“本地文件”并浏览选中 vRealize Log Insight 的 OVA 模板，单击“NEXT”按钮，如图 7-62 所示。

（2）填写虚拟机名称，并为虚拟机选择位置，单击“NEXT”按钮，如图 7-63 所示。

图 7-62　选择 OVF 模板

图 7-63　选择名称和文件夹

（3）选择计算资源并执行兼容性检查。兼容性检查需要一段时间，检查成功后可查看详细信息，此处的详细信息为 OVA 模板详细信息，如图 7-64 和图 7-65 所示。

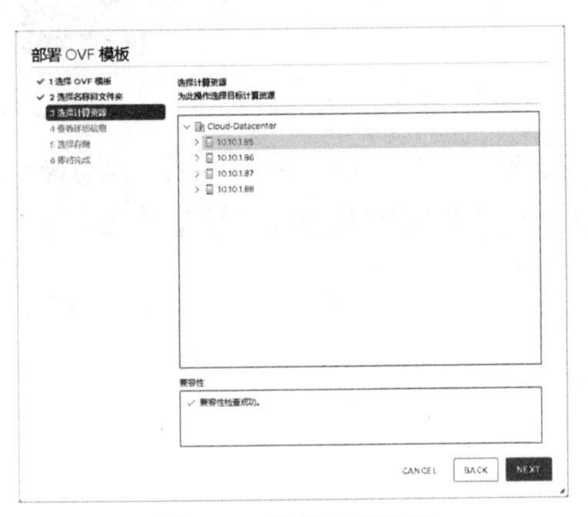

图 7-64　选择计算资源

图 7-65　查看详细信息

（4）查看最终许可协议并选择接受，单击“NEXT”按钮进行下一步，如图 7-66 所示。

（5）选择配置，配置包括四种，分别为“Extra Small”“Small”“Medium”“Large”，此处选择“Extra Small”，并单击“NEXT”按钮，如图 7-67 所示。部署配置类型的详细描述见表 7-4。

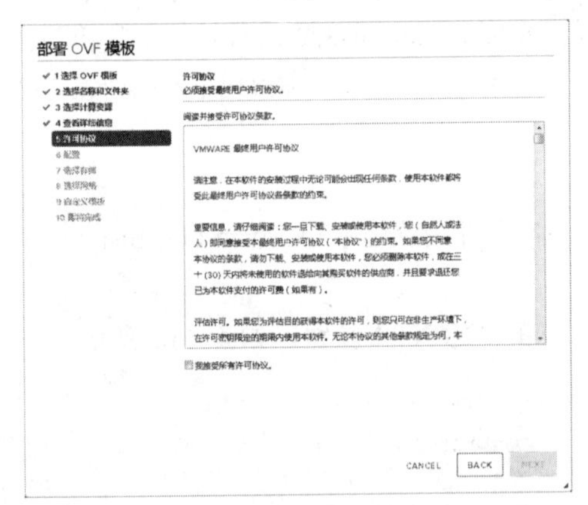

图 7-66　许可协议

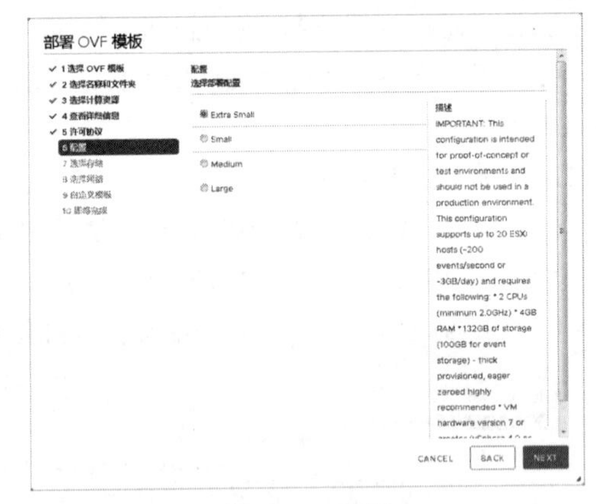

图 7-67　配置

表 7-4　vRealize Log Insight 部署类型

预设大小	日志载入速率	虚拟 CPU	内存	IOPS	syslog 连接	每秒事件数
Extra Small	6 GB/天	2	4 GB	75	20	400
Small	30 GB/天	4	8 GB	500	100	2000
Medium	75 GB/天	8	16 GB	1000	250	5000
Large	225 GB/天	16	32 GB	1500	750	15000

（6）本任务选择虚拟磁盘格式为“精简置备”，并选择虚拟机的存储位置，如图 7-68 所示。

（7）选择网络。如配置有多个网络，需选择正确的目标网络，如图 7-69 所示。

图 7-68　选择存储

图 7-69　选择网络

（8）自定义模板信息，由于本项目未搭建 DNS 服务器，本任务仅填写“Default Gateway”“Network 1 IP Address”“Network 1 Netmask”与“Other Properties”中的“Root Password”，如图 7-70 至图 7-72 所示。

图 7-70　自定义模板网络配置

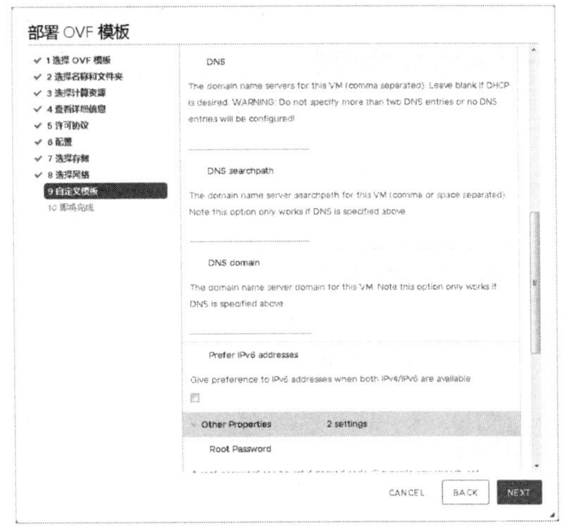

图 7-71　自定义模板 DNS 配置

（9）查看配置信息并确定无误后，单击“FINISH”按钮开始进行安装，如图 7-73 所示。

（10）VCSA 会上传 vRealize Log Insight 的 OVA 程序，需要等待一段时间，文件上传成功后打开虚拟机电源自动安装，如图 7-74 所示。安装完成后，系统界面如图 7-75 所示。

图 7-72　自定义模板密码配置

图 7-73　完成配置

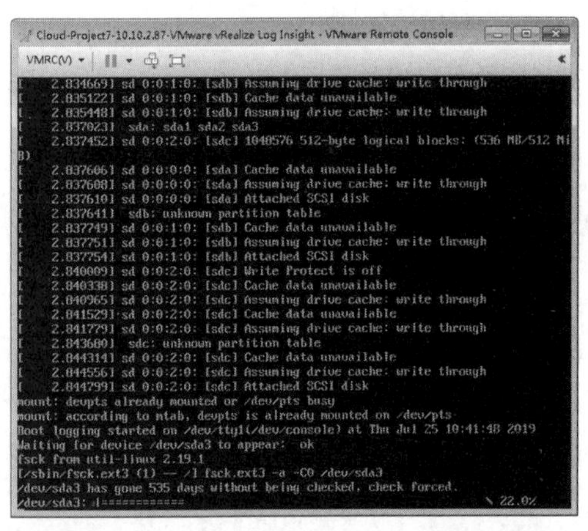

图 7-74　vRealize Log Insight 安装过程

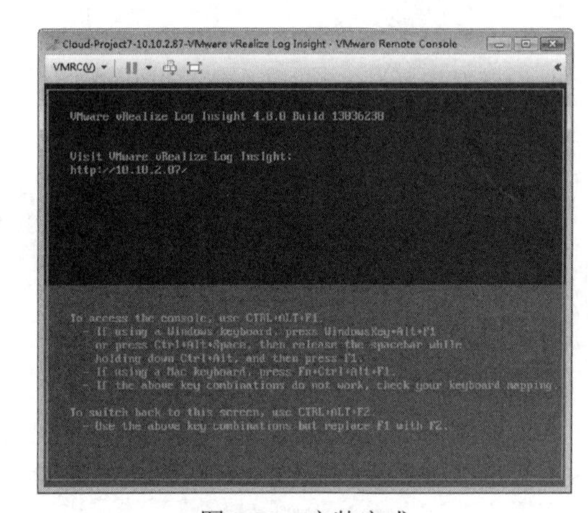

图 7-75　安装完成

3. *初始化* vRealize Log Insight

（1）通过浏览器访问部署完成的 vRealize Log Insight，访问地址为部署时配置的 IP 地址，访问成功后出现如图 7-76 所示页面，单击“下一步”按钮开始部署。

（2）选择“启动新部署”进行初始化部署，如图 7-77 所示。

图 7-76　vRealize Log Insight 初始化

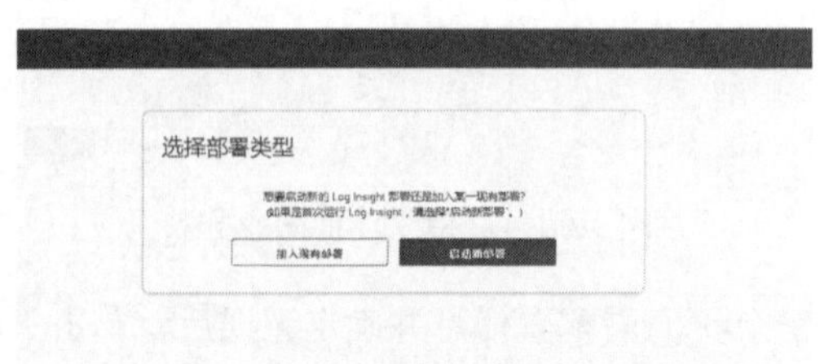

图 7-77　选择部署类型

（3）输入管理员凭据，并单击“保存并继续”，如图 7-78 所示。

图 7-78　输入管理员凭据

（4）输入许可证信息，如图 7-79 所示，单击“保存并继续”，评估许可证可通过 VMware 官网注册后获取。

图 7-79　填写许可证

（5）常规配置，配置邮件收件人与通知发送的 URL，如图 7-80 所示，此处可不填写，单击“保存并继续”进行下一步。

图 7-80　常规配置

（6）时间配置，选择“ESX/ESXi 主机”，单击“保存并继续”，如图 7-81 所示。

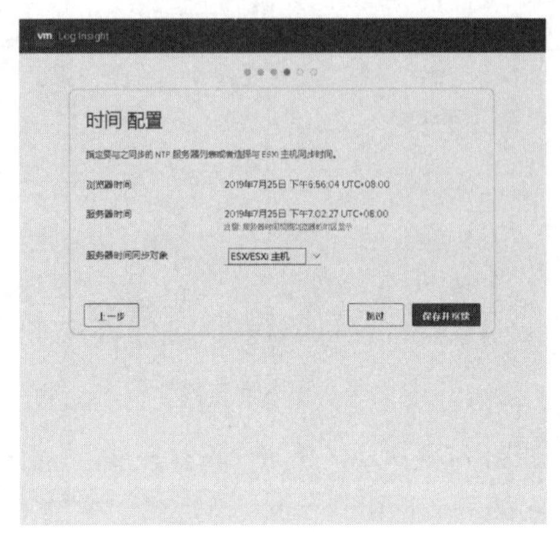

图 7-81　时间配置

（7）配置 SMTP 服务器实现邮件发送，如图 7-82 所示，此处可暂时跳过，单击“保存并继续”开始设置，设置完成后出现如图 7-83 所示页面，初始化部署完成。

图 7-82　SMTP 配置

图 7-83　设置完成界面

任务四　使用 vRealize Log Insight 实现日志分析

扫码看视频

【任务介绍】

本任务讲解使用 vRealize Log Insight 实现日志分析，配置 vRealize Log Insight 与 VCSA 的集成，并在此基础上完成 VCSA 的日志分析。

【任务目标】

（1）配置 vRealize Log Insight 与 VCSA 集成。

（2）vRealize Log Insight 进行日志分析。

【操作步骤】

1．vRealize Log Insight 与 VCSA 集成

vRealize Log Insight 配置成功后即提示进行日志来源集成，如图 7-84 所示。单击“配置 vSphere 集成”将 vRealize Log Insight 与 VCSA 集成，按照提示输入 VCSA 的主机名、用户名、密码、标记，勾选“收集 vCenter Server 事件、任务和警报”，勾选“将 ESXi 主机配置为发送日志至 Log Insight”，配置完成后单击“测试连接”测试系统是否可用，如可用单击“保存”即可，如图 7-85 所示。

图 7-84　配置 vSphere 集成

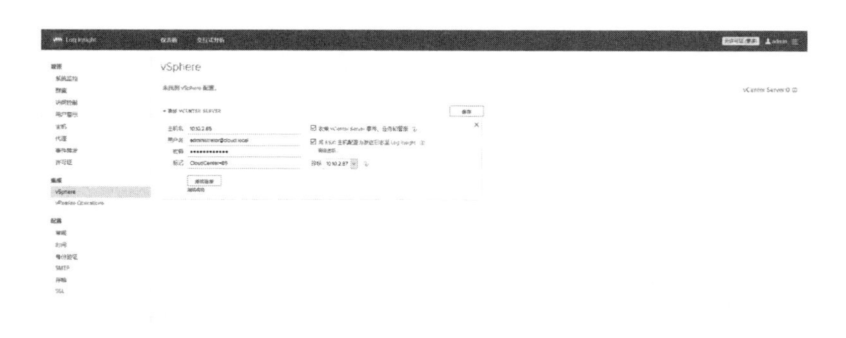

图 7-85　配置 vCenter Server

2. 使用 vRealize Log Insight 进行日志分析

（1）查看日志展示结果，如图 7-86 所示，仪表板选项卡包含自定义仪表板和内容包仪表板。在仪表板选项卡上，可以查看环境中日志事件的图表，或创建自定义组件查看日志信息。

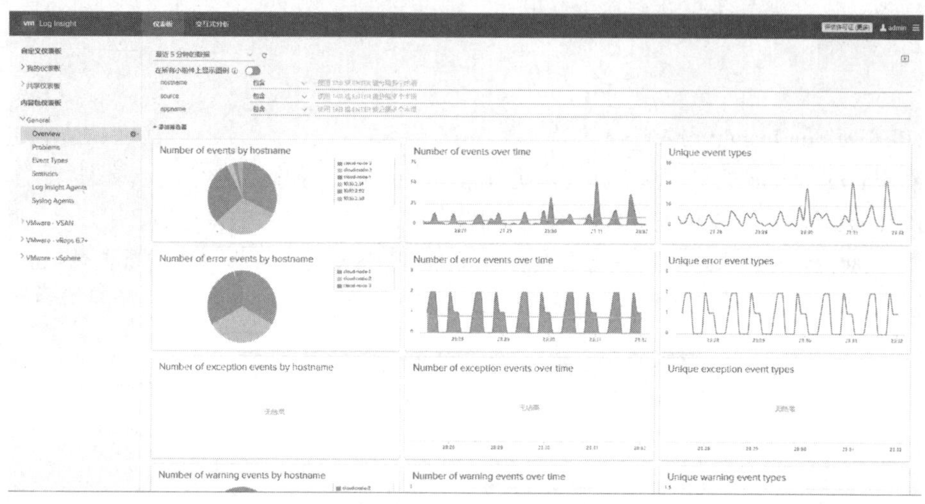

图 7-86　使用 vRealize Log Insight 进行日志分析

（2）内容包仪表板包含与特定产品或日志集相关的仪表板、已提取字段、已保存查询和警示，如图 7-87 所示。

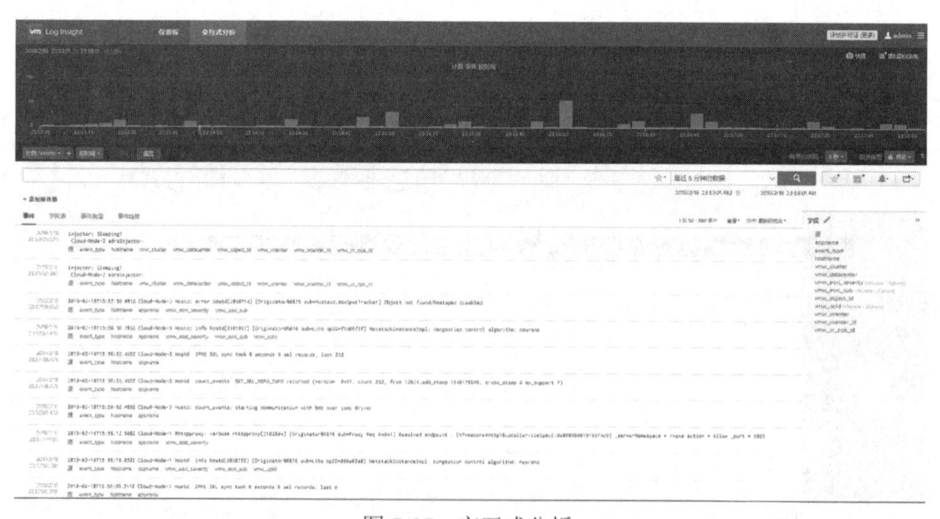

图 7-87　交互式分析

（3）在交互式分析选项卡上，可以搜索和筛选日志事件，并创建查询以基于日志事件中的时间戳、文本、源和字段提取事件。Log Insight 提供了查询结果的图表。可以保存这些图表，以便以后在仪表板选项卡上查找，如图 7-87 所示。

（4）单击交互式分析的▦⁺按钮即可将分析结果添加为自定义分析仪表板，如图 7-88 所示。

图 7-88　添加自定义分析仪表板

（5）自定义分析仪表板的展示如图 7-89 所示。

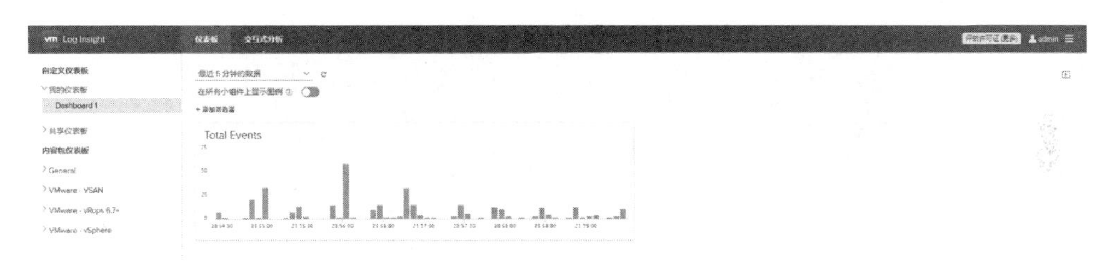

图 7-89　自定义分析仪表板展示

任务五　使用 VMware Converter 实现虚拟机迁移

扫码看视频

【任务介绍】

VMware Converter 是一款能将物理计算机系统、VMware 其他版本虚拟机镜像或第三方虚拟机镜像转化为一个虚拟机映像文件的工具。本任务使用 VMware Converter 实现虚拟机迁移。

【任务目标】

（1）完成 VMware vCenter Converter 的安装与设置。

（2）使用 VMware vCenter Converter 进行迁移。

【操作步骤】

1. 迁移前的准备

（1）软件获取。VMware vCenter Converter 可访问 VMware 官网下载免费版本，下载地址为 https://my.vmware. com/web/vmware/downloads。目前 VMware vCenter Converter 最新版本为 6.2。

（2）平台准备。本任务在前期项目完成的基础上开展，需已经完成虚拟化平台的建设，并需要 VCSA 支持操作。

（3）安装 Windows XP Pro 操作系统。本次实验需要准备 Windows XP Pro 操作系统模拟需要迁移的物理主机。首先在本机的 VMware Workstation 中创建虚拟机并安装 Windows XP 操作系统，并配置网络使其能够与 VCSA 通信，安装好的系统如图 7-90 所示。创建与安装的详细过程不再赘述。

图 7-90　安装好的 Windows XP Pro

2. 在 Windows XP 中安装 VMware vCenter Converter

（1）双击软件安装包执行安装操作，安装界面如图 7-91 所示，单击“Next >”按钮进行下一步。

（2）查看终端用户专利协议，如图 7-92 所示，并单击“Next >”按钮继续进行安装。

图 7-91　安装欢迎界面

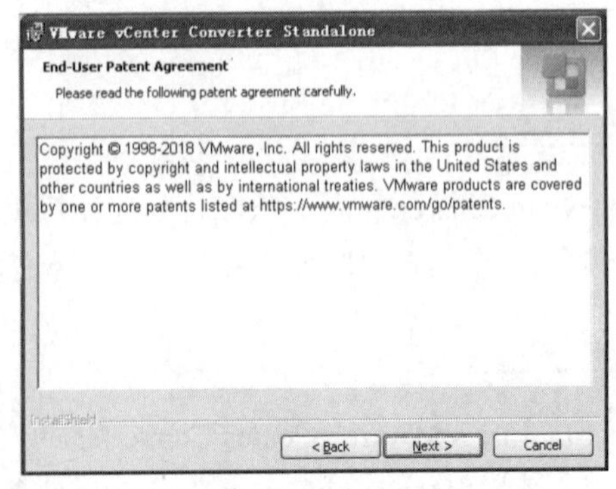

图 7-92　查看终端用户专利协议

（3）接受许可协议后单击“Next >”按钮，如图 7-93 所示。

（4）选择安装路径后单击“Next >”按钮，如图 7-94 所示。

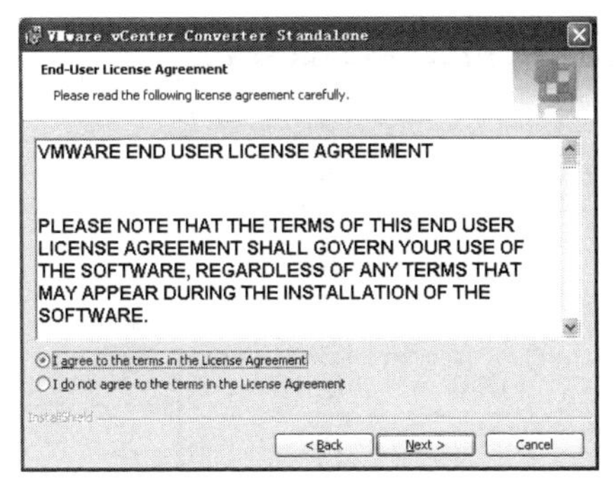

图 7-93　接受许可协议

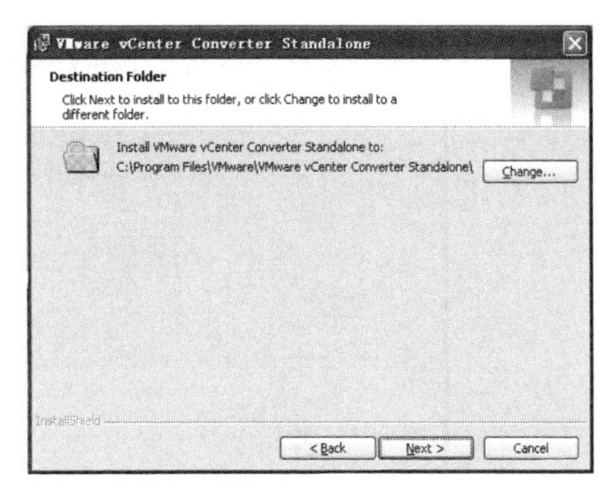

图 7-94　选择安装路径

（5）选择安装类型，此处安装类型包括两种方式：服务器与客户端方式、本地安装方式，此处选择本地安装方式，并单击“Next >”按钮，如图 7-95 所示。

（6）加入用户体验计划后单击“Next >”按钮，如图 7-96 所示，单击“Install”执行安装，安装过程如图 7-97 所示，安装完成界面如图 7-98 所示。

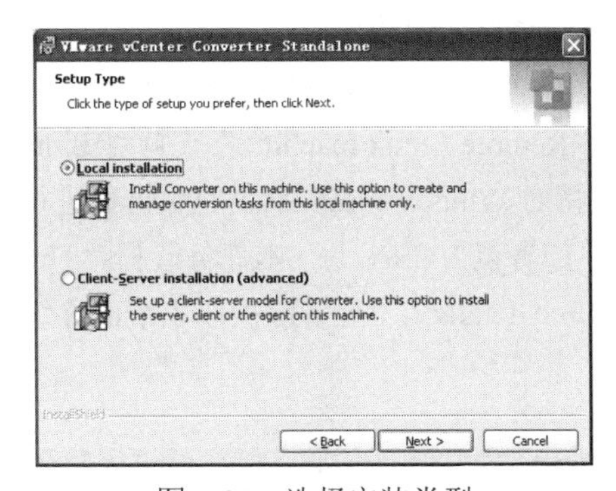

图 7-95　选择安装类型

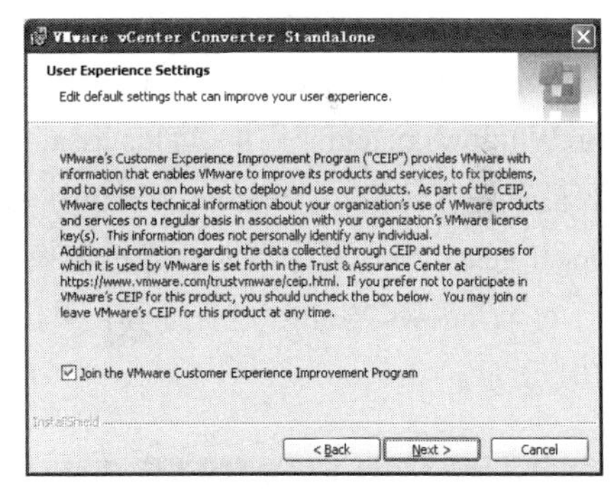

图 7-96　加入用户体验计划

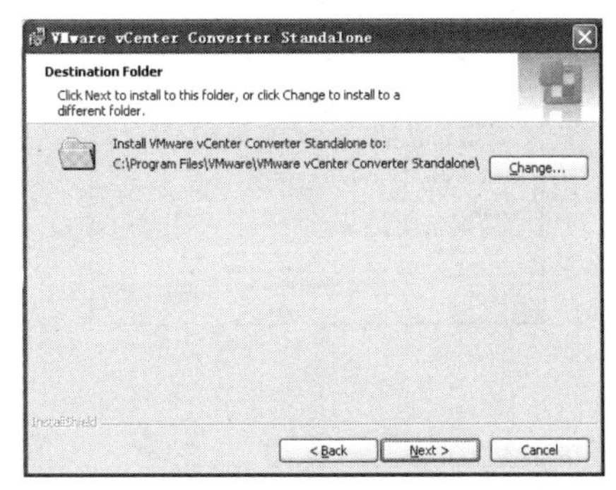

图 7-97　执行安装

图 7-98　安装完成

3. 使用 VMware vCenter Converter 进行虚拟机迁移

（1）打开软件，如图 7-99 所示，单击“Convert machine”开始进行虚拟机转换。

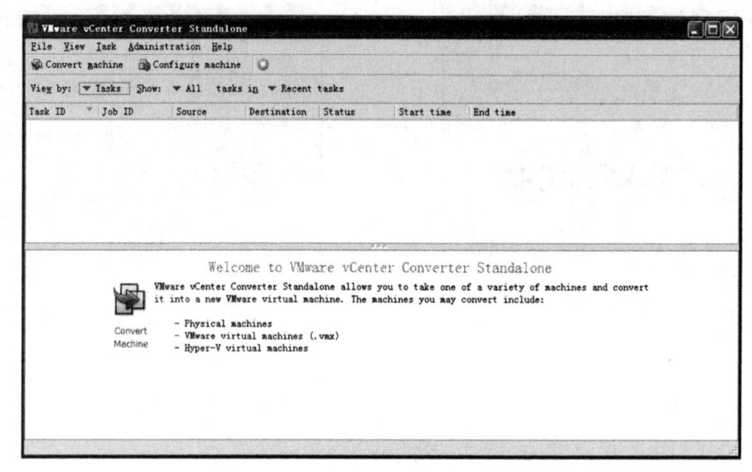

图 7-99　vCenter Converter 主界面

虚拟机转换时支持热克隆和冷克隆两种类型，热克隆用于在源计算机运行操作系统的过程中转换该源虚拟机，冷克隆用于在源计算机没有运行操作系统时克隆源计算机。

本任务选择“Powered on”进行热克隆，如图 7-100 所示。热克隆时支持“Remote Linux machine”“Remote Windows machine”与“This local machine”。“Remote Linux machine”支持对 Linux 操作系统的源机器进行转换，“Remote Windows machine”支持对 Windows 操作系统的源机器进行转换，“This local machine”可将本地计算机转换为虚拟机并部署至 VCSA 上。本任务选择“This local machine”对 Windows XP Pro 进行迁移，单击“View source details...”查看源操作系统的详细信息，如图 7-101 所示。

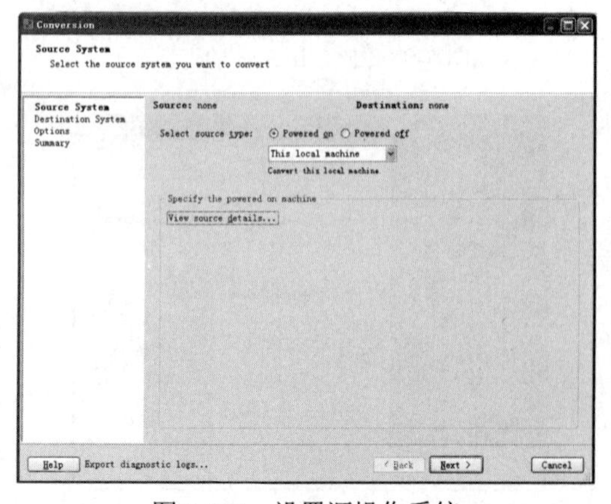

图 7-100　设置源操作系统

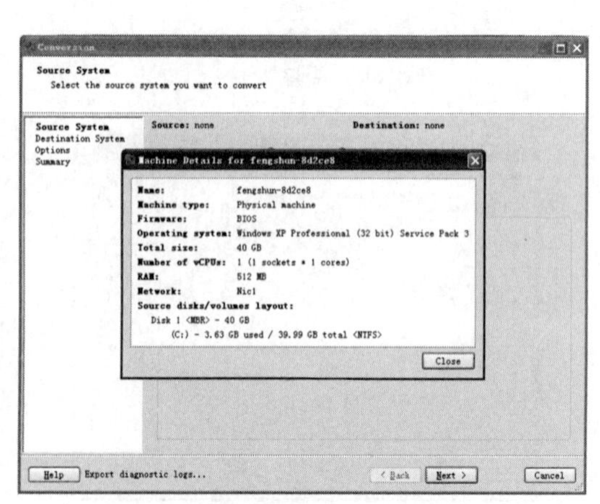

图 7-101 查看源操作系统详细信息

（2）填写 VCSA 的地址、用户名、密码，单击“Next >”按钮连接至 VCSA，如图 7-102 所示。

（3）选择转换虚拟机欲存放的数据中心，在名称输入框中填写转换后虚拟机的名称，如图 7-103 所示，单击“Next >”按钮继续。

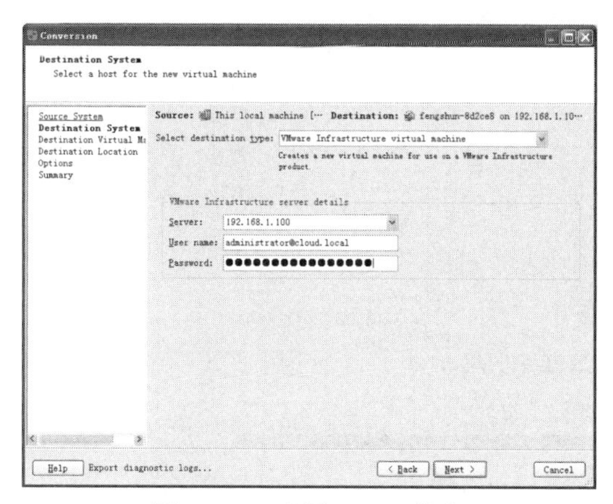

图 7-102　配置 VCSA 信息

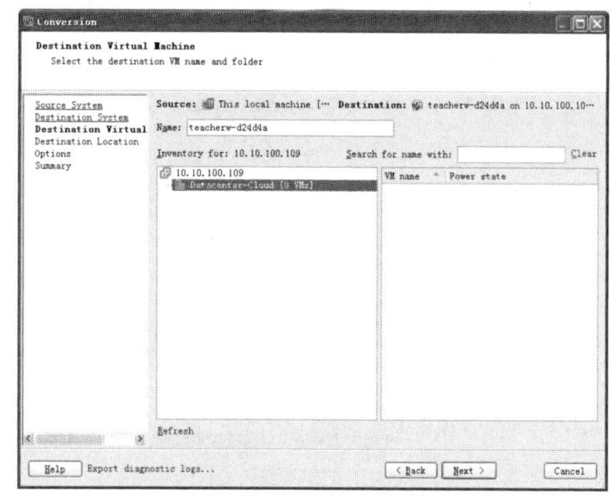

图 7-103　选择数据中心

（4）选择转换虚拟机欲存放的群集或主机，选择存储，如图 7-104 所示，单击“Next >”按钮继续。

（5）软件会检测源操作系统与目的数据中心之间的信息，显示各配置项，如有问题会出现红色的错误提示，如图 7-105 所示。

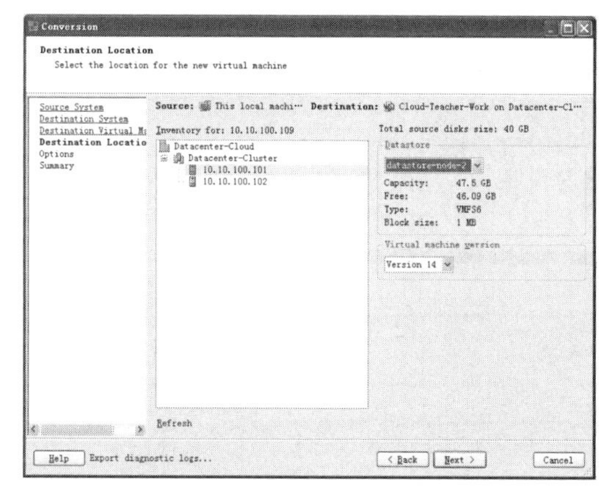

图 7-104　设置主机与存储位置

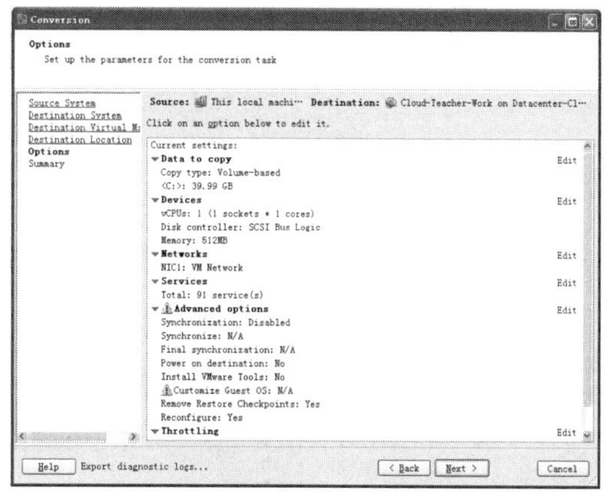

图 7-105　虚拟机各项配置信息

单击每项配置右侧的“Edit”对各配置进行修订，单击“Data to copy”后显示源操作系统包含 1 个数据卷，可采用厚置备与精简置备两种，本任务选择精简置备，如图 7-106 所示。

（6）配置为虚拟机分配的内存、CPU 与网络，如图 7-107 至图 7-109 所示。

（7）配置 Windows 服务，查看当前 Windows 服务的状态并设置转化虚拟机的 Windows 服务的状态，如图 7-110 和图 7-111 所示。

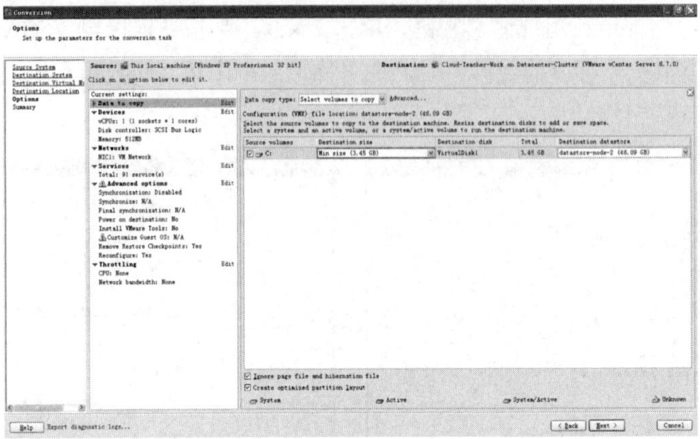

图 7-106　设置数据卷信息

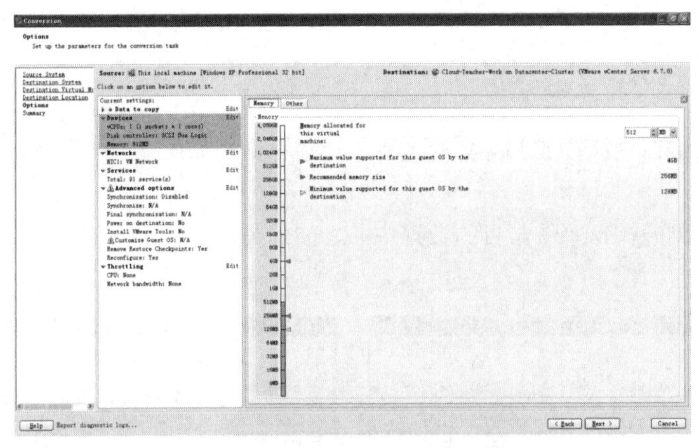

图 7-107　配置内存信息

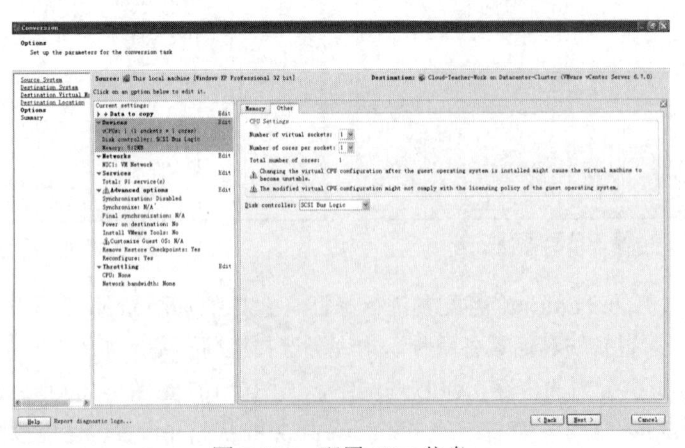

图 7-108　配置 CPU 信息

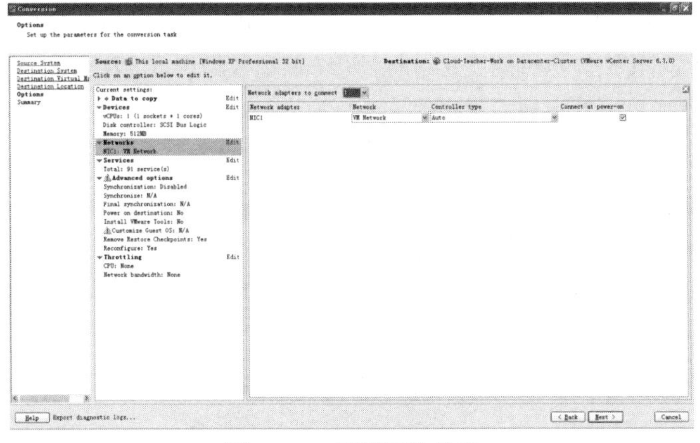

图 7-109　配置网络信息

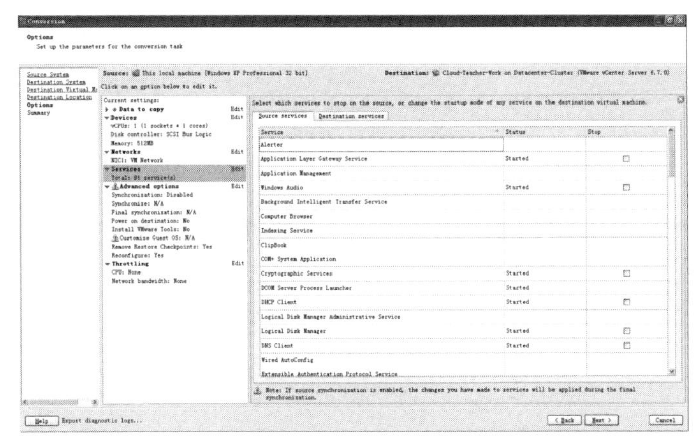

图 7-110　源系统服务

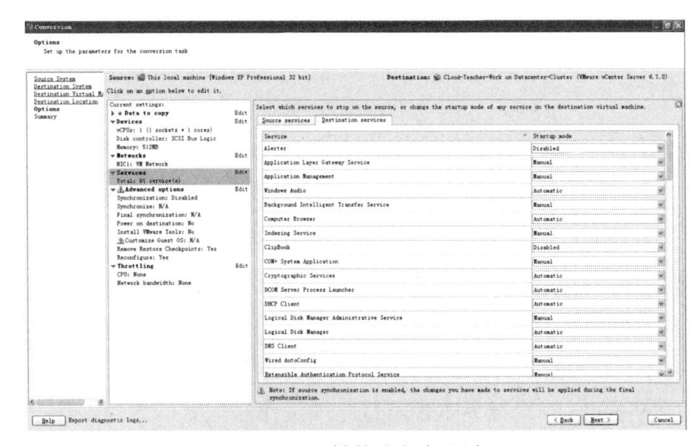

图 7-111　转换虚拟机服务

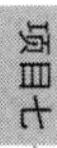

（8）配置高级选项，如图 7-112 和图 7-113 所示。同步设置是用户将虚拟机转换过程中的源操作系统的数据变化与转换虚拟机的变化进行同步，保证数据统一。转换完成之后的设置可以包括为自动开启转换后虚拟机、为转换后虚拟机安装 VMware Tools、创建一个来访用户、删除转换后虚拟机的系统还原点、重新配置转换后的虚拟机。

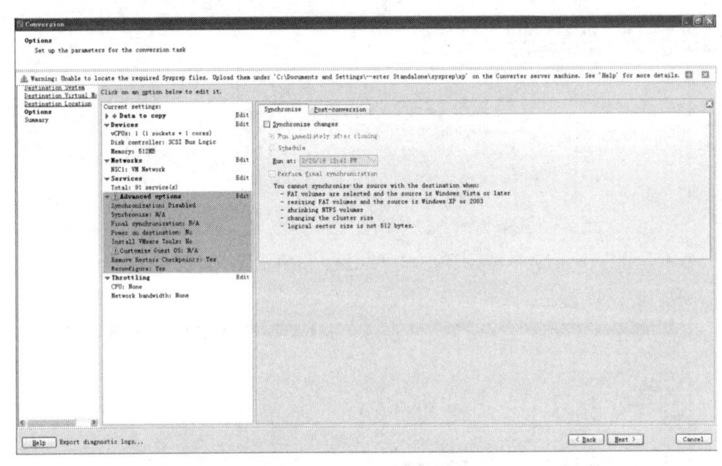

图 7-112　同步设置

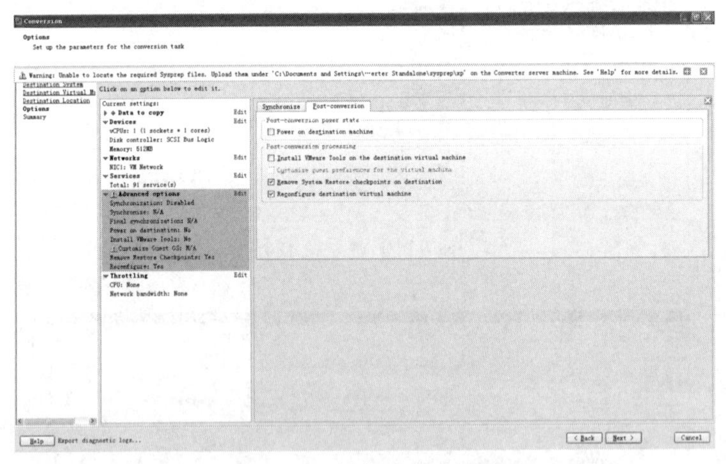

图 7-113　转换完成后设置

（9）节流设置，对 CPU、网络进行节流设置，如图 7-114 所示。

（10）查看配置详情，确认无误后单击“Finish”提交虚拟机转换任务，如图 7-115 所示。

（11）任务提交成功后将显示源系统信息、目的 VCSA 信息、当前运行状态或进度、任务开始时间、预计结束时间等，如图 7-116 所示。将“View by”选择为 Task 查看任务的执行情况，如图 7-117 所示。单击“View by”选择为 Job 查看此项工作的配置信息，如图 7-118 所示。

（12）此时访问 VCSA 平台，虚拟机已经创建成功，如图 7-119 所示。

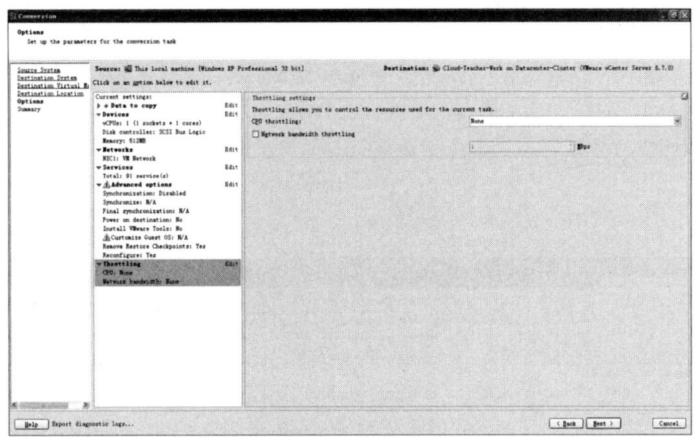

图 7-114　节流设置

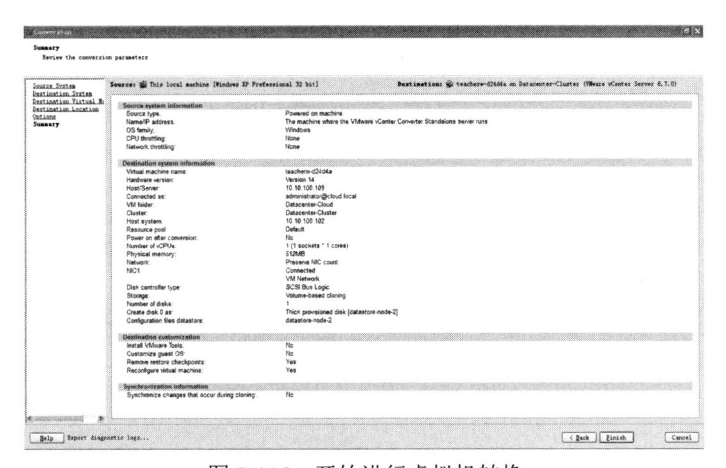

图 7-115　开始进行虚拟机转换

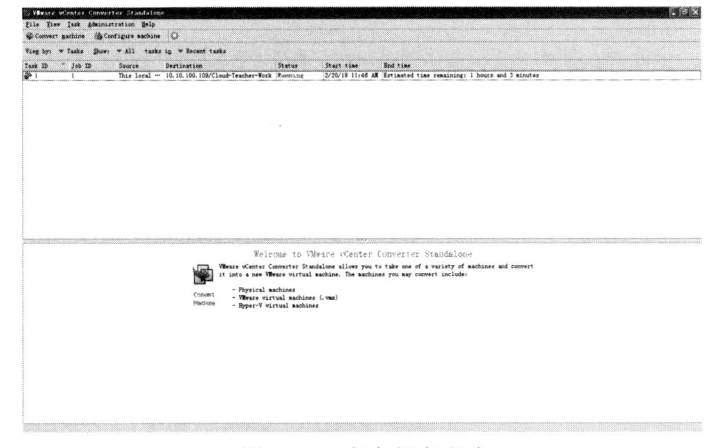

图 7-116　任务提交成功

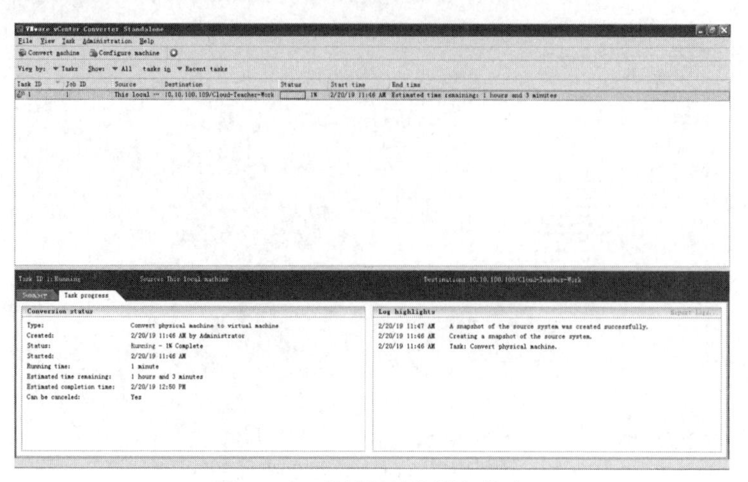

图 7-117　虚拟机转换详细信息

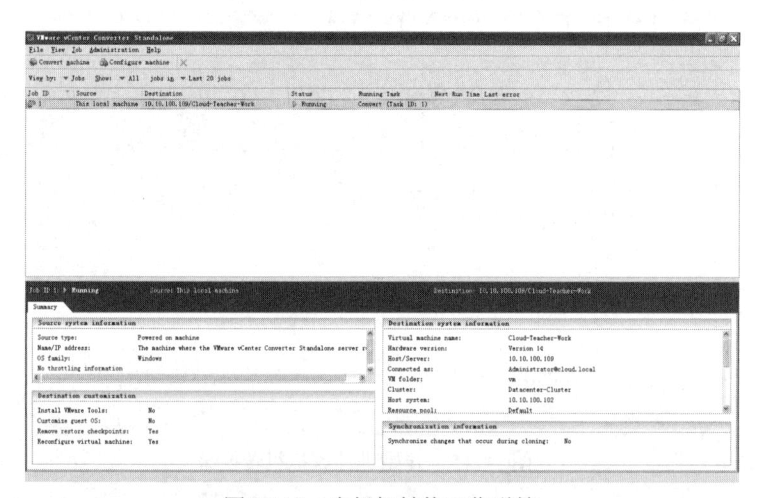

图 7-118　虚拟机转换工作详情

图 7-119　VCSA 中虚拟机创建任务

（13）任务执行完成后虚拟机转换成功，如图 7-120 所示。

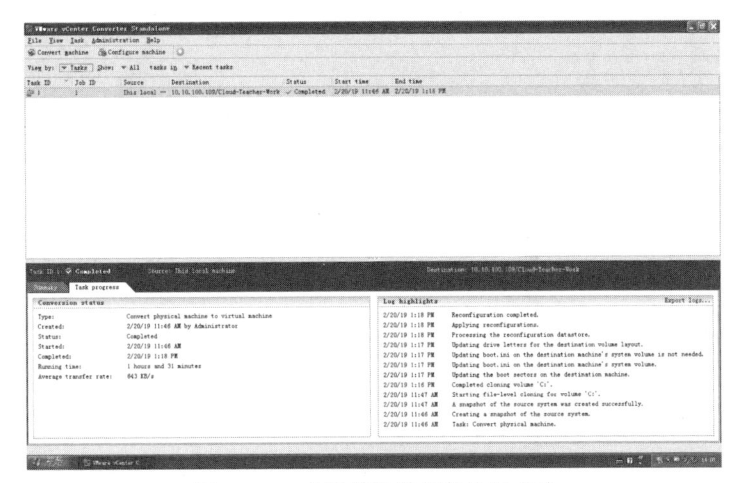

图 7-120　虚拟机转换任务执行成功

（14）在 VCSA 中开启虚拟机 Windows XP Pro 的电源，使用 VMware Remote Console 访问 Windows XP Pro 操作系统并访问互联网进行验证操作，如图 7-121 所示。

图 7-121　使用转换虚拟机访问互联网

项目八

第三方工具

项目介绍

VMware 公司的产品线包含管理与监控服务，但是由于其存在一些成本、操作的问题，在数据中心运维过程中往往会使用到第三方工具来协助运维人员更快、更好地完成日常运维工作。

本项目介绍目前市场上最常用的第三方工具如何对虚拟化群集进行监控、备份与恢复、管理等操作。

项目目的

- 使用 RVTools 实现对 vSphere 的管理。
- 使用 Veeam Backup & Replication 实现 vSphere 的备份与恢复。
- 使用 QS-WSM 实现 vSphere 监控。

项目需求

类型	详细描述
硬件	不低于双核 CPU、8G 内存、500GB 硬盘，开启硬件虚拟化支持
软件	Windows 10 Pro
网络	计算机使用固定 IP 地址接入局域网，并支持对互联网的访问

项目记录

<table>
<tr><td rowspan="3">VMware ESXi</td><td>节点名称</td><td>节点地址</td><td>用户名</td><td>密码</td></tr>
<tr><td></td><td></td><td></td><td></td></tr>
<tr><td></td><td></td><td></td><td></td></tr>
</table>

续表

	节点名称	节点地址		用户名	密码
vCenter Server Appliance	OS 权限	用户名		密码	
第三方工具	Veeam	账号			
问题记录					

项目讲堂

1. RVTools

RVTools 是一个查看主机和虚拟机状态的免费工具，使用 VI SDK 显示有关虚拟环境的信息。RVTools 可对单台或同处在一个 vCenter 中的多台主机进行管理，同时可更新 VMware Tools 和检查主机健康情况。RVTools 支持最新的 ESX/ESXi 产品。

RVTools 提供了一种非常简单的方式来显示 vCenter 服务器的库存信息，它可以将这些库存信息导出到一个类似于 Excel 的电子表格中，并且能够创建超过 15 个 Tab。在 RVTools 中，包含了显示虚拟机、主机、群集、交换机、端口组等其他视图，这些视图的每一行都包含了非常详细的信息。

2. Veeam Backup & Replication

Veeam Backup & Replication 可针对虚拟、物理和云端业务，借助单个管理控制台实现快速、灵活和可靠地备份、恢复及复制所有应用程序和数据，加强数据管理和数据安全。

Veeam Backup & Replication 特性包括备份、恢复和复制。

（1）备份。Veeam Backup & Replication 可为所有业务提供快速、可靠的备份，可帮助缩短备份窗口并降低备份和存储成本，具有特性如下：

- Veeam Cloud Tier：借助原生对象实现存储无限扩展。
- 面向 SAP HANA 和 Oracle RMAN 的 Veeam 插件：提升可扩展性和运行效率，同时有效管理企业环境。
- 适用于 Veeam Agent for Microsoft Windows 和 Veeam Agent for Linux 的内置管理：直接在 Veeam Backup & Replication 控制台中管理基于代理的备份功能，包括用于保障虚拟、物理和云端业务可用性的单一虚拟管理平台，集中备份代理部署和 Windows Server 故障切换群集支持。
- 映像级虚拟机备份：借助先进的应用程序感知处理功能，确保应用程序备份一致性。
- 从存储快照备份：利用越来越多全球领先存储提供商的存储快照，超快速创建备份，实现出色的 RPO。
- 扩展式备份存储库（Scale-Out Backup Repository™）：通过创建备份存储的单一虚拟池，包括对内部和云端对象存储的支持，简化备份管理。
- Veeam Cloud Connect：无需花费高昂成本、大费周章地构建和维护异地基础架构，即可轻松实现异地备份，采用云备份解决方案快速、安全地将数据备份至服务提供商。
- SureBackup：自动测试和验证所有的备份和 VM，确保可恢复性。
- 内置的广域网加速：将异地备份速度提高至少 50 倍，同时节省带宽。
- Direct Storage Access：通过 Direct SAN Access 和 Direct NFS Access 更快速实施 vSphere 备份，同时降低影响。
- 原生磁带支持：利用多个磁带支持选项，包括直接恢复至磁带、并行处理、全局介质池、原生祖父—父—子（GFS）保留、将整卷备份和恢复至 NDMP v4 并以 WORM 格式写入介质池。

（2）恢复。Veeam 支持极速、可靠地恢复单个文件、整个虚拟机和应用程序，具体特性如下：

- Instant VM Recovery（即时虚拟机恢复）：在不到 2 分钟的时间内恢复故障虚拟机。
- 即时文件级恢复：即时恢复操作系统文件和文件夹。
- Veeam Cloud Mobility：只需两步便可轻松将任何内部或云端工作负载移植和恢复至 AWS、Azure 和 Azure Stack。
- 恢复：Veeam DataLabs Secure Restore 加入了安全、杀毒和入侵防御功能。Veeam DataLabs Staged Restore 加入了 GDPR 与合法保护功能，可帮助恢复备份。
- Veeam Explorer for Microsoft Active Directory：即时恢复单个 AD 对象和整个容器，轻松恢复用户账户和密码，并支持恢复组策略对象（GPO），Active Directory 集成 DNS 记录等。
- Veeam Explorer for Microsoft Exchange：面向单个 Exchange 项目的即时可视性和细颗粒恢复，包括硬删除项目、eDiscovery 的详细导出报告等。

- Veeam Explorer for Microsoft SharePoint：即时透视 SharePoint 备份；轻松查找和恢复特定的 SharePoint 项目以及单个站点。
- Veeam Explorer for Microsoft SQL Server：SQL 数据库的快速事务级和表级恢复，支持恢复到精确的时间点。
- Veeam Explorer for Oracle：面向 Oracle 数据库的交易级恢复，包括无代理交易日志备份，支持恢复到准确的时间点。
- Veeam Explorer for Storage Snapshots：利用全球领先存储提供商的存储快照，恢复单个文件和整个虚拟机。
- 基于角色的访问控制（RBAC）：建立面向 VMware vSphere 的内部自助备份和恢复。

（3）复制。Veeam 提供先进的映像级虚拟机复制和简化高效的灾难恢复，确保关键业务的可用性，具体特性如下：

- 基于映像的虚拟机复制：可通过本地复制虚拟机来确保高可用性，也可异地复制虚拟机进行灾难恢复。
- Veeam Cloud Connect Replication：异地轻松获取副本，无需花费高成本、大费周章地构建和维护灾难恢复站点；通过服务提供商获取基于云的快速、安全的灾难恢复（DRaaS）解决方案。
- SureReplica：自动测试和验证每个虚拟机副本，确保可恢复性。
- 内置的广域网加速：将异地备份速度提高至少 50 倍，同时节省带宽。
- 故障切换和恢复：副本恢复和辅助故障切换几乎不会造成业务中断。

3. QS-WSM

祺石互联网业务与服务器状态监控系统（QS-WSM），是为运维人员量身定做，用以持续、实时地监控网站、网站服务器、中间件、数据库、域名解析服务、通信服务等多种业务应用以及服务器、虚拟化、存储设备运行状态的监控系统，实现对业务的全面监控和性能分析。

QS-WSM 对监控数据进行统计分析，将监控数据以图形和报表方式展示，使运维人员即使远离机房也能够实时掌握所管理业务与服务器的健康状态和运行状况。故障/预警通知系统，可以帮助运维人员及时发现故障或存在的隐患，降低业务损失。

QS-WSM 包括五个版块，分别是系统管理、监控分析、移动平台、监控屏平台和容错系统。

（1）系统管理：适用于桌面场景下监控管理维护，主要通过 Web 化的方式进行监控管理，实现受监控业务，服务器，虚拟化及存储设备的添加、修改、删除、上移/下移、启用/禁用、批量删除监控等操作；实现故障预警、运行报告、测试工具、基本配置、高级配置、安全配置、项目组信息管理、管理员信息管理、数据备份与恢复、系统日志管理与审计、系统关机与重启、产品注销、系统自定义配置等功能。

（2）监控分析：适用于桌面场景下运维监控分析，主要通过图形报表和数据报表两种形式展示受监控业务及设备的状态信息，包括总体运行情况、业务/设备故障信息、业务/设备预警信息；分类展示网站、网站服务器、数据库、中间件、域名解析服务、通信服务、服务器、虚拟化、存储在最近 30 分钟、最近 8 小时、最近 24 小时、最近 1 周、最近 1 月、最近 1 年和自定义时间段内的监控数据；帮助运维人员实时掌握受监控业务和设备的健康状态和运行情况。同时系统还为不同类型的业务/设备作出一些典型应用分析和同类型业务/设备下的设备对比分析，以帮助运维人员更好地分析业务/设备运行情况。

（3）移动平台：适用于移动应用场景下的监控分析，主要通过图形报表和列表两种形式展示受监控业务及设备的状态信息。

（4）监控屏平台：适用于监控屏业务/设备状态总体呈现，实时统计受监控业务及设备的状态（正常、故障和预警）和最近 30 分钟内业务及设备的健康度，使运维人员随时随地掌握互联网业务、服务器的运行状态和健康情况。

（5）容错系统：用户不在允许访问地址范围内而对管理系统和 Web 监控进行访问时将重定向到容错系统，保护业务运行数据的私密性。当用户非法访问系统时，对系统实行保护，提高系统的安全性。

任务一　使用 RVTools 管理 vSphere

扫码看视频

【任务介绍】

在运维工作当中，经常会关注整个虚拟化平台的使用情况，包括每个群集、虚拟机的运行情况。在编写运维报告时，往往需要在短时间内收集大量的虚拟化细节信息。

本任务借助第三方工具 RVTools，轻松实现获取整个虚拟化群集的使用情况、群集的详细信息、主机的详细信息等，并且支持信息的分类导出。

【任务目标】

（1）在 Windows 10 Pro 部署安装 RVTools。

（2）熟练使用 RVTools 查看 vSphere 虚拟化信息。

（3）使用 RVTools 导出所需虚拟化信息。

【操作步骤】

1. RVTools 安装前准备

（1）系统准备。RVTools 是一个.msi 程序，需要在 Windows 操作系统的机器上进行部署，本任务使用 Windows 10 Pro。

（2）软件获取。RVTools 官方网址为 https://www.robware.net，RVTools 的最新版本为 3.11.9。在下载之前需要填写下载人的基本信息，正确填写后下载开始，如图 8-1 所示。

Download

Veeam Software is the sponsor of the RVTools download. By downloading, you are agreeing to register and receive email communication from Veeam. You can unsubscribe at any time.

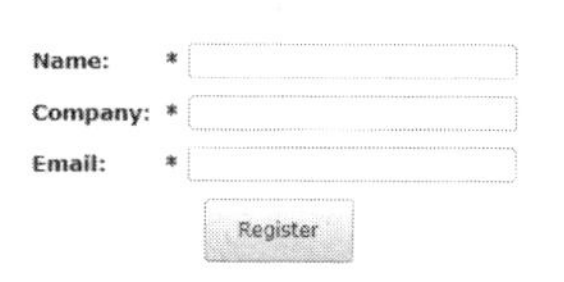

SHA256 = 242253fda3029845f7b966b8cd790776ae26e5a9c41af6a9d0b5d3371c72da22

Please check your browser security settings if the registration form is not visible. Java script must be enabled.

RVTools
nice to haveware...

图 8-1　RVTools 下载前信息填写页

2. RVTools 安装

双击 RVTools 安装程序，进入安装界面，如图 8-2 所示。选择“I Agree”，单击“Next>”进入安装界面，如图 8-3 所示。然后选择安装的路径，以及该软件使用人群。本次安装选择的是默认目录，以及允许任何人使用。

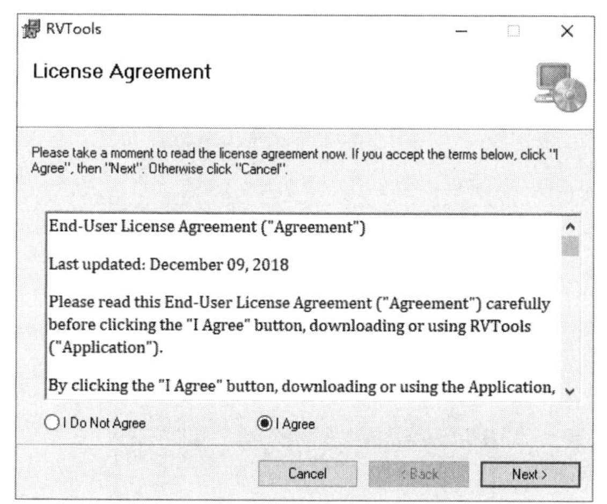

图 8-2　RVTools 安装许可协议

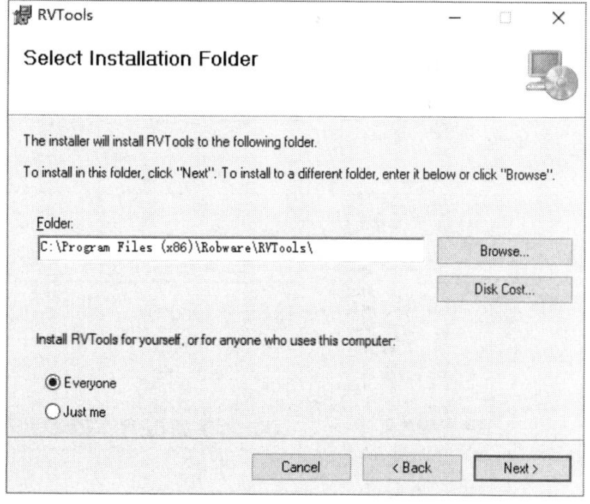

图 8-3　RVTools 安装路径

单击“Next>”按钮进入确认安装界面，然后再次单击“Next>”按钮进入安装界面。安装完成后如图 8-4 所示。

3. 使用 RVTools 管理 vSphere 群集

（1）登录。打开安装好的 RVTools，如图 8-5 所示。填写 vCenter Server 或者 ESXi 的地址和账号信息，分别为 IP address/Name（vCenter 群集地址）、User name（vCenter 群集的用户名）、Password （vCenter 群集的密码），三个信息填写无误后，单击“Login”按钮，进行登录。

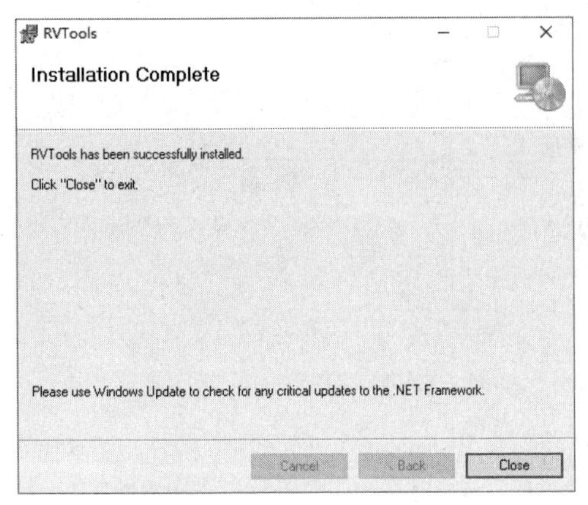

图 8-4　RVTools 安装完成

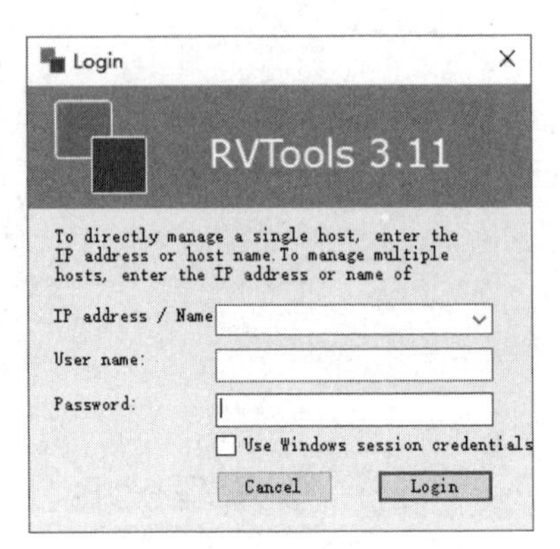

图 8-5　RVTools 登录界面

将“Use Windows session credentials“勾选取消，然后进行用户名和密码的输入。

（2）RVTools 指标。利用 RVTools 可以查看有关虚拟机的基本信息，包括 CPU、内存、硬盘、分区、网络、快照、VM Tools 等信息，如图 8-6 所示。也可查看整个虚拟化平台的资源池、群集、主机、HBA、NIC、交换机、端口、Distributed Switch、Distributed Port、服务控制台和 VMKernel、存储、多路径冗余信息等，如图 8-7 所示。由于所监控的信息过多，本任务仅选取 VM 中的基本信息，诸如 CPU、内存、VM Tools 信息进行介绍，仅选取 ESXi 的资源池、群集、主机、存储信息进行介绍。

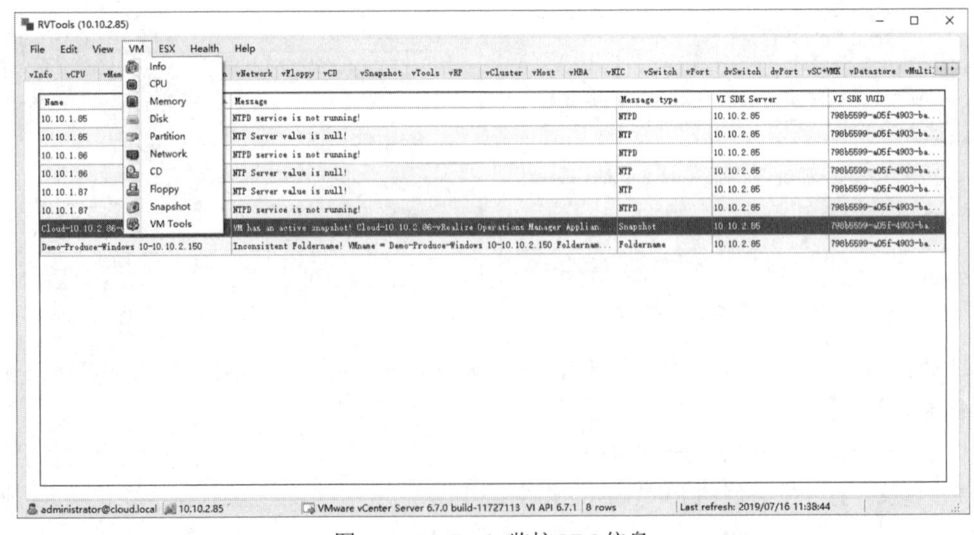

图 8-6　RVTools 监控 VM 信息

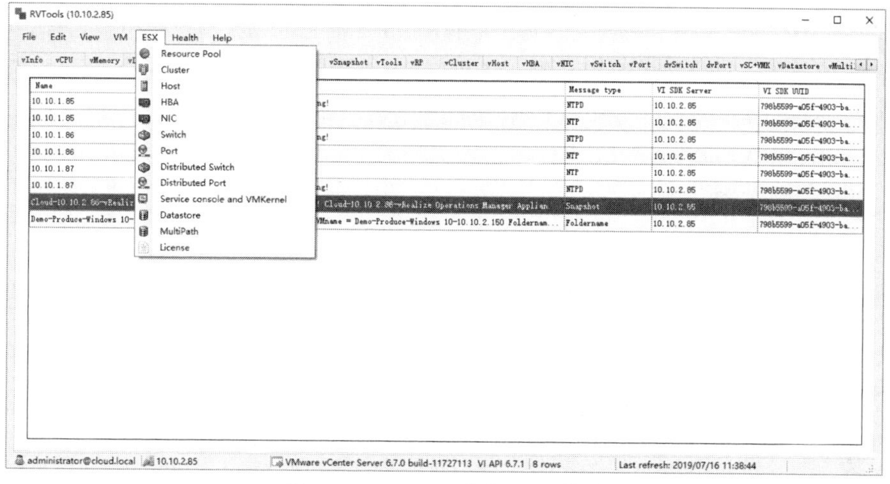

图 8-7 RVTools 监控 ESX 信息

1）vInfo。“vInfo”选项卡用来展示每个虚拟机的基本信息，包含虚拟机名称、电源状态、模板、配置状态、DNS 名称、链接状态、访客状态、健康度、Consolidation Needed、开机日期/时间、暂停日期/时间、创建日期/时间、更改版本、vCore 数量、延迟敏感度、内存量、NIC 数量、虚拟磁盘数量、CBT、主 IP 地址、连接网络、监视器数量、资源池、所在 vApp、DAS 保护、容错状态、容错延迟状态、容错带宽、容错辅助延迟、预配置存储、已用存储、非共享存储、HA 重启优先级、HA 隔离响应、HA VM 监控、群集规则、群集规则名称、安装需要引导、引导延迟、引导重试延迟、启用引导重试、引导 BIOS 设置、硬件、硬件版本、硬件升级状态、硬件升级策略、HW target、配置路径、日志目录、快照目录、暂停目录、备注信息、数据中心名称、群集名称、ESXi 主机名、操作系统名称、虚拟机 ID、虚拟机 UUID、VI SDK 服务器类型、VI SDK API 版本、VI SDK 服务器和 VI SDK UUID。vInfo 界面如图 8-8 所示。

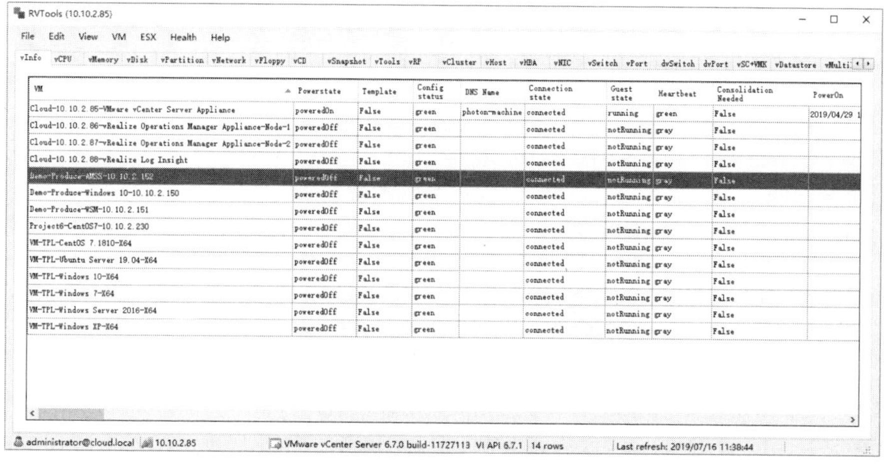

图 8-8 RVTools vInfo

2）vCPU。“vCPU”选项卡用来展示每个虚拟机 CPU 信息，包含所在虚拟机名称、电源状态、CPU 数量、插槽数量、每个插槽的核心数、vCPU 最大使用量、vCPU 整体使用情况、级别、CPU Shares、预留、静态 CPU 授权、分布式 CPU 授权等信息，如图 8-9 所示。

RVTools (10.10.2.85)

File Edit View VM ESX Health Help

vInfo vCPU vMemory vDisk vPartition vNetwork vFloppy vCD vSnapshot vTools vRP vCluster vHost vHBA vNIC vSwitch vPort dvSwitch dvPort vSC+VMK vDatastore vMultiPath vLicense vHealth

VM	Powerstate	Template	CPUs	Sockets	Cores p/s	Max	Overall	Level	Shares	Reservation	Entitlement	DRS Entitlement	Limit	Hot Add
Cloud-10.10.2.85-VMware vCenter Server Appliance	poweredOn	False	2	2	1	5,600	252	normal	2,000	0	5,600	280	-1	True
Cloud-10.10.2.86-vRealize Operations Manager Appliance-Node-1	poweredOff	False	8	8	1	0	0	normal	8,000	0	0	0	-1	False
Cloud-10.10.2.87-vRealize Operations Manager Appliance-Node-2	poweredOff	False	8	8	1	0	0	normal	8,000	0	0	0	-1	False
Cloud-10.10.2.88-vRealize Log Insight	poweredOff	False	6	6	1	0	0	normal	6,000	0	0	0	-1	False
Demo-Produce-AMSS-10.10.2.152	poweredOff	False	2	2	1	0	0	normal	2,000	0	0	0	-1	False
Demo-Produce-Windows 10-10.10.2.150	poweredOff	False	2	1	2	0	0	normal	2,000	0	0	0	-1	False
Demo-Produce-WSM-10.10.2.151	poweredOff	False	4	4	1	0	0	normal	4,000	0	0	0	-1	False
Project6-CentOS7-10.10.2.230	poweredOff	False	1	1	1	0	0	normal	1,000	0	0	0	-1	False
VM-TPL-CentOS 7.1810-X64	poweredOff	False	1	1	1	0	0	normal	1,000	0	0	0	-1	False
VM-TPL-Ubuntu Server 19.04-X64	poweredOff	False	1	1	1	0	0	normal	1,000	0	0	0	-1	False
VM-TPL-Windows 10-X64	poweredOff	False	2	1	2	0	0	normal	2,000	0	0	0	-1	False
VM-TPL-Windows 7-X64	poweredOff	False	1	1	1	0	0	normal	1,000	0	0	0	-1	False
VM-TPL-Windows Server 2016-X64	poweredOff	False	1	1	1	0	0	normal	1,000	0	0	0	-1	False
VM-TPL-Windows XP-X64	poweredOff	False	2	2	1	0	0	normal	2,000	0	0	0	-1	False

administrator@cloud.local | 10.10.2.85 | VMware vCenter Server 6.7.0 build-11727113 VI API 6.7.1 | 14 rows | Last refresh: 2019/07/16 11:38:44

图 8-9　RVTools vCPU

3）vMemory。“vMemory”选项卡用来展示每个虚拟机的内存信息，包含所在虚拟机名称、电源状态、模板、内存大小、内存开销、最大内存使用量、消耗的内存、消耗的开销、专用内存、共享内存、交换内存、膨胀内存、活动内存、内存授权、分布式内存授权等信息，如图 8-10 所示。

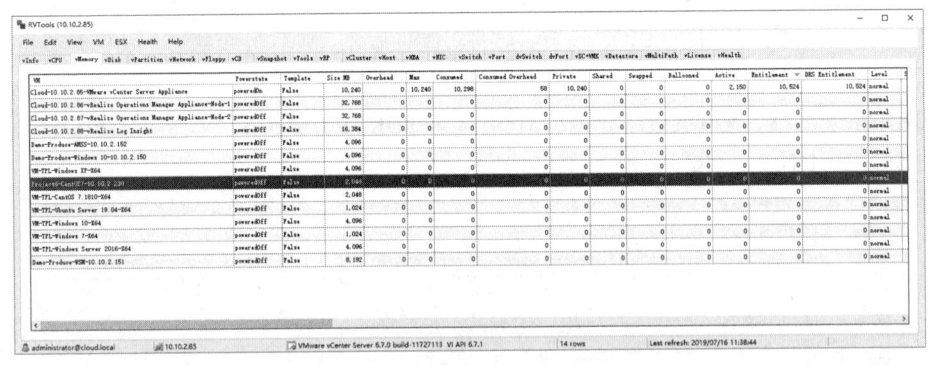

RVTools (10.10.2.85)

File Edit View VM ESX Health Help

vInfo vCPU vMemory vDisk vPartition vNetwork vFloppy vCD vSnapshot vTools vRP vCluster vHost vHBA vNIC vSwitch vPort dvSwitch dvPort vSC+VMK vDatastore vMultiPath vLicense vHealth

VM	Powerstate	Template	Size MB	Overhead	Max	Consumed	Consumed Overhead	Private	Shared	Swapped	Ballooned	Active	Entitlement	DRS Entitlement	Level
Cloud-10.10.2.85-VMware vCenter Server Appliance	poweredOn	False	10,240	0	10,240	10,298	58	10,240	0	0	0	2,150	10,524	10,524	normal
Cloud-10.10.2.86-vRealize Operations Manager Appliance-Node-1	poweredOff	False	32,768	0	0	0	0	0	0	0	0	0	0	0	normal
Cloud-10.10.2.87-vRealize Operations Manager Appliance-Node-2	poweredOff	False	32,768	0	0	0	0	0	0	0	0	0	0	0	normal
Cloud-10.10.2.88-vRealize Log Insight	poweredOff	False	16,384	0	0	0	0	0	0	0	0	0	0	0	normal
Demo-Produce-AMSS-10.10.2.152	poweredOff	False	4,096	0	0	0	0	0	0	0	0	0	0	0	normal
Demo-Produce-Windows 10-10.10.2.150	poweredOff	False	4,096	0	0	0	0	0	0	0	0	0	0	0	normal
VM-TPL-Windows XP-X64	poweredOff	False	4,096	0	0	0	0	0	0	0	0	0	0	0	normal
Project6-CentOS7-10.10.2.230	poweredOff	False	2,048	0	0	0	0	0	0	0	0	0	0	0	normal
VM-TPL-CentOS 7.1810-X64	poweredOff	False	2,048	0	0	0	0	0	0	0	0	0	0	0	normal
VM-TPL-Ubuntu Server 19.04-X64	poweredOff	False	1,024	0	0	0	0	0	0	0	0	0	0	0	normal
VM-TPL-Windows 10-X64	poweredOff	False	4,096	0	0	0	0	0	0	0	0	0	0	0	normal
VM-TPL-Windows 7-X64	poweredOff	False	1,024	0	0	0	0	0	0	0	0	0	0	0	normal
VM-TPL-Windows Server 2016-X64	poweredOff	False	4,096	0	0	0	0	0	0	0	0	0	0	0	normal
Demo-Produce-WSM-10.10.2.151	poweredOff	False	8,192	0	0	0	0	0	0	0	0	0	0	0	normal

administrator@cloud.local | 10.10.2.85 | VMware vCenter Server 6.7.0 build-11727113 VI API 6.7.1 | 14 rows | Last refresh: 2019/07/16 11:38:44

图 8-10　RVTools vMemory

4）vTools。“vTools”选项卡用来展示每个虚拟机安装 VMTools 信息，包含所在虚拟机名称、电源状态、虚拟机硬件版本、VMTools 状态、VMTools 版本、VMTools 所需版本、VMTools 可升级版本、升级策略、同步时间、应用状态、健康度、内核崩溃状态、操作就绪状态、状态更改支持、访客等信息，如图 8-11 所示。

5）vRP。“vRP”选项卡用来展示每个资源池信息，包含资源池名称、资源池状态、VM 的数量、vCPU 的数量、CPU 限制、CPU 开销限制、CPU 预留、CPU 级别、CPUshares、CPU 可消耗预留开关、CPU 最大使用率、CPU 总体用法、使用的 CPU 预留、用于 VM 的 CPU 预留、资源池未预留的 CPU、VM 未预留的 CPU、配置的内存、内存限制、内存开销限制、内存预留、内存级别、内存份额、内存可扩展预留、内存最大使用、内存总体使用情况、使用的内存预留、用于 vm 的内存预留、资源池未预留的内存、vm 未预留的内存、总体 CPU 需求统计信息、总 CPU 使用率统计信息、静态 CPU 授权统计信息、分布式 CPU 授权统计信息、Ballooned Memory、压缩内存统计信息、消耗的开销内存统计信息、分布式内存授权统计信息、访客内存使用情况统计信息、主机内存使用情况统计信息、开销内存统计信息、共享内存统计信息、静态内存授权统计信息、交换内存统计信息、VI SDK 服务器和 VI SDK UUID 等信息，如图 8-12 所示。

Upgrade	VM	Powerstate	Template	VM Version	Tools	Tools Version	Required Version	Upgradeable	Upgrade Policy
	Cloud-10.10.2.85-VMware vCenter Server Appliance	poweredOn	False	10	toolsOk	10,304	10,338	No	manual
	Cloud-10.10.2.86-vRealize Operations Manager Appliance-Node-1	poweredOff	False	14	toolsNotRunning	10,309	10,338	No	manual
	Cloud-10.10.2.87-vRealize Operations Manager Appliance-Node-2	poweredOff	False	11	toolsNotRunning	10,309	10,338	No	manual
	Cloud-10.10.2.88-vRealize Log Insight	poweredOff	False	9	toolsNotRunning	10,309	10,338	No	manual
	Cloud-Project6-10.10.2.98-CentOS 7	poweredOn	False	14	toolsOk	10,309	10,338	No	manual
	Cloud-Project6-10.10.2.99-Windows Server 2016	poweredOff	False	14	toolsNotInstalled	0	10,338	No	manual
	Demo-Produce-AMSS-10.10.2.152	poweredOff	False	14	toolsNotInstalled	0	10,338	No	manual
	Demo-Produce-Windows 10-10.10.2.150	poweredOff	False	14	toolsNotInstalled	0	10,338	No	manual
	Demo-Produce-WSM-10.10.2.151	poweredOff	False	14	toolsNotInstalled	0	10,338	No	manual
	VM-TPL-CentOS 7 1810-X64	poweredOn	False	13	toolsNotRunning	10,309	10,338	No	manual
	VM-TPL-Ubuntu Server 19.04-X64	poweredOn	False	13	toolsOk	10,346	10,338	No	manual
	VM-TPL-Windows 10-X64	poweredOn	False	14	toolsNotInstalled	0	10,338	No	manual
	VM-TPL-Windows 7-X64	poweredOff	False	8	toolsNotInstalled	0	10,338	No	manual
	VM-TPL-Windows Server 2016-X64	poweredOn	False	13	toolsNotInstalled	0	10,338	No	manual
	VM-TPL-Windows XP-X64	poweredOff	False	14	toolsNotInstalled	0	10,338	No	manual

图 8-11　RVTools vTools

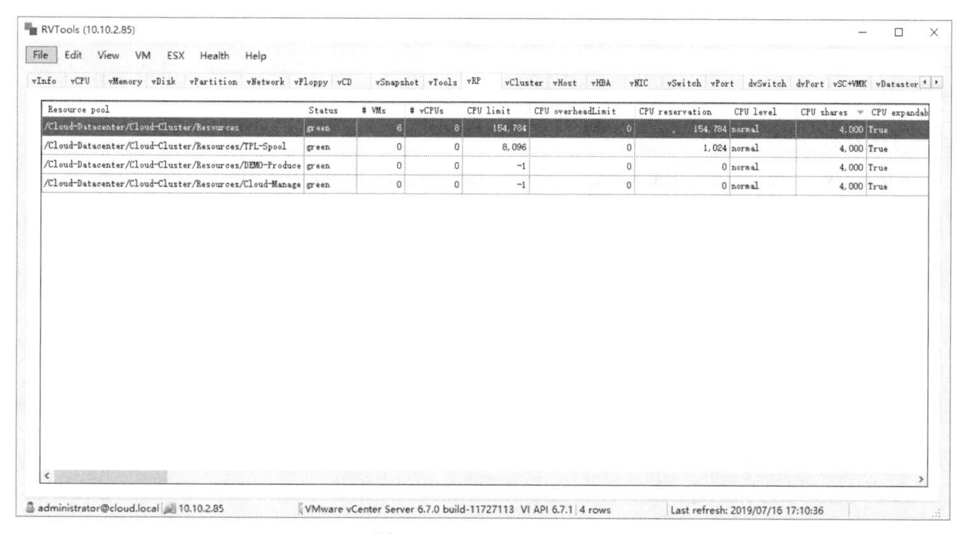

Resource pool	Status	# VMs	# vCPUs	CPU limit	CPU overheadLimit	CPU reservation	CPU level	CPU shares	CPU expandab
/Cloud-Datacenter/Cloud-Cluster/Resources	green	6	8	154,784	0	154,784	normal	4,000	True
/Cloud-Datacenter/Cloud-Cluster/Resources/TPL-Spool	green	0	0	8,096	0	1,024	normal	4,000	True
/Cloud-Datacenter/Cloud-Cluster/Resources/DEMO-Produce	green	0	0	-1	0	0	normal	4,000	True
/Cloud-Datacenter/Cloud-Cluster/Resources/Cloud-Manage	green	0	0	-1	0	0	normal	4,000	True

图 8-12　RVTools vRP

6）vCluster。“vCluster”选项卡用来展示每个群集信息，包含群集名称、配置状态、总体状态、主机数、有效主机数、总 CPU 资源、核心数、CPU 线程数、有效 CPU 资源、总内存、有效内存、vMotions 数、HA 启用标志、故障转移级别、允许接入控制标志、主机监控标志、心跳数据存储区 condidate 策略、隔离响应、重启优先级、群集设置、最大故障、最大故障窗口、故障间隔、最小启动时间、VM 监控、DRS 启用标志、DRS 默认 VM 行为、DRS vmotion 速率、DPM 启用标志、DPM 默认行为、DPM 主机电压等信息，如图 8-13 所示。

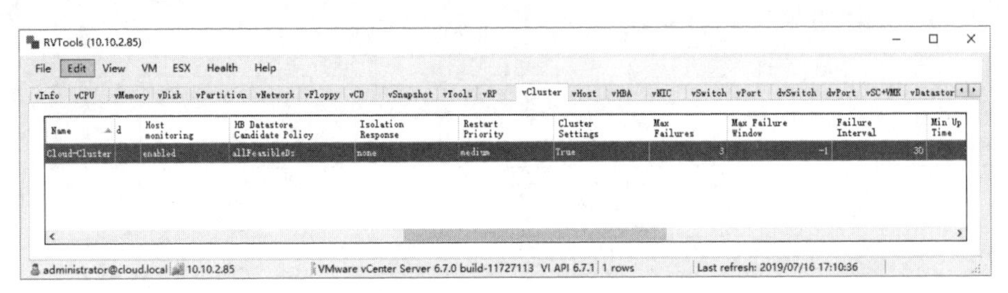

图 8-13　RVTools vCluster

7）vHost。“vHost”选项卡用来展示每个主机信息，包含主机名称、数据中心名称、群集名称、配置状态、CPU 型号、CPU 速度、超线程信息、CPU 数量、每个 CPU 内核数、内核数量、CPU 使用率、内存总量、内存使用率、NIC 数量、HBA 数量、运行的 VM 数量、每个核心的 VM 数量、虚拟 CPU 数量、每个核心的虚拟 CPU 数量、vRam、vm 使用内存、vm 内存交换、vm 内存膨胀、vMotion 支持、存储 vMotion 支持、当前的 EVC 模式、最大 EVC 模式、分配的许可证、ATS 心跳、ATS 锁定、当前 CPU power man、支持的 CPU power man、主机电源策略、ESXi 版本、启动时间、DNS 服务器、DHCP、域名、NTP 服务器、NTPD、时区、时区名称、GMT 偏移、硬件供应商、硬件型号、序列号、服务标签（序列号）、OEM 特定字符串、BIOS 供应商、BIOS 版本、BIOS 日期、主机 ID 等信息，如图 8-14 所示。

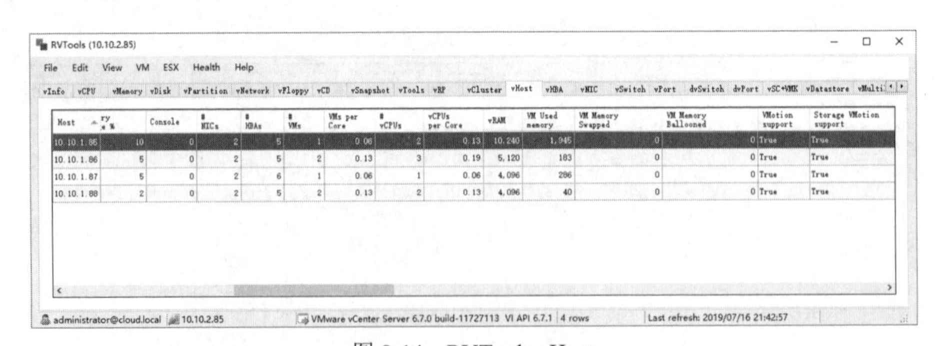

图 8-14　RVTools vHost

8）vDatastore。“vDatastore”选项卡用来展示每个数据存储信息，包含数据存储名称、配置状态、连接状态、文件系统类型、数据存储上的虚拟机数量、总容量（以 MB 为单位）、配置存储（MB）、已用存储（MB）、空闲存储（MB）、空闲率、SIOC 启用、SIOC 拥塞阈值、主机数、主机名称、数据存储群集名称、数据存储群集容量、数据存储群集可用空间、块大小、最大块数、范围数、大版本号、版本号、可升级状态、MHA 状态、URL 地址等信息，如图 8-15 所示。

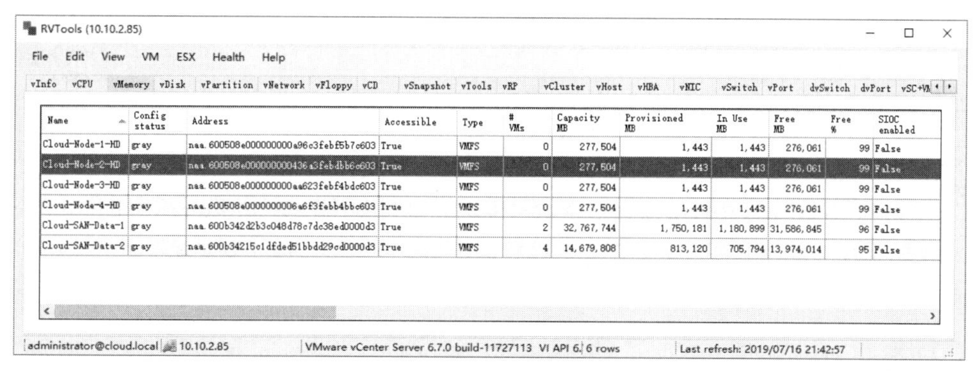

图 8-15 RVTools vDatastore

（3）信息筛选。RVTools 支持展示信息的筛选，包含虚拟机状态筛选、模板可见性筛选、主机来源选择、虚拟机/模板按条件筛选、注释/自定义字段按条件自定义筛选，选择“View”中的“Filter”选项来选择当 RVTools 下次启动时是否使用同样的筛选条件。展示信息筛选后单击“Ok”按钮进行保存，如图 8-16 所示。

（4）信息导出。通过 RVTools 获取的信息都可以以 Excel 格式或者 CSV 格式导出，且支持所有指标一键导出和分类导出，如图 8-17 所示。“Export”为“选择分类导出”，“Export all to Excel”为“全部导出为 Excel 格式”，“Export all to csv”为“全部导出为 CSV 格式”。

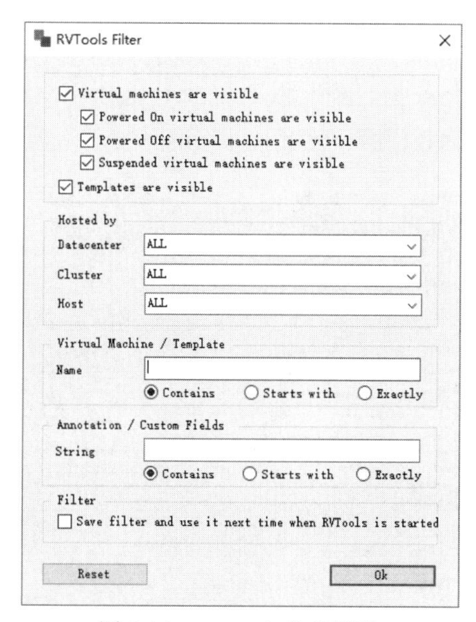

图 8-16 RVTools 信息筛选

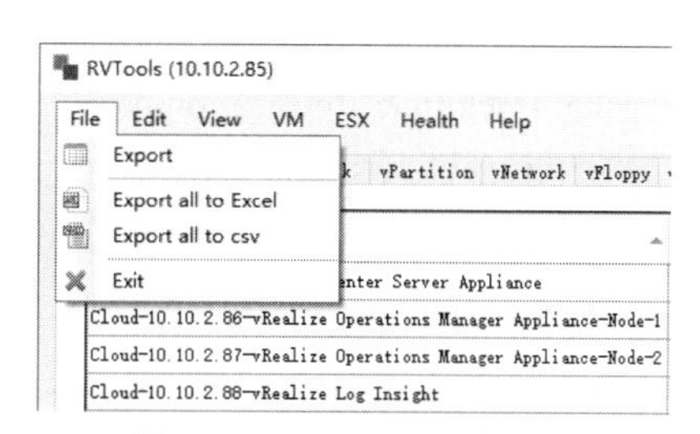

图 8-17 RVTools 信息导出

任务二　使用 Veeam 实现 vSphere 备份与恢复

扫码看视频

【任务介绍】

在数据中心运维中，数据是极为重要的，如何保证业务数据不丢失以及丢失后怎么恢复，成为运维人员不可回避的问题。Veeam Backup & Replication 是一套专门为 VMware vSphere 和 Microsoft Hyper-V 虚拟环境开发的备份方案。借助单个管理控制台，可以快速、灵活和可靠地备份、恢复以及复制所有应用程序和数据。

【任务目标】

（1）完成 Veeam Backup & Replication 的安装。

（2）完成 Veeam Backup & Replication 的初始化配置。

（3）完成 Veeam Backup & Replication 对虚拟机备份和恢复管理。

【操作步骤】

1. Veeam Backup & Replication 的安装前准备

（1）系统准备。Veeam Backup & Replication 是一个.exe 程序，在 ESXi 群集中创建一台 Windows 操作系统的虚拟机，这里选择的是 Windows Server 2016。

由于在前期项目中已经介绍过虚拟机的安装，本任务中不再赘述。

（2）软件获取。Veeam Backup & Replication 分为社区版（免费）、标准版和企业版。官方网址为 https://www.veeam.com/cn。截至目前，Veeam Backup & Replication 的最新版本为 9.5。

本任务采用社区版，下载地址为 https://www.veeam.com/cn/virtual-machine-backup-solution-free.html。

2. Veeam Backup & Replication 安装

（1）打开 Windows Server 2016 虚拟机，将 Veeam Backup & Replication 安装包拖入虚拟机中，打开安装包，文件目录如图 8-18 所示，单击 Setup 图标开始 Veeam Backup & Replication 的安装。

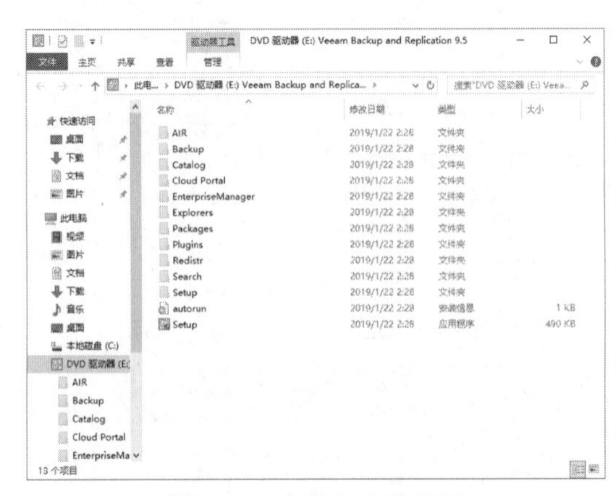

图 8-18　安装包文件目录

（2）进入安装界面，单击“Install”或选择右侧“Veeam Backup & Replication”下的“Install”，进入安装向导，如图 8-19 所示。

（3）接受许可协议，单击“Next>”按钮进入下一步，如图 8-20 所示。

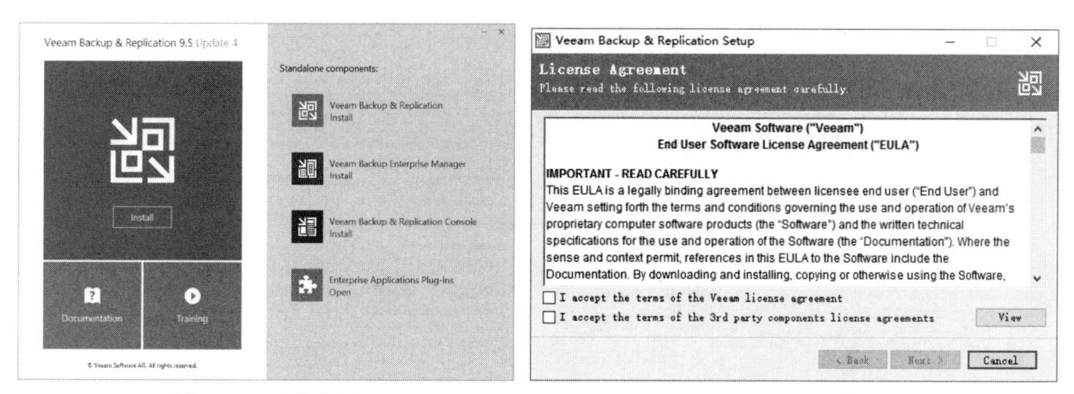

图 8-19　开始安装　　　　图 8-20　许可协议

（4）进入添加许可证书页面，如图 8-21 所示，在此页面可选择 Veeam Backup & Replication 的许可证书，证书可在 Veeam Backup & Replication 官网进行申请，地址为 https://www.veeam.com/cn/backup-replication-download.html（注：需使用企业级邮箱注册登录后申请，如@dingtalk.com邮箱）。若不添加许可证书，Veeam Backup & Replication 将使用“FREE”模式（免费模式，功能受限制），本任务选择不添加许可证书，单击“Next>”按钮进入下一步。

（5）进入选择安装组件页面，如图 8-22 所示，产品包含的所有组件有：Veeam Backup Server、Veeam Backup Shell、Veeam Backup Catalog Service、Veeam Backup SQL Database、Veeam Backup PowerShell Snap-in、Backup Proxy Services、Backup Repository、Veeam Backup Enterprise Manger。

其中 Veeam Backup Server、Veeam Backup Catalog Service、Veeam Backup SQL Database 组件在安装时为必选组件。本任务仅安装必选组件，单击“Next>”按钮进入下一步。

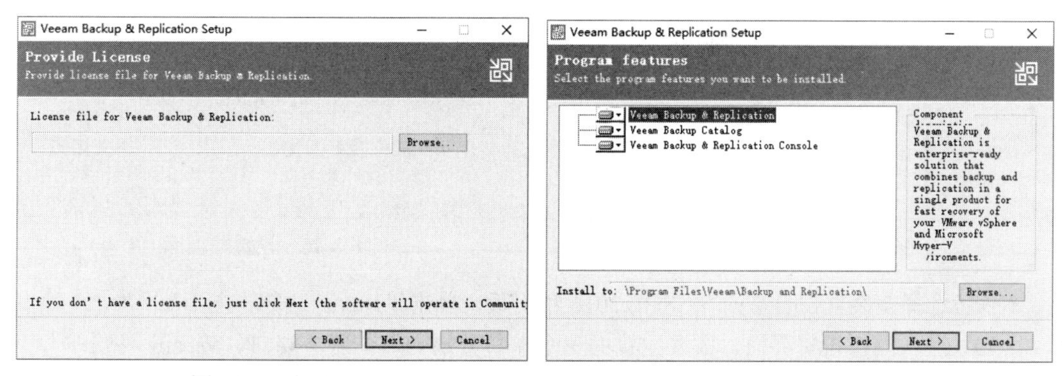

图 8-21　许可证　　　　图 8-22　安装组件

（6）进入安装环境校验页面，如图 8-23 所示，Veeam Backup & Replication 会对 Windows 环

境进行校验。单击“Install”安装校验失败的组件，然后单击“Next>”按钮进入下一步。

（7）进入配置页面，如图 8-24 所示，在此页面中，请认真检查默认设置，如需进行设置，勾选“Let me specify different settings”单击“Install”按钮，进入下一步，进入相关设置界面。也可单击“Install”进入安装界面，本任务选择勾选“Let me specify different settings”。

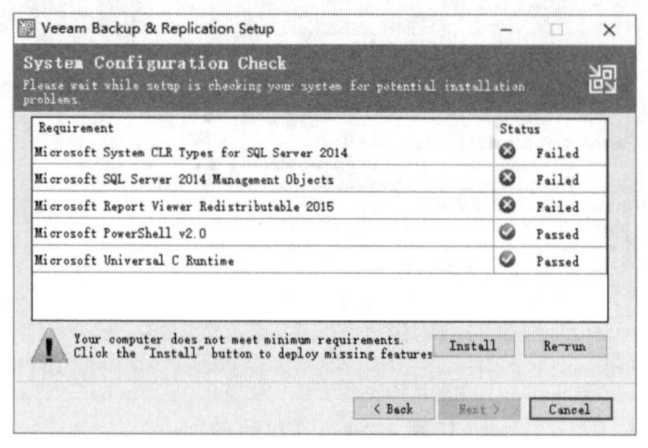

图 8-23　安装环境校验

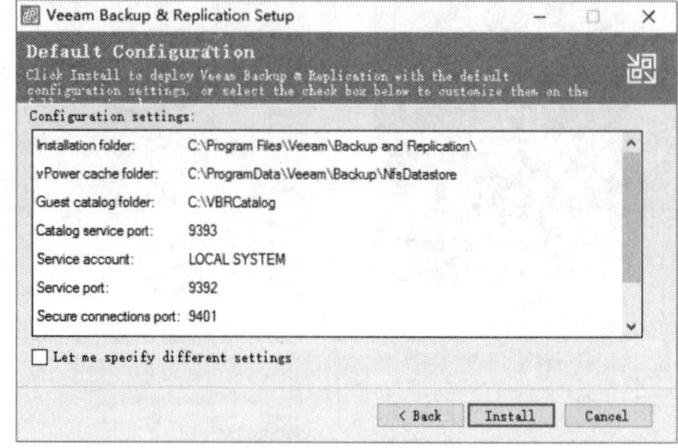

图 8-24　默认设置

（8）进入服务管理账号设置页面，如图 8-25 所示，分别为使用系统账号和自定义，这里选择了使用系统账号，单击“Next>”按钮进入下一步。

（9）进入数据库选择页面，选择软件安装所需要的数据库，如图 8-26 所示，Veeam Backup & Replication 需要 MSSQL 数据库的支持，软件自带 MSSQL 2016 精简版，如是生产环境或比较大型的环境，推荐部署独立的 MSSQL 数据库，然后选择图中的“Use existing instance of SQL Server”，再选择数据库实例。

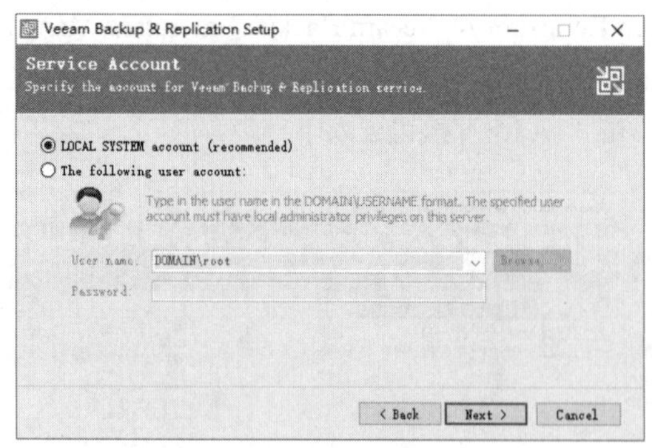

图 8-25　服务管理账号

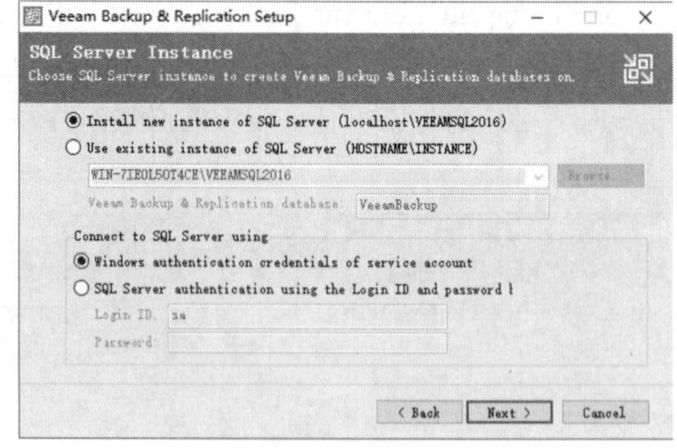

图 8-26　设置数据库

本任务选择安装软件自带的 MSSQL 2016 精简版，单击“Next>”按钮进入下一步。

（10）进入端口设置界面，需要配置的三个端口分别为目录服务端口、Veeam 备份端口、安全端口，如图 8-27 所示，单击“Next>”按钮进入下一步。

（11）进入数据存放位置设置，vPower NFS 目录和访客文件系统目录的设置，如图 8-28 所示，单击“Next>”按钮进入下一步，会进入图 8-24 所示界面。确认无误后，单击“Install”按钮进行安装。

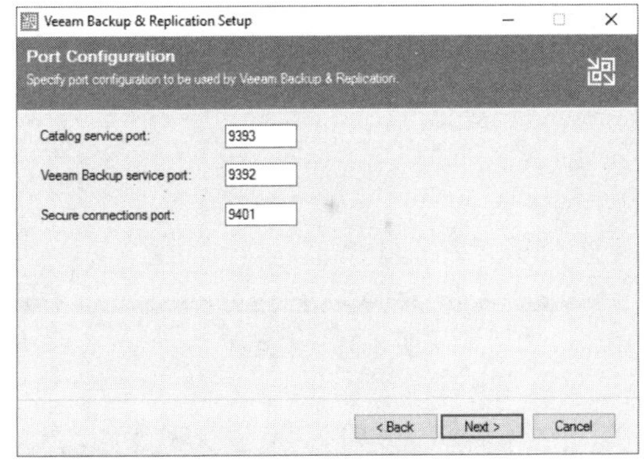

图 8-27　设置端口

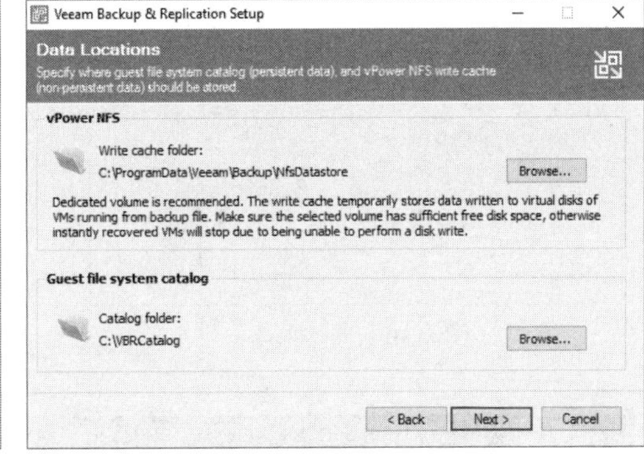

图 8-28　设置文件存放目录

（12）安装完成之后，如图 8-29 所示，单击“Finish”按钮关闭窗口完成安装。安装完成后，推荐对 Windows Server 2016 服务器进行一次重启。

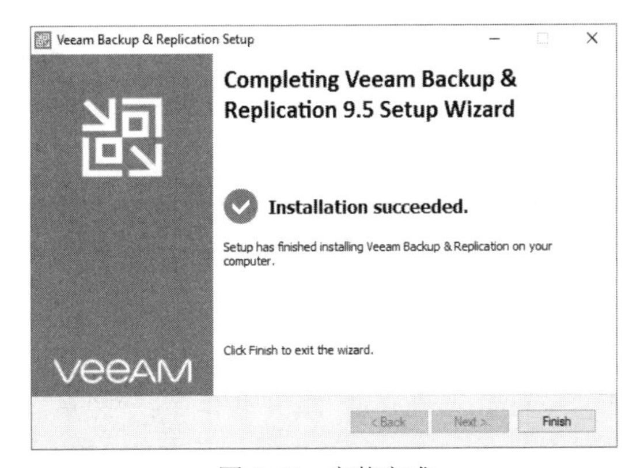

图 8-29　安装完成

3. Veeam Backup & Replication 初始化配置

（1）当 Windows Server 2016 虚拟机启动后，双击桌面上的 Veeam Backup & Replication 图标打开软件，如图 8-30 所示，单击“Connect”进入软件主页面。

（2）软件主界面如图 8-31 所示，在 SERVER TOOLS 面板中，单击左上角的“AddServer”，进入添加 Server 页面。

（3）如图 8-32 所示，单击“VMware vShpere”进入图 8-33 所示界面，单击“vSphere”，开始进入添加 VMware vShpere 向导。

（4）如图 8-34 所示，在 DNS name or IP address 中输入准备添加的 VCSA 地址：10.10.2.85，单击“Next>”按钮进入下一步。

图 8-30 连接服务

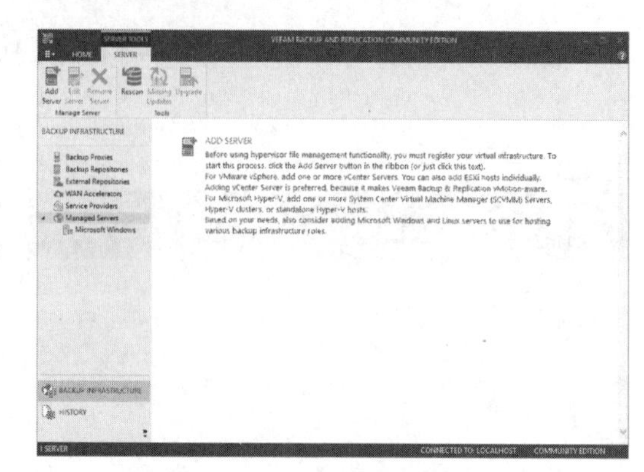

图 8-31 主界面

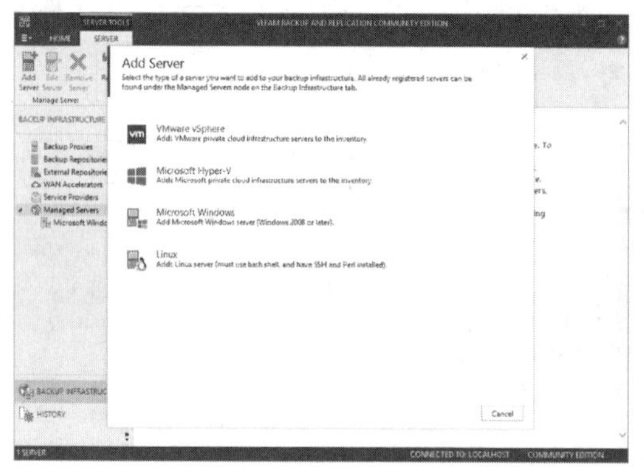

图 8-32 添加类型

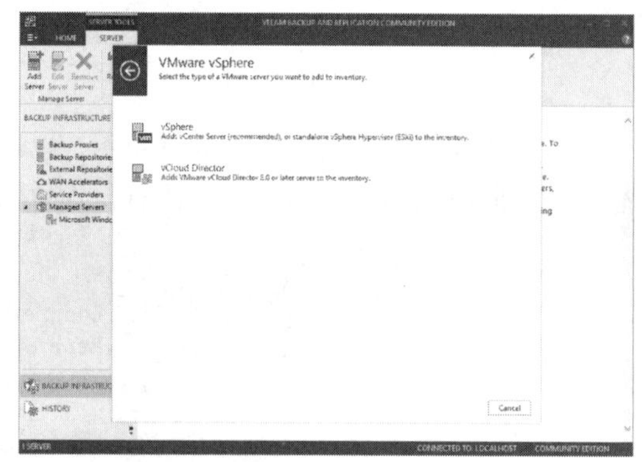

图 8-33 添加 VMware vSphere 向导

（5）如图 8-35 所示，进入添加连接账号选项，单击右侧的“Add”按钮进行添加账号，账号名：administrator@cloud.local，密码：“在此输入 VCSA 访问密码”。单击“OK”按钮完成账号添加，选择添加的账号，单击“Next>”按钮，进入下一步。

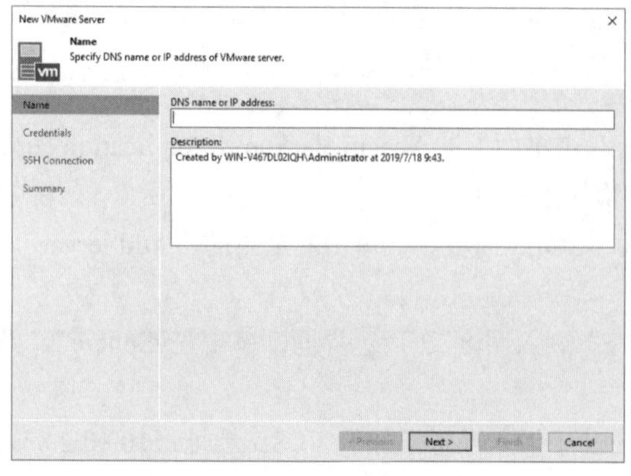

图 8-34 VCSA 地址

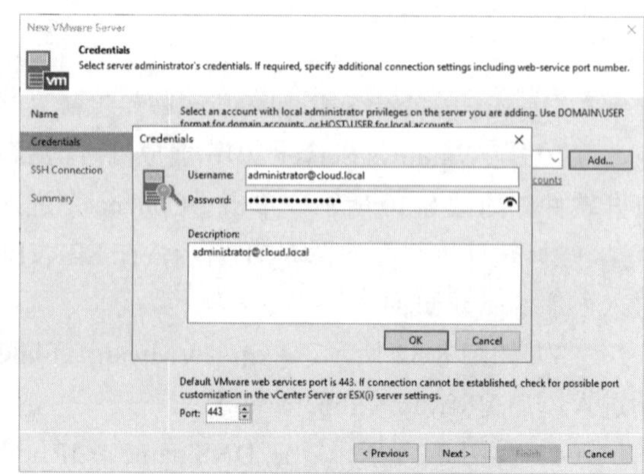

图 8-35 添加连接 VCSA 账号

（6）在图 8-36 所示页面中，请等待 Add Server 完成后单击“Finish”按钮，结束添加。

（7）如图 8-37 所示，添加完成后可在 SERVER TOOLS 面板中查看已添加的 VCSA 以及 VCSA 所管理的 ESXi 以及虚拟机信息。

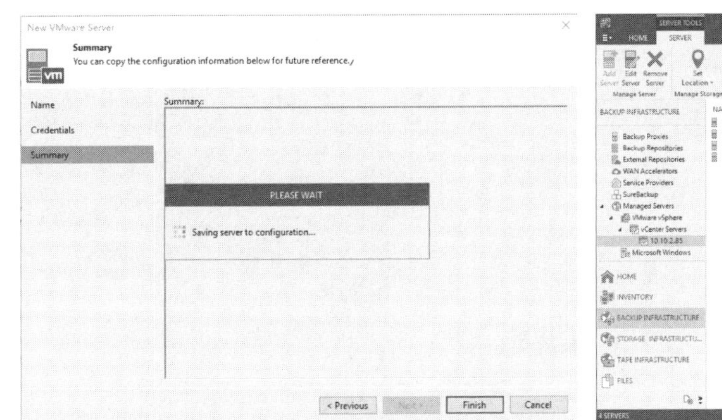

图 8-36　Add Server 配置完成

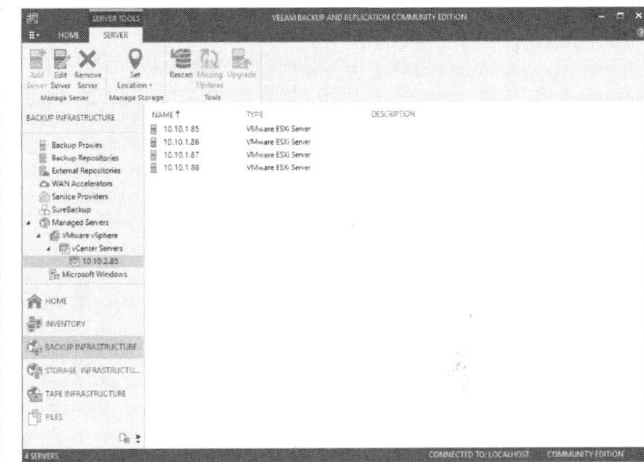

图 8-37　查看 SERVER TOOLS

（8）单击左下角的“BACKUP INFRATRUCTURE”，进入如图 8-38 所示界面，单击“Backup Repositories”，可查看当前 Veeam Backup & Replication 的备份目录设置。

（9）如图 8-38 所示，右键单击“Backup Repositories”，选择“Add Backup Repositories”，进入添加 Veeam Backup & Replication 备份目录向导。

（10）如图 8-39 所示，进入选择备份目录类型页面，选择单击“Direct attached storage”进入。

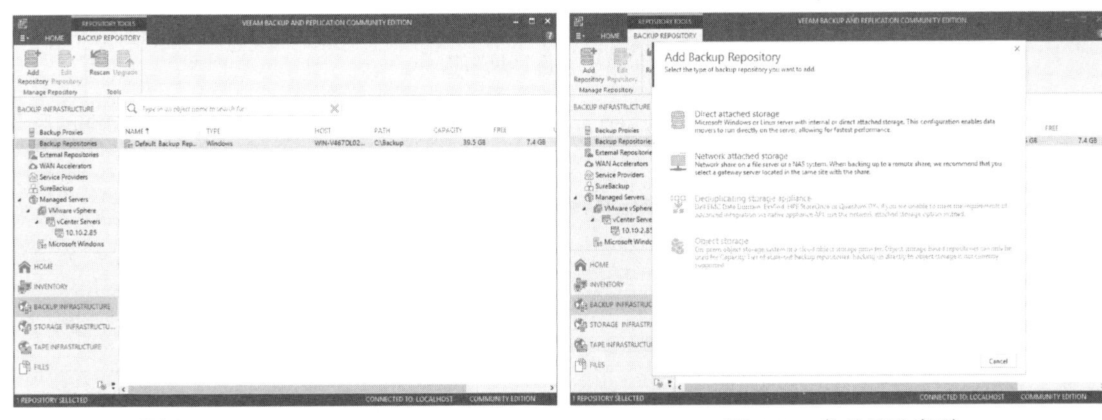

图 8-38　Backup Repositories　　　　图 8-39　备份目录类型

（11）如图 8-40 所示，进入选择系统类型页面，选择单击“Microsoft Windows”进入下一步。

（12）如图 8-41 所示，在此键入备份目录名以及详细描述信息之后，单击“Next>”按钮进入下一步。

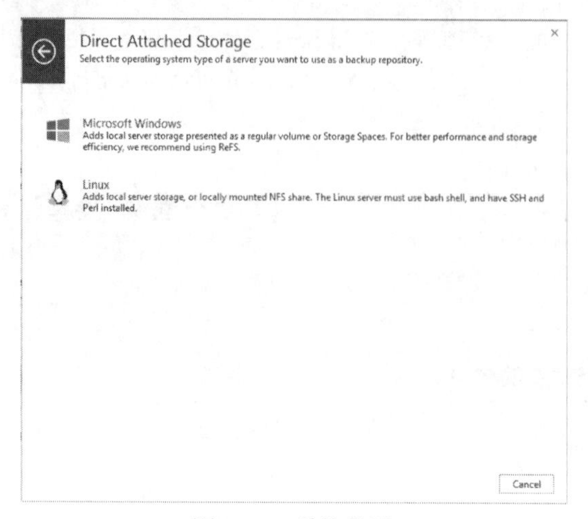

图 8-40　系统类型

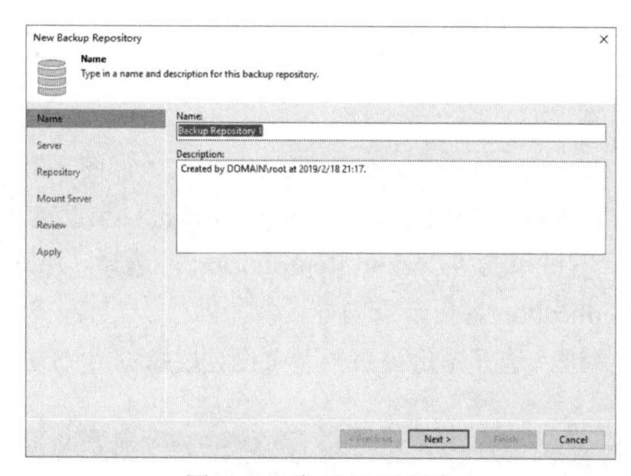

图 8-41　备份目录名称

（13）如图 8-42 所示，在 Repository server 中选择此 Windows Server 虚拟机，单击“Next>”按钮进入下一步。

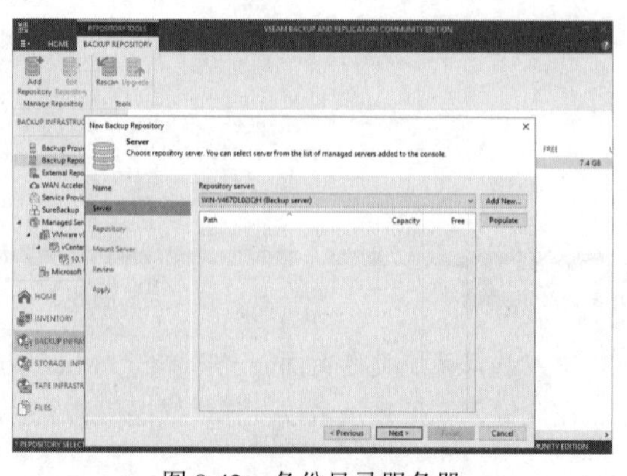

图 8-42　备份目录服务器

（14）如图 8-43 所示，选择之前创建的 Backup 目录，在 Advanced 中可进行高级设置。完成设置后单击“Next>”按钮进入下一步。

（15）如图 8-44 所示，在 Review 页面中检查此备份目录的配置，确认无误之后单击“Next>”按钮进入下一步。

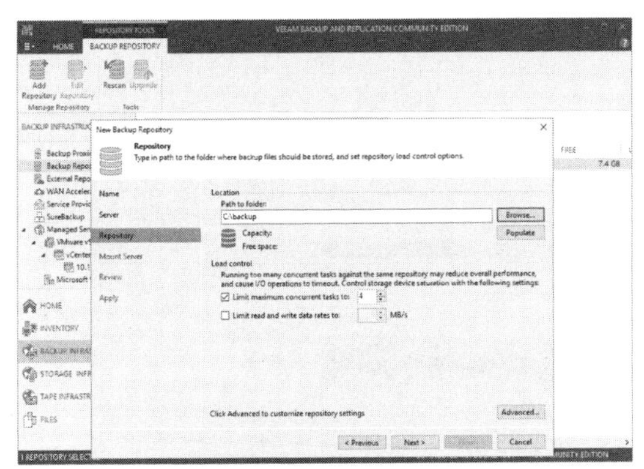

图 8-43　备份目录

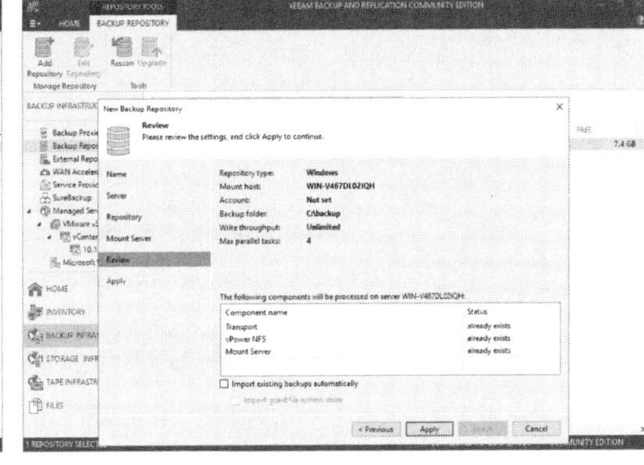

图 8-44　Review

（16）如图 8-45 所示，在此页面中显示添加备份目录的进度及详细信息，待添加完成之后单击“Finish”按钮结束。

（17）如图 8-46 所示，弹出是否修改备份目录配置，单击“Yes”按钮结束。

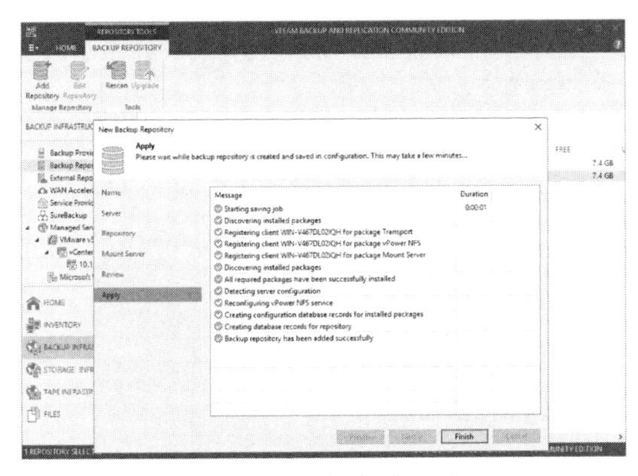

图 8-45　添加备份目录

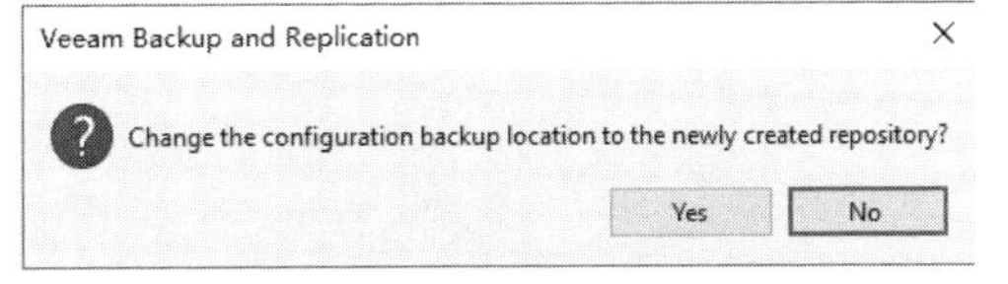

图 8-46　更改备份目录配置

4. Veeam Backup & Replication 备份虚拟机

（1）选择左上角的“HOME”面板，单击“Backup Job”，选择“Virtual Machine”进入备份任务创建向导，如图 8-47 所示。

（2）输入备份任务名称以及详细描述，完成后单击“Next>”按钮进入下一步，如图 8-48 所示。

（3）单击右侧的“Add...”，选择需要备份的虚拟机，接着单击“Add”进行添加，如图 8-49 所示。这里选择一台 CentOS 7 虚拟机进行备份，单击“Next>”按钮进入下一步。

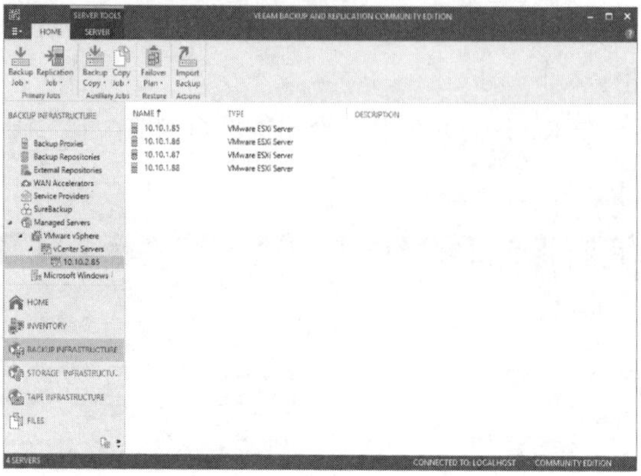

图 8-47　创建备份任务

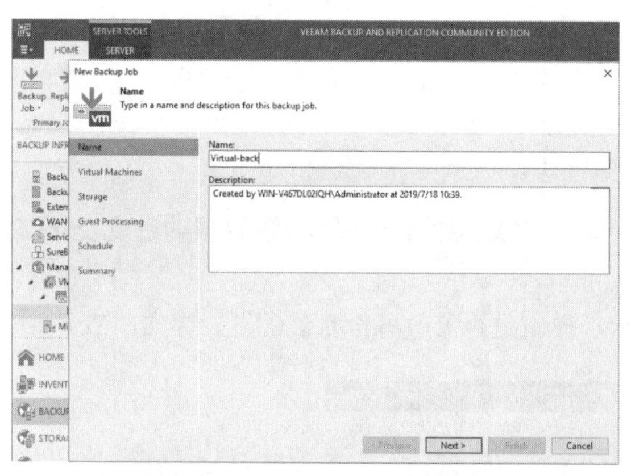

图 8-48　设置任务名称及描述

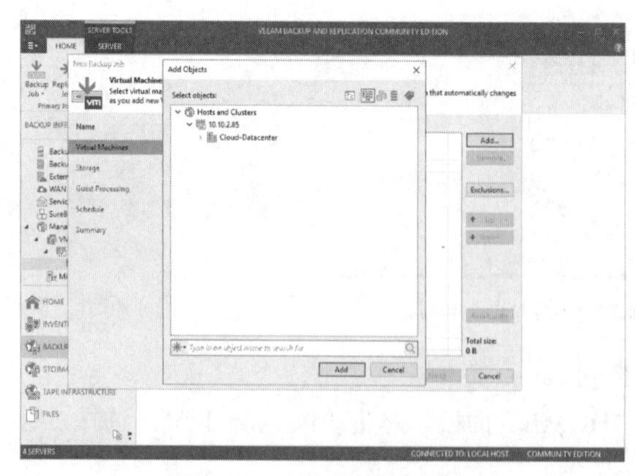

图 8-49　添加备份虚拟机

（4）在“Backup repository”中选择存放备份的目录，如图 8-50 所示，单击“Next>”按钮进入下一步。

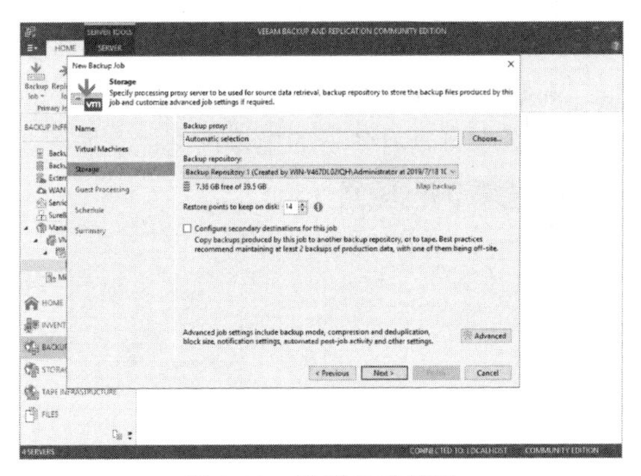

图 8-50　选择备份目录

（5）进入 Guest Processing 设置界面，如图 8-51 所示，单击“Next>”按钮进入下一步。

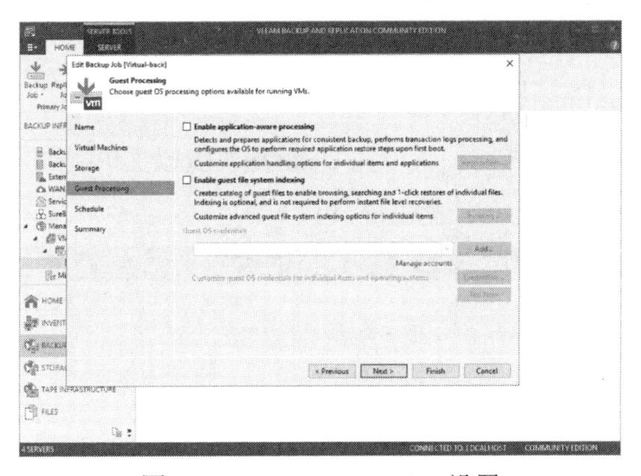

图 8-51　Guest Processing 设置

（6）然后进入定时备份设置界面，设置完成后，单击“Next>”按钮进入下一步，如图 8-52 所示。

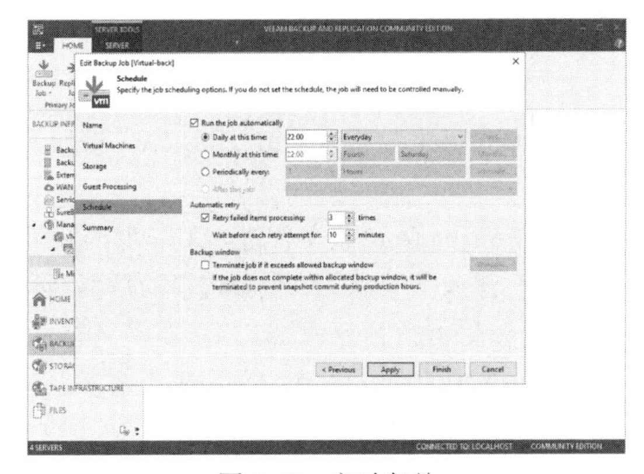

图 8-52　定时备份

（7）进入备份摘要界面，汇总显示 Backup Job 的简要信息，请认真核对备份任务的设置信息，确认无误后勾选下方的“Run the job when I click Finish”，单击“Finish”按钮开始备份，如图 8-53 所示。

（8）备份完成后，在备份目录中可查看备份的虚拟机文件，如图 8-54 所示。

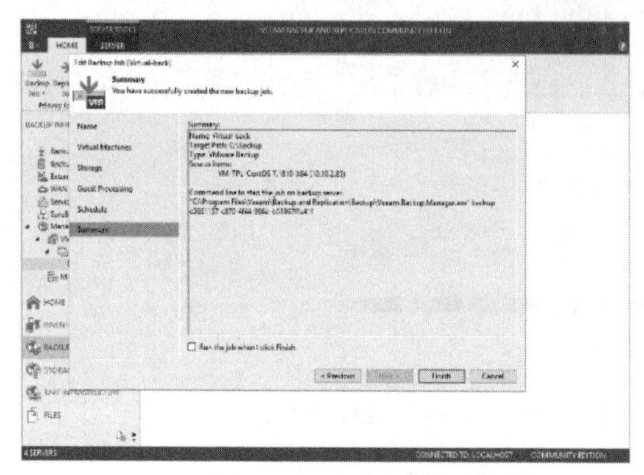

图 8-53　备份摘要

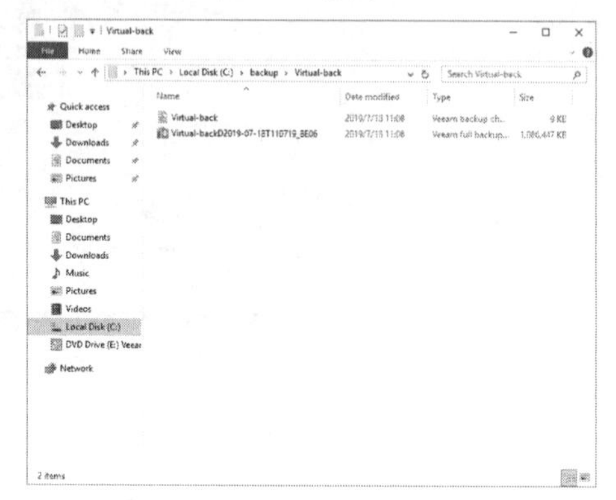

图 8-54　备份的虚拟机文件

5. Veeam Backup & Replication 恢复虚拟机

（1）访问 VCSA，手动删除之前已备份的 CentOS 7 虚拟主机，如图 8-55 所示。

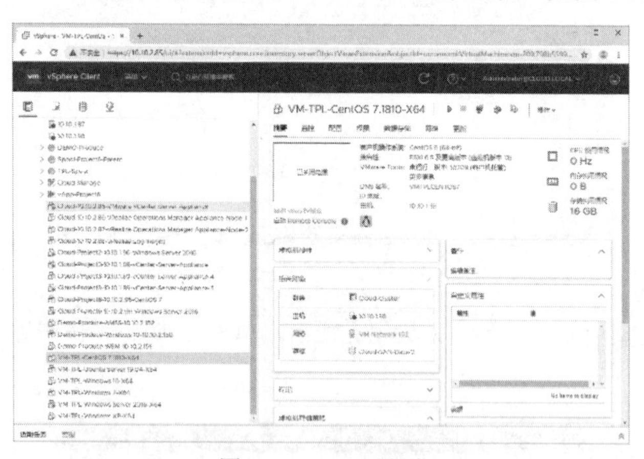

图 8-55　ESXi 界面

（2）打开 Veeam Backup & Replication 软件，单击“Restore”按钮，选择“VMware vSphere”，进入恢复向导，如图 8-56 所示。

（3）选择恢复类型“Restore from backup”，单击进入下一步，如图 8-57 所示。

（4）选择“Entire VM restore”进入下一步，该步骤选择的是恢复类型，包含虚拟机恢复、文件恢复、应用程序恢复三个选项，如图 8-58 所示。

（5）选择“Retore from Backup”中的“Entire VM restore”选项进入下一步。该步骤进行的是虚拟主机的恢复类型选择，包含虚拟主机即时恢复、完全恢复、磁盘恢复、文件恢复、从 Amazon EC2 恢复、从 Microsoft Azure 恢复，如图 8-59 所示。

图 8-56　恢复向导

图 8-57　恢复类型 1

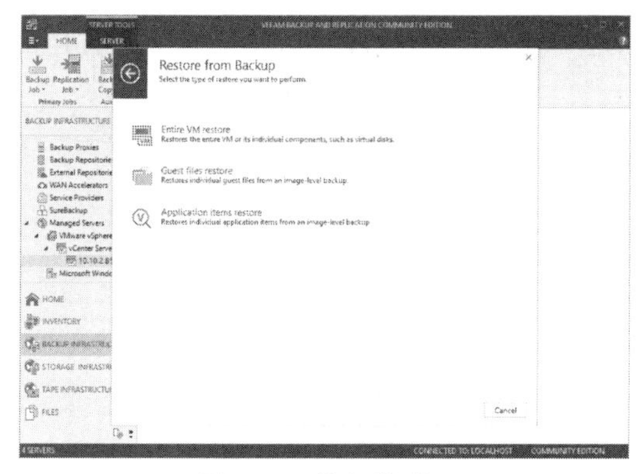

图 8-58　恢复类型 2

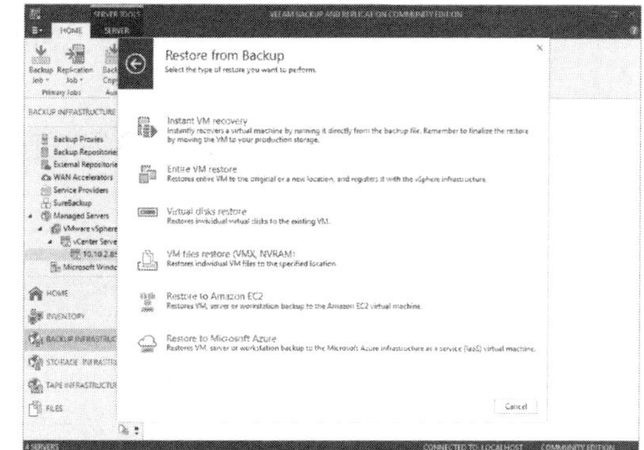

图 8-59　恢复类型 3

（6）单击右侧的“Add VM”，选择“From backup”，在弹出框中选择之前备份的虚拟机，单击“Add”确认，如图 8-60 所示，单击“Next>”按钮进入下一步。

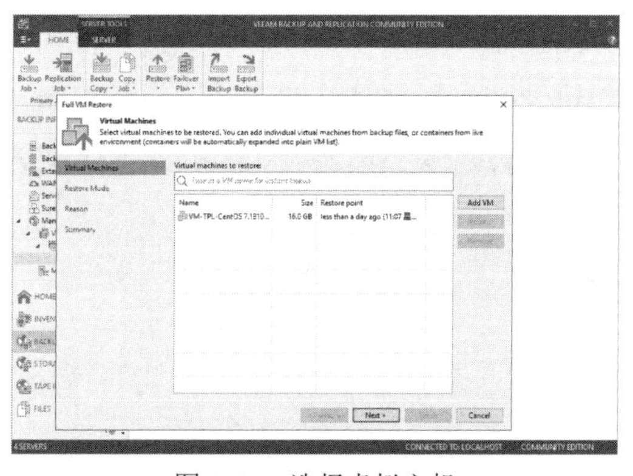

图 8-60　选择虚拟主机

（7）进入恢复模式选择界面，这里选择“Restore to the original location”恢复至原始位置，如图 8-61 所示，单击“Next>”按钮进入下一步。

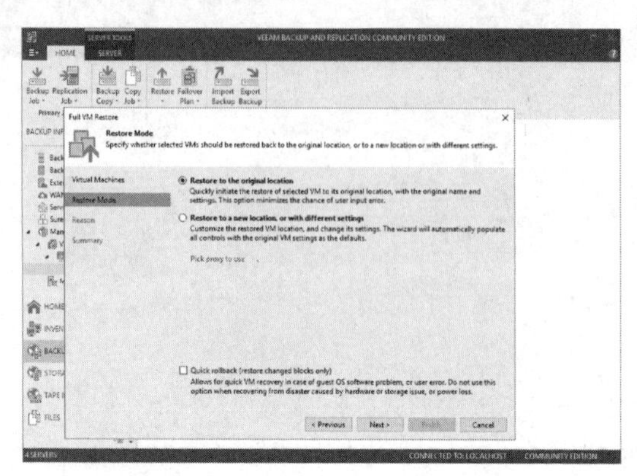

图 8-61　恢复模式

（8）在此输入此次恢复的原因及描述，如图 8-62 所示。填写完成后单击“Next>”按钮进入下一步。

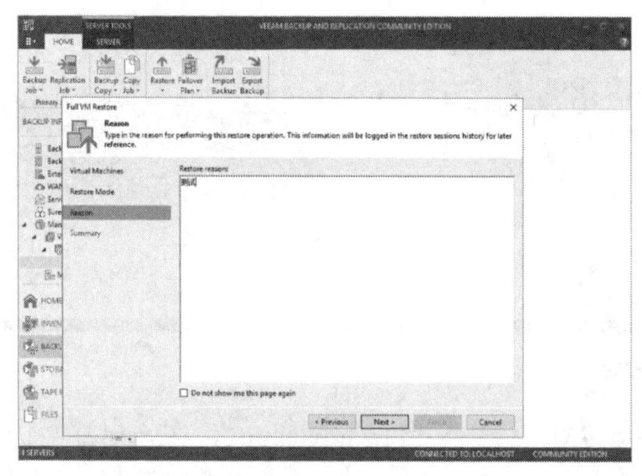

图 8-62　恢复原因

（9）进入恢复摘要显示界面，本步骤将汇总显示 Restore 的摘要信息，确认无误后勾选左下方的“Power on target VM after restoring”，如图 8-63 所示，单击“Finish”按钮进行恢复。

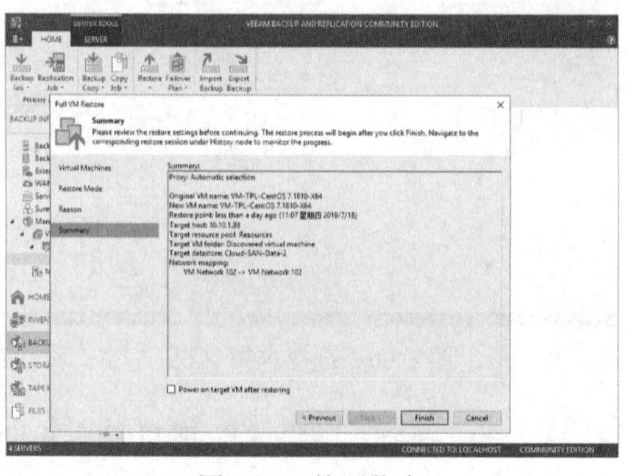

图 8-63　摘要信息

（10）恢复完成后单击“Close”按钮结束，如图 8-64 所示。

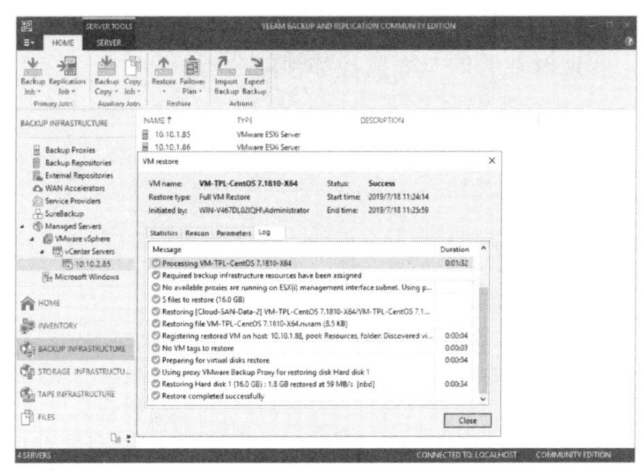

图 8-64 恢复完成

（11）登录 VCSA 后即可看到之前手动删除的 CentOS 7 虚拟主机已经恢复，如图 8-65 所示。

10.10.2.85 操作

摘要 监控 配置 权限 数据中心 主机和群集 虚拟机 数据存储 网络 链接的 vCenter Server 系统 扩展插件 更新

虚拟机 文件夹中的虚拟机模板 vApp

名称 ↑	状况	状态	置备的空间	已用空间	主机 CPU	主机内存
Cloud-Project6-10.10.2.96-Windows Server ...	已打开电源	✓ 正常	44.11 GB	44.11 GB	28 MHz	4.03 GB
Cloud-Project6-vApp-01	已关闭电源	✓ 正常	18.21 GB	16 GB	0 Hz	0 B
Cloud-Project6-vApp-02	已关闭电源	✓ 正常	18.21 GB	16 GB	0 Hz	0 B
Cloud-Project6-vApp-03	已关闭电源	✓ 正常	44.21 GB	40 GB	0 Hz	0 B
Cloud-Project6-Virtual machine	已关闭电源	✓ 正常	18.18 GB	16 GB	0 Hz	0 B
Demo-Produce-AMSS-10.10.2.152	已关闭电源	✓ 正常	84.21 GB	80 GB	0 Hz	0 B
Demo-Produce-Windows 10-10.10.2.150	已关闭电源	✓ 正常	104.21 GB	100 GB	0 Hz	0 B
Demo-Produce-WSM-10.10.2.151	已关闭电源	✓ 正常	108.21 GB	100 GB	0 Hz	0 B
VM-TPL-CentOS 7.1810-X64	已打开电源	✓ 正常	18.11 GB	18.11 GB	0 Hz	438 MB
VM-TPL-Ubuntu Server 19.04-X64	已关闭电源	✓ 正常	17.24 GB	16 GB	0 Hz	0 B
VM-TPL-Windows 10-X64	已关闭电源	✓ 正常	104.21 GB	100 GB	0 Hz	0 B
VM-TPL-Windows 7-X64	已关闭电源	✓ 正常	41.21 GB	40 GB	0 Hz	0 B
VM-TPL-Windows Server 2016-X64	已打开电源	✓ 正常	44.11 GB	44.11 GB	476 MHz	4.05 GB
VM-TPL-Windows XP-X64	已关闭电源	✓ 正常	104.19 GB	100 GB	0 Hz	0 B

导出 | 22 items

图 8-65 ESXi 查看

任务三 使用 QS-WSM 实现 vSphere 监控

扫码看视频

【任务介绍】

在数据中心的日常运维过程中，对数据中心的业务、虚拟化、网络以及相关硬件的监控是有必要的，必要的监控在出现问题时能够快速精准地对故障、告警进行定位，从而减轻运维人员的工作强度和复杂度，降低工作成本且提高工作效率。

QS-WSM 是一款商业监控软件，是为运维人员量身定做，用以持续、实时地监控网站、网站服务器、中间件、数据库、域名解析服务、通信服务等多种业务应用以及服务器、虚拟化、存储设备运行状态的监控系统，实现对业务的全面监控和性能分析。

【任务目标】

（1）完成 QS-WSM 的安装。

（2）完成 QS-WSM 的初始化配置。

（3）完成 QS-WSM 对 vSphere 的监控。

【操作步骤】

1. QS-WSM 安装前准备

从官网（http://www.yeework.cn/）获得试用产品。准备系统安装所需要的物理主机或者虚拟机，本任务将系统部署在虚拟化平台上。

2. QS-WSM 安装部署

QS-WSM 基于 CentOS 6.5 平台且只支持 64 位，创建虚拟机的时候，选择 CentOS 6（64 位）的模板进行创建。创建的虚拟机的硬盘应不小于 60G，内存建议为 4G，CPU 建议 4 个 vCore。将 QS-WSM 的 ISO 镜像文件导入创建好的虚拟机中，打开虚拟机电源开始进行安装操作，如图 8-66 所示。

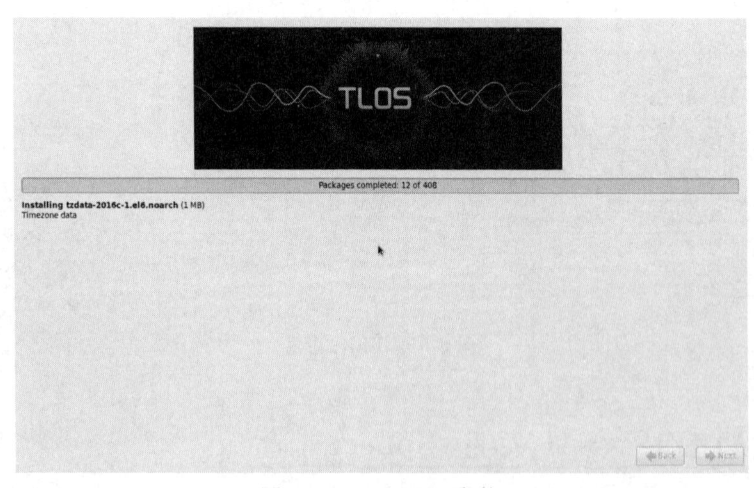

图 8-66　QS-WSM 安装

QS-WSM 的安装是无值守模式，整个安装过程根据虚拟机的性能不同，安装预计需要 10～15 分钟。

3. QS-WSM 初始化配置

安装完成后，系统默认的网络地址为 192.168.1.1。在能够访问该地址的管理机上，通过浏览器访问“http://192.168.1.1/manage”，进入系统初始化配置界面，如图 8-67 所示。

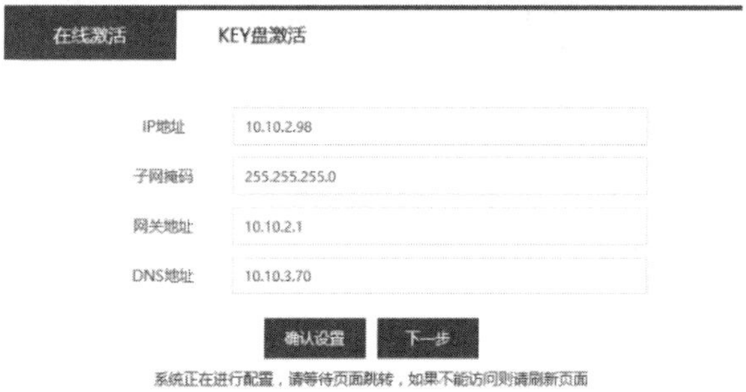

在线激活
KEY盘激活
IP地址
10.10.2.98
子网掩码
255.255.255.0
网关地址
10.10.2.1
DNS地址
10.10.3.70
确认设置
下一步
系统正在进行配置，请等待页面跳转，如果不能访问则请刷新页面

图 8-67　QS-WSM 网络配置

根据部署方案填写系统的网络配置信息，单击“确认设置”按钮完成系统的网络配置。网络配置完成后，重新访问 QS-WSM 系统，访问地址为“http://{新配置的 IP 地址}/manage”，单击“下一步”按钮进入在线认证界面，通过官网获取试用 SN 号并填写，如图 8-68 所示。单击“在线激活”按钮后，进入登录界面，如图 8-69 所示。

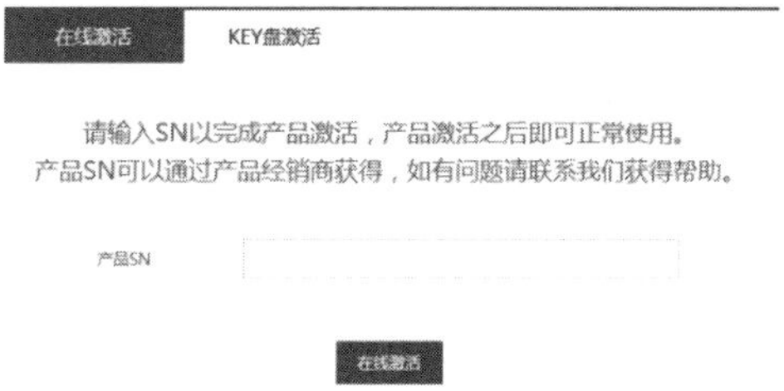

在线激活
KEY盘激活
请输入SN以完成产品激活，产品激活之后即可正常使用。
产品SN可以通过产品经销商获得，如有问题请联系我们获得帮助。
产品SN
在线激活

图 8-68　QS-WSM 在线验证

互联网业务与服务器状态监控系统
QS-WSM
账号:
口令:
验证:
KY28
登录系统

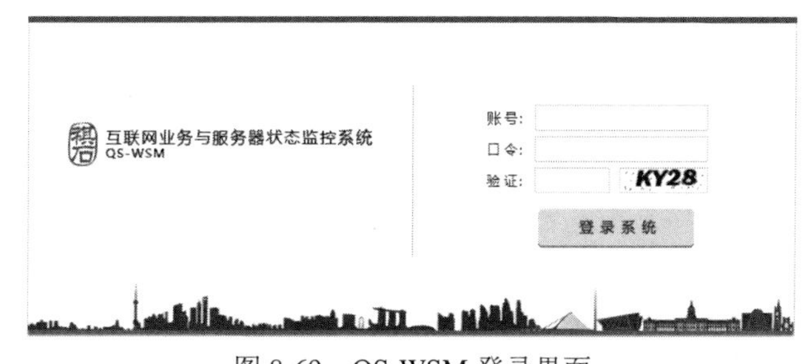

图 8-69　QS-WSM 登录界面

QS-WSM 的初始管理员账号为 administrator，口令为 qishiwsm，登录系统就会进入该系统的管理系统，如图 8-70 所示。

4. 通过 QS-WSM 实现对 vSphere 监控

（1）添加 vSphere。按照页面提示，如图 8-71 所示，按如下步骤添加 vSphere 监控。

图 8-70　QS-WSM 管理系统

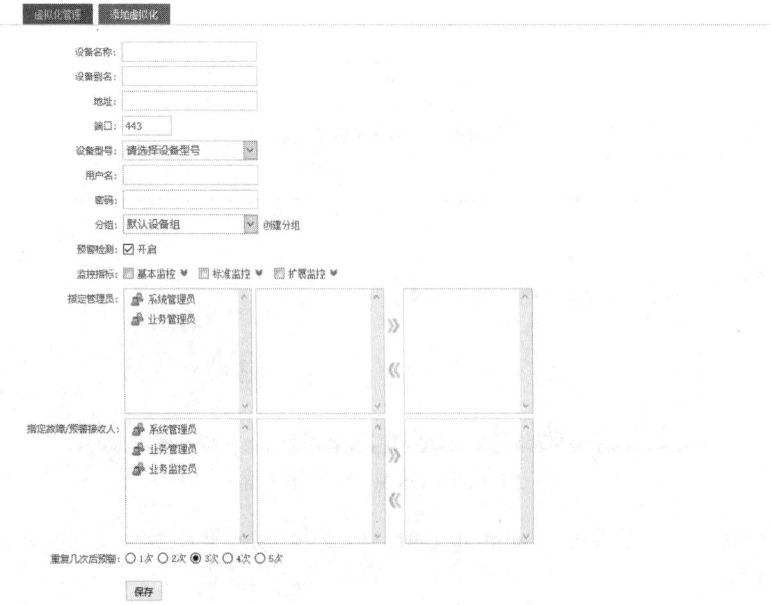

虚拟化管理　添加虚拟化

设备名称：

设备别名：

地址：

端口：443

设备型号：请选择设备型号

用户名：

密码：

分组：默认设备组　创建分组

预警检测：☑ 开启

监控指标：☐ 基本监控　☐ 标准监控　☐ 扩展监控

指定管理员：系统管理员　业务管理员

指定故障/预警接收人：系统管理员　业务管理员　业务监控员

重复几次后预警：○1次 ○2次 ◉3次 ○4次 ○5次

保存

图 8-71　添加 vSphere

1）根据页面提示填写 vSphere 虚拟化群集名称、别名、地址、端口、设备型号、用户名、密码。

2）配置监控指标，单击“ ≫ ”按钮，在弹出框中根据需要勾选监控指标，如图 8-72 所示。

监控指标配置				基本监控
1	健康度	☑ 全选	☑ 状态	☑ 连接时间
2	主机数量	☑ 全选	☑ 主机数量	
3	存储数量	☑ 全选	☑ 存储数量	
4	网络数量	☑ 全选	☑ 网络数量	
5	数据中心数量	☑ 全选	☑ 数据中心数量	
6	群集数量	☑ 全选	☑ 群集数量	
7	资源池	☑ 全选	☑ 资源池数量	
8	vApp数量	☑ 全选	☑ vApp数量	
9	虚拟机数量	☑ 全选	☑ 虚拟机数量	
10	用户数量	☑ 全选	☑ 用户数量	

图 8-72　配置监控指标

3）指定管理员、故障/预警接收人、预警推送规则，单击“保存”按钮完成添加。

（2）vSphere 监控信息查看。

1）通过 QS-WSM 监控分析平台即可查看 vSphere 监控信息，访问地址格式为“http://{QS-WSM 配置的 IP 地址/DNS 域名}”。单击服务器下拉菜单中的“虚拟化”，进入虚拟化监控对象列表，如图 8-73 所示。

图 8-73　vSphere 监控界面

2）单击已监控的 vSphere 名称，进入该群集的监控信息总览界面，如图 8-74 所示。

3）对 vSphere 虚拟化群集的监控展示分为三个层次，分别为状态总览、基本监控和标准监控。基本监控包含群集健康度、主机数量、存储数量、网络数量、数据中心数量、群集数量、资源池数量、vApp 数量、虚拟机数量、用户数量，且支持数据自定义时间查看、导出操作。图 8-75 为主机数量的展示。

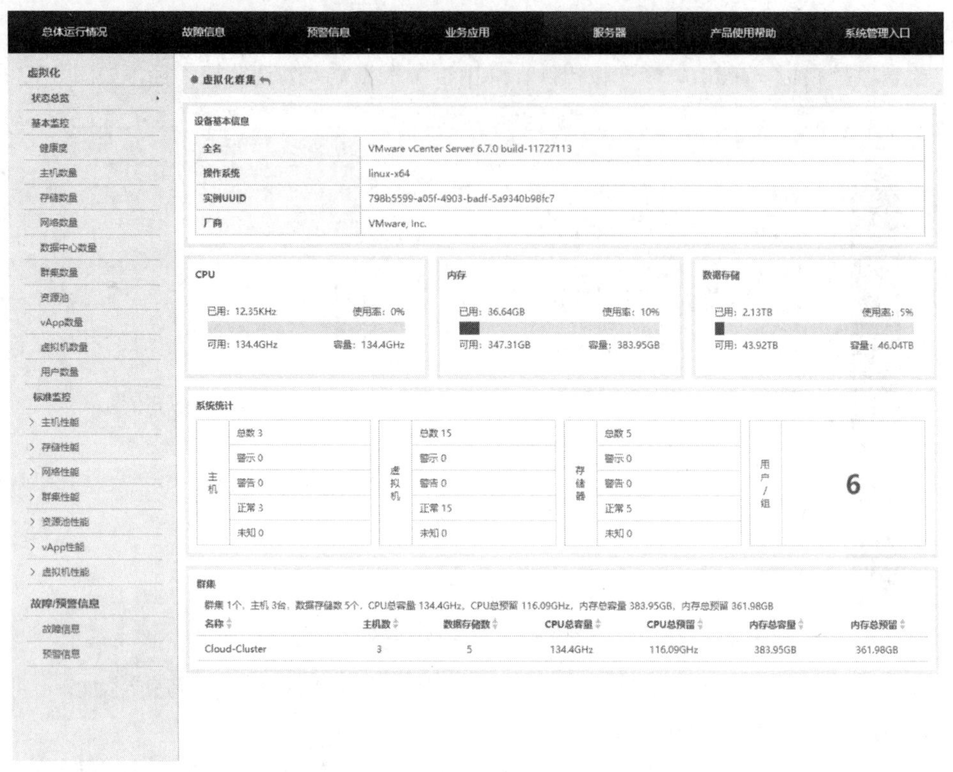

图 8-74　vSphere 群集详情界面

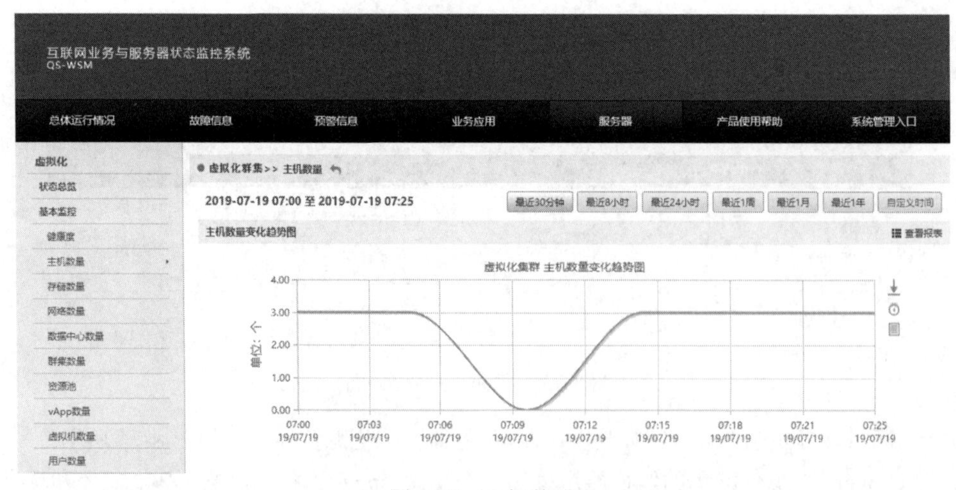

图 8-75　主机数量

4）标准监控包含群集中的主机性能、存储性能、网络性能、群集性能、资源池性能、vApp 性能、虚拟机性能。虚拟机的性能监控如图 8-76 和图 8-77 所示。

虚拟机15台，CPU核心34个，总内存112GB，总存储1.87TB

名称	电源状态	操作系统	所属主机	CPU核心数	总内存	置备存储
VM-TPL-Ubuntu Server 19.04-X64	已关机	Ubuntu Linux (64-...	10.10.1.88	1	1GB	17.24GB
VM-TPL-Windows 10-X64	已关机	Microsoft Window...	10.10.1.85	2	4GB	104.21GB
Cloud-10.10.2.85-VMware vCenter Server A...	已开机	Other 3.x Linux (64...	10.10.1.85	2	10GB	289.71GB
Cloud-10.10.2.87-vRealize Operations Mana...	已关机	SUSE Linux Enterpr...	10.10.1.88	8	32GB	306.2GB
VM-TPL-Windows 7-X64	已关机	Microsoft Window...	10.10.1.85	1	1GB	41.21GB
Cloud-10.10.2.86-vRealize Operations Mana...	已关机	SUSE Linux Enterpr...	10.10.1.85	8	32GB	580.25GB
Cloud-Project6-10.10.2.95-CentOS 7	已关机	CentOS 7 (64-bit)	10.10.1.88	1	2GB	18.21GB
Cloud-Project6-10.10.2.96-Windows Server ...	已开机	Microsoft Window...	10.10.1.86	1	4GB	44.11GB
Cloud-Project6-Virtual machine	已关机	CentOS 7 (64-bit)	10.10.1.88	1	2GB	18.18GB
Cloud-Project6-vApp-01	已关机	CentOS 7 (64-bit)	10.10.1.88	1	2GB	18.21GB
Cloud-Project6-vApp-03	已关机	Microsoft Window...	10.10.1.85	2	4GB	44.21GB
Cloud-Project6-Spool-01	已关机	CentOS 7 (64-bit)	10.10.1.85	1	2GB	18.18GB
VM-TPL-CentOS 7.1810-X64	已关机	CentOS 7 (64-bit)	10.10.1.88	1	2GB	18.24GB
Cloud-Project3-10.10.2.89-vCenter-Server-A...	已开机	Other 3.x Linux (64...	10.10.1.85	2	10GB	289.71GB
Cloud-Project8-10.10.2.98-WSM	已开机	CentOS 6 (64-bit)	10.10.1.86	2	4GB	104.11GB

图 8-76　虚拟机性能监控列表

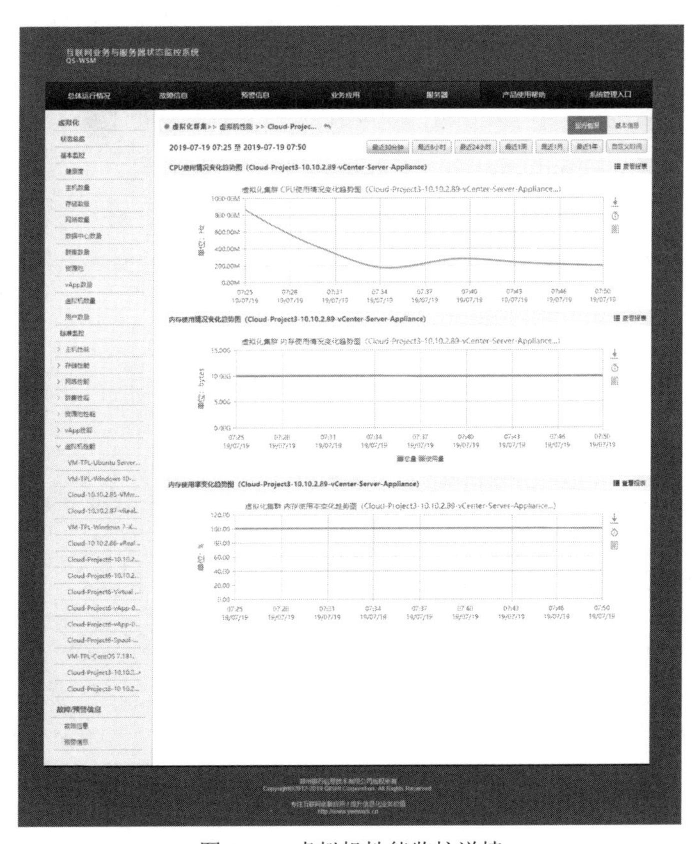

图 8-77　虚拟机性能监控详情

参考文献

[1] Nick Marshall, Mike Brown, G.Blair Fritz, et al. Mastering VMware vSphere 6.7. New York:Sybex, 2018.

[2] 王春海．VMware 虚拟化与云计算：vSphere 运维卷．北京：中国铁道出版社，2018.

[3] 何坤源．VMware vSphere 6.0 虚拟化架构实战指南．北京：人民邮电出版社，2016.

[4] 王春海．VMware vSphere 6.5 企业运维实战．北京：人民邮电出版社，2018.

[5] Nick Marshall（马歇尔），Grant Orchard（欧查德），Josh Atwell（特威尔）．精通 VMware vSphere 6. 北京：人民邮电出版社，2018.

[6] 范恂毅，张晓和．新一代 SDN VMware NSX 网络原理与实践．北京：人民邮电出版社，2016.

[7] 杨海艳，冯理明，张凌．虚拟化与云计算系统运维管理．北京：清华大学出版社，2017.

附录

附录 A　VMware 产品体系

1. SDDC 平台产品

（1）VMware Cloud Foundation。适用于私有云和公有云的集成式云计算基础架构和管理服务。

（2）VMware Cloud on Dell EMC。将边缘计算和数据中心基础架构作为服务交付的测试版计划。

2. 数据中心虚拟化和云计算基础架构产品

（1）vSphere。业界领先的服务器虚拟化平台，为基础平台，是任何云环境的理想之选。

（2）VMware Enterprise PKS。面向多云企业和服务提供商的生产级 Kubernetes。

（3）vCloud Availability for vCloud Director。借助 vCloud Availability for vCloud Director，VMware Cloud Provider 能够提供简单、经济高效的云端灾难恢复服务。

（4）Cloud Provider Pod。VMware Cloud Provider Pod 是一款面向云服务提供商的、经过测试的自动化 Software-Defined Data Center 产品。

（5）vCenter Server。用于管理跨混合云的 vSphere 环境的集中式平台。

（6）vSphere Integrated Containers。用于传统应用和容器化应用的企业级容器基础架构。

（7）vCloud Director。云服务提供商能够在 VMware Cloud Infrastructure 上提供独特的云计算服务，并为企业提供自助云。

3. 网络连接和安全性产品

（1）NSX Data Center。适用于 Software-Defined Data Center（SDDC）的网络虚拟化和安全平台。

（2）VMware HCX。可提供安全、针对 WAN 进行优化的数据中心延展功能和工作负载移动性的工具。

（3）SD-WAN by VeloCloud。用于访问云计算服务、专有数据中心和基于 SaaS 应用的平台。

（4）NSX Cloud。适用于在公有云中原生运行的、应用的微分段安全软件。

（5）vRealize Network Insight。用于跨多云环境构建优化且安全的网络基础架构的软件。

（6）App Defense。可保护在虚拟化环境中运行的、应用的数据中心端点安全产品。

4. 存储和可用性产品

（1）vSAN。经过闪存优化的 vSphere 原生存储，适用于私有云和公有云。

（2）VMware Site Recovery。按需提供的灾难恢复即服务（DRaaS）产品，可保护任意位置的工作负载。

（3）Site Recovery Manager。用于保护虚拟化应用的快速可靠的灾难恢复软件。

（4）Virtual Volumes。可精简存储运维并提供选择自由的行业级框架。

5. 超融合基础架构产品

Dell EMC VxRail 支持全面 VMware 集成的全包式超融合基础架构设备。

6. Cloud Management Platform 产品

（1）vRealize Suite。可在任何云环境中安全、一致地构建应用的混合云管理平台。

（2）vRealize Suite Lifecycle Manager。vRealize Suite Lifecycle Manager 为 vRealize Suite 产品提供全面的软件生命周期管理功能。它通过自动部署、配置和升级套件来帮助客户缩短价值实现时间。

（3）vCloud Suite。融合了 vSphere Hypervisor 和 vRealize Suite 的企业级私有云软件。

（4）vRealize Operations。用于规划和扩展 SDDC 及多云基础架构的统一管理平台。

（5）vRealize Automation。可通过自动化和预定义策略加快 IT 服务交付速度的软件。

（6）vRealize Business for Cloud。可提供云计算成本分析、使用情况计量和业务洞察力的应用。

（7）VMware Integrated OpenStack。可基于 VMware 基础架构运行企业级 OpenStack 的发行版。

（8）vRealize Log Insight。提供高度可扩展的异构日志管理功能，并且具有多个可操作的直观仪表板、完善的分析功能和范围广泛的第三方可延展性。

（9）vRealize Code Stream。提供发布自动化和持续交付功能，能够频繁且可靠地发布软件，同时降低运维风险。

（10）vRealize Orchestrator。借助 vRealize Orchestrator，可以在开发复杂的自动化任务之后，

从 VMware vSphere Client、VMware vCloud Suite 的各种组件或借助其他触发机制来访问和启动工作流。

（11）Wavefront by VMware。Wavefront by VMware 是基于 SaaS 的指标监控和分析平台，可用于处理现代云原生应用的大量要求。

7. 数字化工作空间产品

（1）Workspace ONE。通过集成由 AirWatch 技术提供支持的访问控制、应用管理和统一端点管理（UEM）的智能驱动型数字化工作空间平台，可在任何设备上交付和管理任何应用。

（2）由 AirWatch 提供支持的 Workspace ONE Unified Endpoint Management。使用由行业领先的 AirWatch 技术提供支持的 Workspace ONE UEM 管理每个设备和每个用户场景并确保每一层的安全性。

8. 桌面和应用虚拟化产品

（1）Horizon 7。用于管理虚拟桌面（VDI）、应用和在线服务的领先平台。

（2）Horizon Cloud。用于托管虚拟桌面和应用的灵活云计算平台。

（3）Horizon Apps。适用于已发布应用、SaaS 应用和移动应用的统一工作空间。

（4）App Volumes。可提供生命周期管理的实时应用交付软件。

9. 桌面和应用虚拟化管理产品

（1）NSX for Horizon。NSX for Horizon 是一款虚拟桌面基础架构（VDI）网络连接解决方案，具有可以动态地跟随桌面的策略。

（2）vSAN for Horizon。借助 VMware vSAN，客户可以降低起步成本，并可利用大量已针对 Horizon 进行优化的预配置设备，其中包括 vSAN Ready Nodes 和 Dell EMC VxRail。

（3）vRealize Operations for Horizon。vRealize Operations for Horizon 是一款监控和报告工具，可帮助管理 Horizon 与 XenDesktop/XenApp 环境。

（4）ThinApp。VMware ThinApp 是一款无代理应用虚拟化解决方案，可将应用与其底层操作系统相隔离，以消除应用冲突并精简应用交付和管理工作。

10. 个人桌面产品

（1）Fusion for Mac。用于在 Mac 上运行多个操作系统的应用。

（2）Workstation Pro。用于在 Windows 和 Linux 上运行多个操作系统的应用。

（3）Workstation Player。用于在 Windows 或 Linux PC 上运行第二个操作系统的简单工具，可供个人免费使用。

11. 应用和数据平台产品

（1）Pivotal App Suite。Pivotal App Suite 是开发和运维人员用来构建和运行云级自定义应用的

Pivotal 中间件平台。

（2）Pivotal GemFire。Pivotal GemFire 是一个分布式数据管理平台，尤其适用于交易量大、延迟敏感型、关键任务型交易系统。

（3）Pivotal RabbitMQ。Pivotal RabbitMQ 是一种基于协议的扩展性强且易于部署的排队系统，能够轻轻松松处理消息流量。

（4）Pivotal tc Server。Pivotal tc Server 是一个轻型 Java 应用服务器，可延展 Apache Tomcat 以便用于大型的关键任务环境。

12. Telco Cloud 产品

（1）vCloud NFV。提供计算、存储、网络连接、管理和运维功能的多租户平台。

（2）VMware Smart Assurance。为物理和虚拟网络管理提供自动化服务保证。

（3）VMware Integrated OpenStack Carrier Edition。运营商级 OpenStack 解决方案，可提供实现环境全面正常运行的最快捷途径。

13. 边缘网关和物联网产品

Pulse IoT Center 可管理和监控物联网设备安全的企业级解决方案。

14. 免费产品

（1）vSphere Hypervisor。免费的裸机 Hypervisor，能够虚拟化服务器以便可以将应用整合到更少的硬件上。

（2）vCenter Converter。用于将基于 Windows 和 Linux 的物理机转换为虚拟机的软件。

（3）vCloud Usage Meter。报告 vCloud 服务提供商捆绑包和独立产品。

附录 B　VMware 认证体系

1. 认证简介

VMware 培训服务和认证计划提供行业内领先的虚拟化技术培训和认证计划，这是实现云计算的重要入门条件。

VMware 认证按照不同的解决方案划分，可分为数据中心虚拟化、网络虚拟化、云管理和自动化、桌面和移动性、数字业务转型、数字工作区六条途径。

VMware 认证按照不同技术水平划分，可分为 VMware 认证助理（VCA）、VMware 认证专家（VCP）、VMware 认证高级专业人员（VCAP）、VMware 认证设计专家（VCDX）四种级别。

2. 认证路径

虚拟化的认证路线级别依次为 VCA→VCP→VCAP→VCDX。

3. 认证详情

（1）VCA。VCA 认证是 VMware 入门级认证，用于证明虚拟化专业人员对 VMware 基础具有基本的了解。

（2）VCP。VCP 是 VMware 公司推出的虚拟化认证基础培训，VCP 是其他 VMware 认证的基础，成为 VCP 证明具有操作 vSphere 的基础能力。

（3）VCAP。VCAP 帮助 IT 专业人员拓展 VMware 虚拟化解决方案的知识与专长。这项高级认证将使组织机构能够通过虚拟化改造 IT 环境，从而更好地从灵活、敏捷的“IT 即服务”及云计算模式中获取更大的价值。

（4）VCDX。VMware 认证设计专家（VCDX）是 VMware 认证的最高水平。VCDX 要求 IT 专业人员需要对 vSphere 基本结构设计有最佳的理解和应用。VCDX 认证专家们是 vSphere 的精通者。通过 VCAP-DCA 和 VCAP-DCD 的考试是学习 VCDX 的前提（必选）。

此种认证重在 WMware 应用而不是考试。

附录 C　如何获取 VMware 产品试用

VMware 提供两种方法来免费使用 VMware 产品 60 天：

（1）借助 VMware 官方提供的动手实验室，在虚拟实验室环境中体验产品。无需安装、许可或专用硬件，只需数分钟即可开始体验。

（2）可以将评估版产品下载并安装到自己的环境中，限时体验全部功能。官方网址为：https://www.vmware.com/cn/try-vmware.html。

在下载产品的时候，需要注册 VMware 账户，正常注册完成后即可下载。

附录 D　学习资源

1. 官方学习资源

读者可通过 VMware 官方提供的文档、社区、产品中心、支持中心进行进一步的学习，其访问地址如下：

（1）VMware 官方文档：https://docs.vmware.com/cn/VMware-vSphere/index.html。

（2）VMware 社区：https://communities.vmware.com/community/vmtn/vsphere。

（3）VMware 产品信息：https://www.vmware.com/cn/products/vsphere.html。

（4）VMware 支持中心：https://www.vmware.com/cn/support/vsphere.html。

2. 本书学习资源

本书配套丰富的学习资源并通过网络学习平台的方式进行发布，网络学习平台访问地址为http://vsphere.book.51xueweb.cn。

本书网络学习平台主要由以下三部分组成：

（1）本书项目的视频教程，每个项目录制一个视频教程，本书读者可通过视频教程了解操作细节。

（2）VMware 相关的技术文档，提供 PDF 格式 VMware 官方技术文档，方便本书读者深入学习。

（3）本书的推荐资源，提供本书中涉及的软件、工具、线上资源的官方下载地址，方便读者快速开展本书学习。